教育部国家级精品课程系列教材(高职)

数字电子技术

主编　王连英　万　皓

西安电子科技大学出版社

内 容 简 介

本书共9章，内容分别为：数字逻辑基础、逻辑门电路、组合逻辑电路、触发器、时序逻辑电路、脉冲波形的产生与变换、数/模(D/A)与模/数(A/D)转换器、半导体存储器、数字电路课程设计与综合实训等。

本书以工程应用能力培养为目标，注重对学生解决实际问题综合应用能力和计算机应用能力的培养；强调理论与工程应用的结合。书中前8章每章节都安排有丰富的互动式课堂活动内容、计算机 Multisim 仿真设计、实验与实训、小结及习题等，以力求理论讲授、实践操作、讨论互动、自学练习、参考资料查找、计算机仿真等教学环节有机结合。最后一章为数字电路课程设计与综合实训，是前各章内容的综合运用。各学校可根据教学需要进行适当的取舍，灵活安排教学内容。

本书可作为高职高专院校、成人自考、民办高校及本科院校开设的二级职业技术学院电子信息类、电气自动化技术等相关专业的教学用书，也适用于五年制高职、中职相关专业教学，并可作为社会相关专业从业人员的参考及培训用书。

需要本书习题详解者可与西安电子科技大学出版社联系。

图书在版编目（CIP）数据

数字电子技术/王连英，万皓主编. —西安：西安电子科技大学出版社，2011.2(2011.12 重印)
国家级精品课程系列教材. 高职
ISBN 978-7-5606-2518-8

Ⅰ. ① 数… Ⅱ. ① 王… ② 万… Ⅲ. ① 数字电路-电子技术-高等学校：技术学校-教材
Ⅳ. ①TN79

中国版本图书馆 CIP 数据核字（2011）第 008088 号

策　　划　毛红兵
责任编辑　任倍萱　毛红兵
出版发行　西安电子科技大学出版社（西安市太白南路 2 号）
电　　话　(029)88242885　88201467　　邮　编　710071
网　　址　www.xduph.com　　电子邮箱　xdupfxb001@163.com
经　　销　新华书店
印刷单位　陕西华沐印刷科技有限责任公司
版　　次　2011 年 2 月第 1 版　2011 年 12 月第 2 次印刷
开　　本　787 毫米×1092 毫米　1/16　印　张　20.5
字　　数　484 千字
印　　数　2001～5000 册
定　　价　33.00 元

ISBN 978-7-5606-2518-8/TN·0587

XDUP 2810001-2

前　言

　　本书是高职高专规划教材，是在结合国家级精品课程——江西现代职业技术学院"数字电子技术"课程建设的多年教学改革与实践的基础上，根据教育部《关于全面提高高等职业教育教学质量的若干意见》的相关精神，为适应我国高职高专教育发展及其对教育改革和教材建设的需要而编写的。

　　"数字电子技术"是一门发展迅速，理论性、实践性和应用性都很强的电子技术基础课程。本书为提高学生的工程能力，从培养生产、服务一线的高素质高级技能型专门人才的目的出发，以培养学生的综合工作能力为线索，充分关注到以工学交替、任务驱动、项目导向为特征的高职高专教育特点，紧密结合专业人才培养目标和相关行业规范，改革理论分析长而深的编写模式，加强"工学结合"的实验、实训内容，在工程能力培养的同时，关注学生综合素质、科学思维方式与创新能力的培养，并结合基本单元电路实际的设计、制作，加强电路设计、检测、分析、调试等工程能力的培养，力求使理论教育与工程应用能力培养紧密结合。

　　作为一本理论教学的参考书、实验与实训的指导书及基本电路的使用手册和自学练习的参考资料，在教材的结构上，本书除理论讲述外，前八章每章节都安排有丰富的互动式课堂活动内容、计算机 Multisim 仿真设计、实验与实训、小结及习题等，以力求理论讲授、实践操作、讨论互动、自学练习、参考资料查找、计算机仿真等教学环节有机结合。最后一章为数字电路课堂设计与综合实训，是前各章内容的综合运用。各学校可根据教学需要、授课对象、教学侧重点的不同而进行适当的取舍，灵活安排教学内容。书中带 ∗ 部分为知识拓展内容，可根据实际情况选用。

　　为了适应新技术发展的需要，本书压缩、精简了传统分立元件和集成电路内部电路的内容，以较多的篇幅介绍了集成电路新元件、新技术的设计和应用，根据教学的实际需要可进行适当的选择。最后，本书的附录 A 简要介绍了电子电路仿真（Multisim 10）软件的使用方法，附录 B 简要介绍了逻辑符号（GB），附录 C 罗列了部分常用芯片的引脚图。

　　本书可作为高职高专院校、成人自考、民办高校及本科院校开设的二级职业技术学院电子信息类、电气自动化技术等相关专业的教学用书，也适用于五年制高职、中职相关专业教学，并可作为社会相关专业从业人员的参考及培训用书。

　　本书由王连英、万皓主编，参加编写的还有吴轶、陈慕君、邹剑娟、欧阳嵩、程豪、陈芳。其中，王连英编写了第 1 章、第 9 章及附录，吴轶编写了第 2 章，陈慕君编写了第 3 章，邹剑娟编写了第 4 章，万皓编写了第 5 章，欧阳嵩编写了第 6 章，程豪编写了第 7 章，陈芳编写了第 8 章。全书由王连英、万皓负责统稿。在本书编写过程中，主审冯小玲老师对全书进行了审阅，并提出了许多宝贵的意见，特此致谢！

本书教学资源丰富，配套编写和制作了学习指南，习题详解，理论教学课件，装接制作、仪器仪表测量技能示范，计算机 Multisim 仿真教学课件等。以上资源均可免费提供给购书用作教学的老师。

由于编者水平有限，书中疏漏和不妥之处在所难免，恳请专家、同行老师和读者批评指正。

编　者

2011 年 1 月

目　　录

导　言

　　随着现代电子技术的发展，数字电子技术的应用越来越多，人们已生活在一个数字化的信息时代。

　　自然界中的大部分物理量都是模拟信号，例如温度、时间、流量、压力、速度、距离和声音等。所谓模拟信号，是指在时间上和数值上都是连续的信号，可以在一定范围内任意取值。工程上，为便于处理和分析，常用传感器将模拟信号转换为与之成比例的电压或电流信号，然后再送到电子系统进行进一步的处理。由于时下绝大多数电子系统都采用计算机对信号进行处理，而计算机运行、处理的是数字信号，因此需将模拟信号转换为与之对应的数字信号。图 0.1(a)中实线所示为由热电偶检测到的对应某点温度变化的电压信号。显然，这描述的是一个模拟信号，电压曲线是连续平滑的。如果用整点时刻的值代表每小时时间内的电压，若对模拟信号进行取样，便会得到如图 0.1(a)中虚线对应点所示用取样值表示的电压与时间对应的关系图。然后对取样值进行量化，即数字化。选取一个量化单位(例如 1 mV)，将取样值除以量化单位(1 mV)并取整数结果，即可得到一个对应的，时间离散、数值也离散的数字量。最后对得到的数字量进行编码，便生成了用 0 和 1 表示的数字信号(例如用 8 位二进制数表示)，如图 0.1(b)所示。显然，无论从时间上还是从大小上看，数字信号的变化都是离散不连续的。

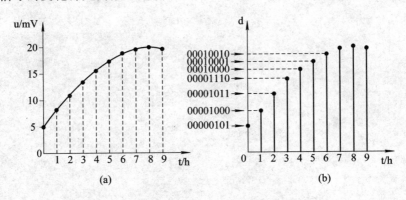

图 0.1　模拟信号的数字表示

(a) 模拟信号；(b) 数字信号

　　处理模拟信号的电路称为模拟电路，处理数字信号的电路称为数字电路。和模拟电路相比较，数字电路具有以下一些特点：

　　(1) 在数字电路中处理的是二进制表示的数字信号，只有"0"和"1"两种取值的可能。反映到电路上，就是电平的高、低或脉冲的有、无两种状态。因此，凡是具有两个稳定状态的器件，都可用其状态来表示二进制的两个数码、两种对立的状态。因没有数值上的大小，故其基本单元电路较为简单，对元器件的精度要求不高。因此，数字电路便于集成化和系列化生产。

（2）在数字电路中，半导体器件一般都工作在截止或导通状态，即相当于开关的开或关状态。而研究数字电路时所关心的仅是输出和输入之间的逻辑关系。

（3）数字电路不但能进行数值运算，而且能进行逻辑判断和逻辑运算，这在计算机技术及很多方面是不可或缺的，因此，也常把数字电路称为数字逻辑电路。

（4）由于数字电路传递、加工和处理的是"0"和"1"两种信号，在实际电路中只需用高、低两种电平表示，而高、低电平都有一个允许的变化范围，只有当外来干扰相当强烈，超出了高、低电平允差范围时，才有可能改变电路的工作状态，所以数字电路工作可靠、精度高，并且具有较强的抗干扰能力。数字信号也便于长期储存，可使大量的信息资源得以妥善保存，保密性好，使用方便，通用性强。

应当指出，大多数物理量转换生成的信号多为模拟信号，电路最终的执行信号或与人相关的视听信号也多是模拟信号。若要对信号进行数字化处理，则需将预处理后的模拟信号（A）通过 A/D 转换电路转换为数字信号（D），输入至计算机或其他数字系统处理后，再经 D/A 转换成模拟信号，以驱动负载。实际的电子系统多是模拟—数字混合系统。电子系统组成的一般示意框图如图 0.2 所示。

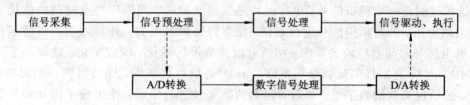

图 0.2　电子系统组成的一般示意框图

第 1 章　数字逻辑基础

学习要求及知识点

1. 学习要求

（1）熟悉常用数制和码制的概念，熟练掌握常用二进制、八进制、十进制、十六进制数相互间的转换。

（2）熟练掌握逻辑代数中的基本定律、基本公式和规则。

（3）熟练掌握逻辑函数常用的表示法与变换。

（4）熟悉逻辑函数的代数化简法，熟练掌握逻辑函数的卡诺图化简法，熟悉逻辑函数的 Multisim 计算机化简法。

2. 知识点

- 二进制、八进制、十进制、十六进制数及其相互间的转换；
- 常用的 8421BCD 码和几种可靠代码；
- 三种基本逻辑关系；
- 逻辑代数中的基本定律、基本公式和规则；
- 逻辑函数常用的表示法与变换；
- 逻辑函数的代数化简法；
- 逻辑函数的最小项；
- 逻辑函数的卡诺图化简法；
- 用 Multisim 软件化简逻辑函数。

1.1　数 制 与 编 码

1.1.1　数制

日常生活中，人们常用十进制数计数，但在数字系统中，通常采用二进制数，有时也采用十六进制数或八进制数。这种多位数码的构成方式以及从低位到高位的进位规则称为数制。

1. 十进制（Decimal）

十进制数有以下特点：

（1）采用 0、1、2、3、4、5、6、7、8、9 共 10 个计数符号，亦称数码表示。就是说，十进制数中的任一位，只能出现这 10 个数码中的某一个；基数为 10，即计数符号的个数为 10。

（2）十进制数中任一位可能出现的最大数码是 9，低位和相邻高位之间的关系是"逢十进一"或"借一当十"，故称为十进制。因此，每一数码处于不同的位置时，它所代表的数值是不同的。任何一个十进制数可展开表示为

$$(N)_D = K_{n-1} \times 10^{n-1} + K_{n-2} \times 10^{n-2} + \cdots + K_1 \times 10^1 + K_0 \times 10^0$$
$$+ K_{-1} \times 10^{-1} + \cdots + K_{-m} \times 10^{-m}$$
$$= \sum_{i=-m}^{n-1} K_i \times 10^i \tag{1.1.1}$$

式中，K_i 表示第 i 位的数码，它可以是 $0 \sim 9$ 这 10 个数码中的任何一个；n 为整数位数，m 为小数位数，m、n 均为正整数；10^i 称为 K_i 所在位的权，是以基数 10 为底的 i 次幂；下标 D 或 10 表示为十进制数。通常把式（1.1.1）称为十进制数的位权展开式。例如，十进制数 858.38 按式（1.1.1）的位权展开式为

$$(858.38)_{10} = (858.38)_D = 8 \times 10^2 + 5 \times 10^1 + 8 \times 10^0 + 3 \times 10^{-1} + 8 \times 10^{-2}$$

虽然十进制数 858.38 中有三个数码都是"8"，但最左的一位是百位数，表示 800，即 8×10^2，它的权值为 10^2；中间的一位是个位数，表示 8，即 8×10^0，它的权值为 10^0；最右边的一位是小数点后两位数，表示 0.08，即 8×10^{-2}，它的权值为 10^{-2}。所以，同一数码所处位置不同，代表的数值大小不同。

若以 R 取代式（1.1.1）中的 D，就可以得到任意 R 进制数按十进制展开式的普遍形式

$$(N)_R = \sum_{i=-m}^{n-1} K_i \times R^i \tag{1.1.2}$$

2. 二进制（Binary）

二进制数有以下特点：

（1）采用 0、1 两个计数符号，基数为 2。

（2）二进制数中任一位可能出现的最大数码是 1，低位和相邻高位之间的关系是"逢二进一"或"借一当二"，故称为二进制。用下标 B 或 2 表示二进制数，任意一个二进制数 N 可展开表示为

$$(N)_2 = (N)_B = K_{n-1} \times 2^{n-1} + K_{n-2} \times 2^{n-2} + \cdots + K_1 \times 2^1$$
$$+ K_0 \times 2^0 + K_{-1} \times 2^{-1} + \cdots + K_{-m} \times 2^{-m}$$
$$= \sum_{i=-m}^{n-1} K_i \times 2^i \tag{1.1.3}$$

根据位权展开式（1.1.3），可计算出二进制数所对应的十进制数的大小。例如

$$(101.01)_2 = (101.01)_B = 1 \times 2^2 + 0 \times 2^1 + 1 \times 2^0 + 0 \times 2^{-1} + 1 \times 2^{-2}$$
$$= (4 + 0 + 1 + 0 + 0.25)_{10}$$
$$= (5.25)_{10}$$

即二进制数 $(101.01)_2$ 对应的十进制数为 5.25。

3. 八进制（Octal）

八进制数有以下特点：

（1）采用 0、1、2、3、4、5、6、7 八个计数符号，基数为 8。

（2）八进制数中任一位可能出现的最大数码是 7，低位和相邻高位之间的关系是"逢八进一"或"借一当八"，故称为八进制。用下标 O 或 8 表示八进制数，任意一个八进制数 N 可展开表示为

$$(N)_8 = (N)_O = K_{n-1} \times 8^{n-1} + K_{n-2} \times 8^{n-2} + \cdots + K_1 \times 8^1$$
$$+ K_0 \times 8^0 + K_{-1} \times 8^{-1} + \cdots + K_{-m} \times 8^{-m}$$
$$= \sum_{i=-m}^{n-1} K_i \times 8^i \tag{1.1.4}$$

根据位权展开式（1.1.4），可计算出八进制数所对应的十进制数的大小。例如

$$(57.2)_8 = (57.2)_O = 5 \times 8^1 + 7 \times 8^0 + 2 \times 8^{-1}$$
$$= (40 + 7 + 0.25)_{10}$$
$$= (47.25)_{10}$$

即八进制数 $(57.2)_8$ 对应的十进制数为 47.25。

4. 十六进制（Hexadecimal）

十六进制数有以下特点：

（1）采用 0、1、2、3、4、5、6、7、8、9、A、B、C、D、E、F 共 16 个计数符号，基数为 16。

（2）十六进制数中任一位可能出现的最大数码是 F，低位和相邻高位之间的关系是"逢十六进一"或"借一当十六"，故称为十六进制。用下标 H 或 16 表示十六进制数，任意一个十六进制数 N 可展开表示为

$$(N)_{16} = (N)_H = K_{n-1} \times 16^{n-1} + K_{n-2} \times 16^{n-2} + \cdots + K_1 \times 16^1$$
$$+ K_0 \times 16^0 + K_{-1} \times 16^{-1} + \cdots + K_{-m} \times 16^{-m}$$
$$= \sum_{i=-m}^{n-1} K_i \times 16^i \tag{1.1.5}$$

根据位权展开式（1.1.5），可计算出十六进制数所对应的十进制数的大小。例如

$$(2A.8)_{16} = (2A.8)_H = 2 \times 16^1 + A \times 16^0 + 8 \times 16^{-1}$$
$$= (32 + 10 + 0.5)_{10}$$
$$= (42.5)_{10}$$

即十六进制数 $(2A.8)_{16}$ 对应的十进制数为 42.5。

1.1.2　数制间的转换

1. 二进制数、八进制数、十六进制数转换成十进制数

将二进制数、八进制数、十六进制数转换成十进制数时，只要依式（1.1.2）将它们按权位展开，然后按十进制的运算规则求和，即可得到对应的十进制数。

［**例 1.1.1**］　将二进制数 1011.101 转换为十进制数。

［**解**］　$(1011.101)_B = 1 \times 2^3 + 0 \times 2^2 + 1 \times 2^1 + 1 \times 2^0 + 1 \times 2^{-1} + 0 \times 2^{-2} + 1 \times 2^{-3}$
$$= (8 + 0 + 2 + 1 + 0.5 + 0 + 0.125)_D$$
$$= (11.625)_D$$

［**例 1.1.2**］　将八进制数 25.6 转换为十进制数。

[解]
$$(25.6)_O = 2 \times 8^1 + 5 \times 8^0 + 6 \times 8^{-1}$$
$$= (16 + 5 + 0.75)_D$$
$$= (21.75)_D$$

2. 十进制数转换成二进制数、八进制数、十六进制数

十进制数等值转换，整数部分和小数部分转换方法不同，需分别进行转换，然后将结果再进行相加合成。

1）十进制数转换成二进制数

（1）整数部分采用"除 2 取余法"，即把十进制整数连续除以 2，并依次记下余数，直到商为 0。然后把每次所得余数按相反的次序排列，即得转换后的二进制数的整数部分。

[例 1.1.3] 把十进制数 59 转换为二进制数。

[解]

所以 $(59)_D = (111011)_B$。

（2）小数部分采用"乘 2 取整法"，即把十进制小数连续乘以 2，直到小数部分为零或者满足误差要求进行"四舍五入"达到要求的精度为止，然后将每次所取整数按序排列，即得转换后的二进制数的小数部分。

[例 1.1.4] 把十进制数 0.6875 转换为二进制数。

[解]

$0.6875 \times 2 = 1.3750$	取整 = 1,	$k_{-1} = 1$	排
$0.3750 \times 2 = 0.7500$	取整 = 0,	$k_{-2} = 0$	列
$0.7500 \times 2 = 1.5000$	取整 = 1,	$k_{-3} = 1$	次
$0.5000 \times 2 = 1.0000$	取整 = 1,	$k_{-4} = 1$	↓序

最后小数部分为零，k_{-5} 应为 0，所以 $(0.6875)_D = (0.1011)_B$。

[例 1.1.5] 把十进制数 0.706 转换为二进制数，要求其误差小于 2^{-5}。

[解]

$0.706 \times 2 = 1.412$	取整 = 1,	$k_{-1} = 1$
$0.412 \times 2 = 0.824$	取整 = 0,	$k_{-2} = 0$
$0.824 \times 2 = 1.648$	取整 = 1,	$k_{-3} = 1$
$0.648 \times 2 = 1.296$	取整 = 1,	$k_{-4} = 1$

小数 0.296 小于 0.5，根据"四舍五入"的原则，k_{-5} 应为 0，所以 $(0.706)_D = (0.1011)_B$。

2）十进制数转换成八进制数、十六进制数

采用上述方法，很容易把十进制数转换为八进制数、十六进制数，即整数部分采用"除基数（8 或 16）取余法"，小数部分采用"乘基数（8 或 16）取整法"。

3. 二进制数、八进制数、十六进制数之间的互换

因为 8 和 16 都是 2 的整数幂，所以二进制数与八进制数、十六进制数之间的互换是比较容易的。

1）二进制数与八进制数之间的互换

3 位二进制数正好表示 0～7 共 8 个数字，因此一个二进制数转换为八进制数时，整数部分从最低位开始，每 3 位分成一组，每一组对应 1 位八进制数，若最后不足 3 位时，应在前面加 0，补足 3 位再转换；小数部分从最高位开始，每 3 位分成一组，每一组对应 1 位八进制数，若最后不足 3 位时，应在后面加 0，补足 3 位再转换。反之，一个八进制数转换为二进制数时，每 1 位八进制数对应 3 位二进制数。

〔**例 1.1.6**〕　将二进制数 1011001.1011 转换成八进制数。

	二进制数	001	011	001.	101	100
〔解〕		↓	↓	↓	↓	↓
	八进制数	1	3	1.	5	4

所以 $(1011001.1011)_B = (131.54)_O$。

〔**例 1.1.7**〕　将八进制数 37.6 转换成二进制数。

	八进制数	3	7.	6
〔解〕		↓	↓	↓
	二进制数	011	111.	110

所以 $(37.6)_O = (11111.11)_B$。

2）二进制数与十六进制数之间的互换

4 位二进制数正好表示 0～F 共 16 个数字，因此一个二进制数转换为十六进制数时，整数部分从最低位开始，每 4 位分成一组，每一组对应 1 位十六进制数，若最后不足 4 位时，应在前面加 0，补足 4 位再转换；小数部分从最高位开始，每 4 位分成一组，每一组对应 1 位十六进制数，若最后不足 4 位时，应在后面加 0，补足 4 位再转换。反之，一个十六进制数转换为二进制数时，每一位十六进制数对应 4 位二进制数。

〔**例 1.1.8**〕　将二进制数 1011001.1011 转换成十六进制数。

	二进制数	0101	1001.	1011
〔解〕		↓	↓	↓
	十六进制数	5	9.	B

所以 $(1011001.1011)_B = (59.B)_H$。

〔**例 1.1.9**〕　将十六进制数 C7.3 转换成二进制数。

	十六进制数	C	7.	3
〔解〕		↓	↓	↓
	二进制数	1100	0111.	0011

所以 $(C7.3)_H = (11000111.0011)_B$。

1.1.3　编码

在数字系统中，0 和 1 两个二进制符号除了可以表示二进制数以外，还可以用一定位数的二进制数码表示特定的数值、字母、文字和一些特殊符号。这些特定的二进制数码并不表示数量的大小，仅区别于不同的事物，称为代码。以一定的规则编制代码，用以表示数值、字母、文字和一些特殊符号等特定信息的过程称为编码。将代码还原成特定信息的逆过程称为解码或译码。

1. 二—十进制编码（BCD 码）

用 4 位二进制数码表示 1 位十进制数的方法称为二—十进制编码，也称 BCD（Binary Coded Decimal）码。4 位二进制码有 16 种不同的组合，可任选其中的 10 种组合来表示十进制数的 10 个数码，就有不同的二—十进制编码方案。表 1.1.1 列出了几种常用的 BCD 码。

表 1.1.1　　几种常用的 BCD 码

十进制数	有 权 码				无权码
	8421 码	2421(A) 码	2421(B) 码	5421 码	余 3 码
0	0000	0000	0000	0000	0011
1	0001	0001	0001	0001	0100
2	0010	0010	0010	0010	0101
3	0011	0011	0011	0011	0110
4	0100	0100	1010	0100	0111
5	0101	0101	1011	1000	1000
6	0110	0110	1100	1001	1001
7	0111	0111	1101	1010	1010
8	1000	1110	1110	1011	1011
9	1001	1111	1111	1100	1100
权值	8421	2421	2421	5421	无权

1）有权 BCD 码

有权 BCD 码是以代码的位权值命名的。在表 1.1.1 中，8421 码、2421 码、5421 码都属于有权码。在这些表示 0～9 共 10 个数码的 4 位二进制代码中，每一位数码都有确定的位权值。因此，按相应的位权展开，就可以求得该代码所代表的十进制数。其中 8421BCD 码是一种最简单、最常用的有权码。

［**例 1.1.10**］　写出 $(457.39)_D$ 对应的 8421BCD 码。

［**解**］　　$(457.39)_D = (0100\ 0101\ 0111\ .\ 0011\ 1001)_{8421BCD}$

2）无权 BCD 码

无权 BCD 码就是没有确定的位权值。例如余 3 码是由 8421BCD 码加 3（0011）形成的，所以称为余 3BCD 码。

2. 格雷码（Gray 码）

在数字系统中，除 BCD 码外，常用的还有格雷码、奇偶校验码、ASCII 码等。格雷码是一种常见的无权码，其编码如表 1.1.2 所示。格雷码的特点是任意相邻两组代码之间只有一位代码不同，且首尾 0 和 15 两组代码之间也只有一位代码不同。因此，格雷码是循环码。格雷码的这个特点使它在代码形成与传输中引起的误差较小。

表 1.1.2　格雷码与二进制码的对照表

十进制数	二进制码	格雷码	十进制数	二进制码	格雷码
0	0000	0000	8	1000	1100
1	0001	0001	9	1001	1101
2	0010	0011	10	1010	1111
3	0011	0010	11	1011	1110
4	0100	0110	12	1100	1010
5	0101	0111	13	1101	1011
6	0110	0101	14	1110	1001
7	0111	0100	15	1111	1000

课堂活动

一、课堂提问和讨论

1. 数制是什么？什么是数码？基数是什么？位权指什么？

2. 十进制数有什么特点？二进制数有什么特点？

3. 常用的二—十进制编码有哪些？为什么说用 4 位二进制数码对十进制数的 10 个数码进行编码的方案有很多？

4. 什么是有权 BCD 码？什么是无权 BCD 码？试举例说明。

5. 格雷码是什么码？

二、学生演讲和演板

1. 试将十进制数 123.675 转换为二进制数，要求精确到 10^{-3}。

2. 为什么格雷码能在信号传输和转换过程中减少失误，提高可靠性？

三、课堂练习

1. 试将下列数值转换为等值的二进制数。

(1) $(8C)_H$　　(2) $(136.45)_O$　　(3) $(372)_O$

2. 试将下列十进制数表示为 8421BCD 码。

(1) $(43)_D$　　(2) $(95.12)_D$

3. 试将下列 BCD 码转换为十进制数。

(1) $(010101111001)_{8421BCD}$　　(2) $(10001001.01110101)_{8421BCD}$

(3) $(010011001000)_{5421BCD}$　　(4) $(10001011)_{余3BCD}$

1.2　逻 辑 代 数

所谓"逻辑"，就是研究条件(或前提)和结论之间的关系，或者说是因果的规律性。所谓"判断"，就是肯定或否定某种事物是否具有某种属性的思维过程。逻辑代数是分析判断和设计数字逻辑电路的数学工具。

逻辑代数中最基本的逻辑常量是 0 和 1，用以表示两种逻辑状态，如电平的高和低、灯的亮和熄、开关的闭合和断开等。逻辑代数中的逻辑变量常由字母或字母加数字组成，逻辑变量的取值只有两种可能，1 或 0。1 或 0 并不表示数值，只表示两个对立的状态。

逻辑变量可以分为两类，逻辑自变量（输入逻辑函数）和逻辑因变量（输出逻辑函数）。逻辑自变量 A、B、C、… 取值确定以后，逻辑因变量 Z 的值也被唯一地确定了。因此，因变量 Z 是自变量 A、B、C、…的逻辑函数，记作

$$Z = F(A, B, C, \cdots)$$

1.2.1　基本逻辑和复合逻辑

在逻辑代数中只有三种基本的逻辑，即"**与**"逻辑、"**或**"逻辑和"**非**"逻辑。与之对应，在逻辑代数中只有三种基本的逻辑运算，即**与**、**或**、**非**。实际应用中，还会遇到比**与**、**或**、**非**更复杂的逻辑问题，但它们都是**与**、**或**、**非**三种基本逻辑的组合结构，称为复合逻辑或复合逻辑运算。

逻辑是一种函数关系，可用语言描述，亦可用逻辑代数表达式描述，还可用表格或图形描述。输入逻辑函数所有取值的组合与其所对应输出逻辑函数值构成的表格，称为真值表。用规定的逻辑符号表示的图形称为逻辑图。

1. "与"逻辑

在图 1.2.1 所示电路中，只有当电路中的两个开关都合上，灯泡才会亮。这种只有决定事物结果的全部条件同时具备时，结果才发生的因果关系称为**与逻辑**。能实现与逻辑关系的运算称为**与运算**。如果用逻辑变量 A、B 代表两个开关，用 1 代表接通，0 代表断开；用 Y 代表灯泡，用 1 代表亮，0 代表不亮，则可得出**与**运算真值表如表 1.2.1 所示。若用逻辑代数表达式描述，则有

$$Y = A \cdot B \quad 或 \quad Y = AB \tag{1.2.1}$$

能实现与运算的逻辑电路称为**与门**，其逻辑符号如图 1.2.2 所示。

表 1.2.1　与运算真值表

A	B	Y = AB
0	0	0
0	1	0
1	0	0
1	1	1

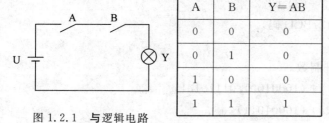

图 1.2.1　与逻辑电路

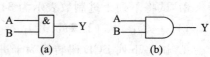

图 1.2.2　与逻辑符号
（a）国标符号；（b）国际常用符号

2. "或"逻辑

在图 1.2.3 所示电路中，只要电路中的一个开关合上，灯泡会亮。这种只要决定事物结果的几个条件中有一个条件具备时，结果就会发生的因果关系称为**或逻辑**。能实现或逻辑关系的运算称为**或运算**。如果用逻辑变量 A、B 代表两个开关，用 1 代表接通，0 代表断

开；用 Y 代表灯泡，用 1 代表亮，0 代表不亮，则可得出或运算真值表如表 1.2.2 所示。若用逻辑代数表达式描述，则有

$$Y = A + B \tag{1.2.2}$$

能实现**或**运算的逻辑电路称为**或门**，其逻辑符号如图 1.2.4 所示。

表 1.2.2　或运算真值表

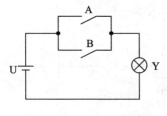

图 1.2.3　或逻辑电路

A	B	Y=A+B
0	0	0
0	1	1
1	0	1
1	1	1

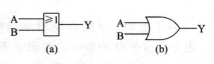

图 1.2.4　或逻辑符号
（a）国标符号；（b）国际常用符号

3.“非”逻辑

在图 1.2.5 所示电路中，当电路中的开关合上时，灯泡就不亮；当电路中的开关断开时，灯泡就会亮。这种互相否定的因果关系称为**非逻辑**。能实现非逻辑关系的运算称为**非运算**。如果用逻辑变量 A 代表开关，用 1 代表接通，0 代表断开；用 Y 代表灯泡，用 1 代表亮，0 代表不亮，则可得出非运算真值表如表 1.2.3 所示。显然 A 与 Y 总是处于相反的逻辑状态。若用逻辑代数表达式描述，则有

$$Y = \overline{A} \tag{1.2.3}$$

式中，变量 A 上方的“—”号表示非运算。能实现非运算的逻辑电路称为**非门**，其逻辑符号如图 1.2.6 所示，图中的小圆圈强调的是逻辑状态关系，表示非运算。

表 1.2.3　非运算真值表

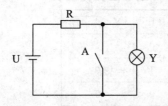

图 1.2.5　非逻辑电路

A	Y=$\overline{A}$
0	1
1	0

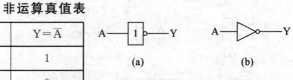

图 1.2.6　非逻辑符号
（a）国标符号；（b）国际常用符号

4. 几种常用的复合逻辑

在实际逻辑运算中，除了**与、或、非**三种基本逻辑运算外，还经常使用一些在基本逻辑运算基础上构成的复合逻辑运算，例如**与非、或非、与或非、异或**和**同或**。

与非运算是与运算和非运算的组合。**与非**逻辑符号如图 1.2.7 所示，逻辑运算真值表如表 1.2.4 所示。如前述正逻辑关系，有**与非**逻辑代数表达式：

$$Y = \overline{AB} \tag{1.2.4}$$

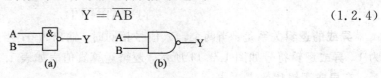

图 1.2.7　与非逻辑符号
（a）国标符号；（b）国际常用符号

表 1. 2. 4　与非运算真值表

A	B	$Y=\overline{AB}$
0	0	1
0	1	1
1	0	1
1	1	0

　　所谓正逻辑，是指在逻辑电路中用 1 代表高电平、用 0 代表低电平导出的逻辑关系；反之，如果在逻辑电路中用 0 代表高电平、用 1 代表低电平，导出的逻辑关系则为负逻辑。对于一个数字电路或系统，可以采用正逻辑，也可以采用负逻辑，由此导出的逻辑真值表和逻辑代数表达式是不同的。如图 1.2.8(a)

图 1.2.8　逻辑非、逻辑极性符号
(a) 状态符号；(b) 电平符号

所示，输入端的小圆圈，强调的是输入逻辑 1，经反相成逻辑 0，作为输入信号；输出端的小圆圈，强调的是输入逻辑 1，经反相成逻辑 0，作为输出信号。在需要强调逻辑低电平有效的场合，是在逻辑符号单元框有关的输入、输出处，标注半个空心箭头符号表示，箭头的方向同时也是信息流的方向，如图 1.2.8(b)所示。如本书中不作特别说明，所采用的逻辑均为正逻辑。

　　或非运算是**或**运算和**非**运算的组合。**或非**逻辑符号如图 1.2.9 所示，逻辑运算真值表如表 1.2.5 所示。如前述正逻辑关系，有**或非**逻辑代数表达式：

$$Y = \overline{A+B} \tag{1.2.5}$$

表 1. 2. 5　或非运算真值表

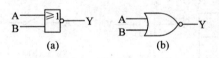

图 1.2.9　**或非逻辑符号**
(a) 国标符号；(b) 国际常用符号

A	B	$Y=\overline{A+B}$
0	0	1
0	1	0
1	0	0
1	1	0

　　与或非运算是**与**、**或**和**非**三种运算的组合。**与或非**逻辑运算的次序是，先组内**与**，再组间**或**，最后再**非**，由此不难导出其逻辑运算真值表（略）。能实现**与或非**运算的逻辑电路称为**与或非门**。**与或非**逻辑符号如图 1.2.10 所示。如前述正逻辑关系，有**与或非**逻辑代数表达式：

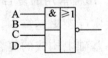

图 1.2.10　**与或非逻辑符号**

$$Y = \overline{AB+CD} \tag{1.2.6}$$

　　异或的逻辑关系是：当两个输入信号相同时，输出为 0；当两个输入信号不同时，输出为 1。**异或**逻辑符号如图 1.2.11 所示，逻辑运算真值表如表 1.2.6 所示。如前述正逻辑关系，有**异或**逻辑代数表达式：

$$Y = \overline{A}B + A\overline{B} = A \oplus B \tag{1.2.7}$$

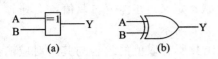

图 1.2.11　**异或逻辑符号**
（a）国标符号；（b）国际常用符号

表 1.2.6　异或运算真值表

A	B	$Y = A \oplus B$
0	0	0
0	1	1
1	0	1
1	1	0

同或的逻辑关系和**异或**的逻辑关系刚好相反：当两个输入信号相同时，输出为 1；当两个输入信号不同时，输出为 0。**同或**逻辑符号如图 1.2.12 所示，逻辑运算真值表如表 1.2.7 所示。如前述正逻辑关系，有同或逻辑代数表达式：

$$Y = AB + \overline{A}\,\overline{B} = A \odot B \tag{1.2.8}$$

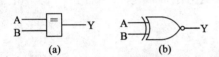

图 1.2.12　**同或逻辑符号**
（a）国标符号；（b）国际常用符号

表 1.2.7　同或运算真值表

A	B	$Y = A \odot B$
0	0	1
0	1	0
1	0	0
1	1	1

1.2.2　逻辑函数的表示方法

在数字电路中，由于逻辑函数输入变量和输出变量的取值只有 0 和 1 两种，所以称为二值逻辑函数。表示一个逻辑函数有多种描述方法，常用的有真值表、逻辑代数（函数）表达式、逻辑图、波形图和卡诺图等。它们各有特点，又相互联系，并可以相互转换。下面，以一个简单的实例，来分别介绍前面四种表示方法。

图 1.2.13 所示为一个上下楼道路灯开关控制电路，该电路在楼上和楼下均可控制楼道路灯的点亮和熄灭。设 Y 表示楼道路灯，用 1 代表点亮，0 代表熄灭；楼上开关 A 和楼下开关 B 的动作状态，向上为 1、向下为 0。显然，只有当开关 A 和开关 B 同时向上或同时向下时，楼道路灯 Y 才会点亮，否则楼道路灯 Y 熄灭。

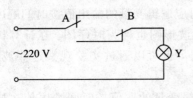

图 1.2.13　上下楼开关电路

表 1.2.8　图 1.2.13 电路真值表

A	B	$Y = AB$
0	0	1
0	1	0
1	0	0
1	1	1

1. 真值表表示方法

根据上述实例中逻辑输入、输出变量的符号和状态定义，亦称逻辑赋值，及图 1.2.13 所示电路，有 Y 与 A、B 逻辑关系的真值表如表 1.2.8 所示。

特别要指出，列真值表时，一定要把输入逻辑函数所有取值的组合与其所对应输出逻辑函数值全部列出，才能完整描述整个逻辑关系，n 个输入逻辑变量共有 2^n 个逻辑取值组合。

2. 逻辑代数(函数)表达式表示方法

在上述实例中，对照表 1.2.8 所示真值表，可知在 A、B 状态的四种不同组合中，只有第一(A＝B＝0)和第四(A＝B＝1)两种组合才能使楼道路灯 Y 点亮(Y＝1)。逻辑变量 A、B 之间是逻辑**与**的关系，而两种状态组合之间则是逻辑**或**的关系。对于逻辑输入变量 A、B 和逻辑输出变量 Y，凡取 1 值的用原变量表示、取 0 值的用反变量表示，则可写出图 1.2.13 所示电路的逻辑代数(函数)表达式：

$$Y = \overline{A}\,\overline{B} + AB = A \odot B \tag{1.2.9}$$

这种表达式称为标准**与或**式(积之和式)。

3. 逻辑图表示方法

将式(1.2.9)中所有的**与、或、非**逻辑运算符号用相应的逻辑符号代替，并按照逻辑运算的先后次序将这些逻辑符号连接起来，就得到了图 1.2.13 所示电路的逻辑图，如图 1.2.14(a)所示。为简便起见，也可以用**同或**逻辑符号表示，得到如图 1.2.14(b)所示的逻辑图。

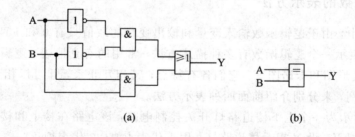

(a)　　　　　　　　　　　　　(b)

图 1.2.14　图 1.2.13 所示电路的逻辑图
(a) 用与、或、非逻辑符号构成的逻辑图；(b) 用同或逻辑符号构成的逻辑图

4. 波形图表示方法

如果将输入逻辑变量每一种可能出现的取值与对应逻辑变量的输出值按时间顺序依次排列起来，就得到了表示该逻辑函数的波形图。这种波形图也称为时序图。在计算机仿真工具中，常以这种波形图的形式给出分析结果。此外，也可以通过实验观察这些波形图，以检验实际逻辑电路的功能是否正确。

将表 1.2.8 给出的输入逻辑变量与对应输出逻辑变量的取值按时间顺序依次排列起来，就得到了图 1.2.13 所示电路的波形图，如图 1.2.15 所示。

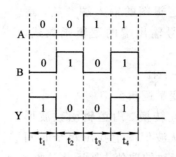

图 1.2.15　图 1.2.13 所示电路的波形图

5. 各种表示方法间的相互转换

既然同一个逻辑函数可以用多种不同的方法描述，那么这几种方法之间必能相互转换。

(1) 真值表与逻辑代数(函数)表达式的相互转换。从前述简单实例表示方法的讨论中，可以总结出由真值表写出逻辑函数表达式的一般方法：

① 找出真值表中使逻辑函数 Y=1 的那些输入变量取值的组合；

② 每组输入变量取值的组合对应一个**与**项，组合中取值为 1 的写入原变量，取值为 0 的写入反变量；

③ 将这些**与**项进行**或**运算，即得 Y 的逻辑函数表达式。

由逻辑函数表达式列出相应的真值表，只需将输入变量取值的所有组合状态逐一代入逻辑函数表达式求出函数值、列表，即可得到相应的真值表。

〔例 1.2.1〕　已知逻辑函数 $Y=A+\overline{A}B$，试求出其对应的真值表。

〔解〕　将输入变量 A、B 的各种取值逐一代入逻辑函数表达式中计算，并将计算列表，即得所求真值表，如表 1.2.9 所示。显然，这是一个二变量的**或**逻辑。初学时，为避免差错，可先将 $\overline{A}B$ 项算出，然后与变量 A 进行**或**运算求出 Y 的值。

表 1.2.9　例 1.2.1 的真值表

A	B	$\overline{A}B$	Y
0	0	0	0
0	1	1	1
1	0	0	1
1	1	0	1

(2) 逻辑代数(函数)表达式与逻辑图的相互转换。由逻辑函数表达式转换为相应的逻辑图，只要用逻辑图形符号代替逻辑函数表达式中的逻辑运算符号并按运算顺序将它们连接，就可以得到所求的逻辑图。

而由逻辑图转换为相应的逻辑函数表达式，只要从逻辑图的输入端到输出端逐级写出每个逻辑图形符号输出端的逻辑函数式，就可以在输出端得到所求的逻辑函数表达式。

〔例 1.2.2〕　已知逻辑函数的逻辑图如图 1.2.16 所示，试求其对应的逻辑函数表达式。

[解] 从图 1.2.16 所示逻辑图的输入端开始，逐个、逐级写出每个逻辑图形符号输出端的逻辑函数式，有其对应的逻辑函数表达式：

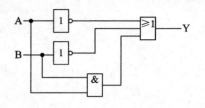

$$Y = \overline{A} + \overline{B} + AB$$

显然，这是一个 Y 恒为 1 的两变量逻辑。

（3）波形图与真值表的相互转换。由逻辑函数波形图求相应的真值表，首先需要从波形图上找出每个时间

图 1.2.16　例 1.2.2 的逻辑图

段里输入逻辑变量与输出逻辑函数的取值，然后将这些输入、输出取值对应列表，就得到了所求的真值表。

由真值表求相应的逻辑函数波形图，只需将真值表中所有的输入逻辑变量与对应的输出逻辑函数的取值依次排列画成以时间为横轴的波形，就得到了所求的波形图，如前所述。

1.2.3　逻辑代数的基本定律和基本规则

1. 基本定律

表 1.2.10 给出了逻辑代数的基本定律（基本公式），亦称布尔恒等式，这些公式反映了逻辑代数运算的基本规律，而不是数量之间的关系，其正确性都可以用真值表加以验证。如果等式两边对应逻辑函数的真值表相同，则等式成立。或者说，如果两个逻辑函数相等，那么这两个逻辑函数的真值表一定相同。

表 1.2.10　逻辑代数的基本定律

定律名称	与	或	非
0-1 律	$A \cdot 0 = 0$	$A + 1 = 1$	
自等律	$A \cdot 1 = A$	$A + 0 = A$	
重叠律	$A \cdot A = A$	$A + A = A$	
互补律	$A \cdot \overline{A} = 0$	$A + \overline{A} = 1$	
交换律	$A \cdot B = B \cdot A$	$A + B = B + A$	
结合律	$A \cdot (B \cdot C) = (A \cdot B) \cdot C$	$A + (B + C) = (A + B) + C$	
分配律	$A \cdot (B + C) = A \cdot B + A \cdot C$	$A + (B \cdot C) = (A + B) \cdot (A + C)$	
反演律	$\overline{A \cdot B} = \overline{A} + \overline{B}$	$\overline{A + B} = \overline{A} \cdot \overline{B}$	
还原律			$\overline{\overline{A}} = A$
吸收律	$A \cdot (A + B) = A$	$A + A \cdot B = A$	
	$(A + B) \cdot (A + C) = A + BC$	$A + \overline{A} \cdot B = A + B$	
常用恒等式	$AB + \overline{A}C + BCD = AB + \overline{A}C$	$AB + \overline{A}C + BC = AB + \overline{A}C$	

在表 1.2.10 所列基本定律中，反演律又称为摩根定理，它常用于求一个原函数的反函数或对逻辑函数进行变换。

表 1.2.10 中所列常用恒等式可以用其他基本定律加以证明，下面以其中的一条为例

进行证明。

$$AB+\overline{A}C+BC = AB+\overline{A}C$$
$$=AB+\overline{A}C+(A+\overline{A})BC$$
$$=AB+\overline{A}C+ABC+\overline{A}BC$$
$$=(AB+ABC)+(\overline{A}C+\overline{A}BC)$$
$$=AB+\overline{A}C$$

推论：$AB+\overline{A}C+BCD=AB+\overline{A}C$（证明略）。

2. 基本规则（定理）

1）代入规则（定理）

在任何一个逻辑等式中，如果将所有出现的某变量 A 都用一个逻辑函数代替，则等式依然成立，这个规则称为代入规则，亦称代入定理。

因为变量 A 只有 0 和 1 两种可能的状态，所以无论将 A＝0 代入，还是将 A＝1 代入，等式都一定成立。而任何一个逻辑函数的取值也只有 0 和 1 两种可能的状态，所以用它取代逻辑等式中的 A 时，等式自然也成立。因此，代入定理是无需证明的公理。

利用代入定理可将表 1.2.10 所列基本公式推广为多变量的形式。

[**例 1.2.3**]　试用代入定理证明摩根定理也适用于多变量的情况。

[**解**]　如表 1.2.10 中所列二变量的摩根定理为

$$\overline{A \cdot B}=\overline{A}+\overline{B}$$

现依代入定理，以逻辑函数（B·C）替换等式中的变量 B，于是有

$$\overline{A \cdot (B \cdot C)}=\overline{A}+\overline{B \cdot C}=\overline{A}+\overline{B}+\overline{C}$$

2）反演规则（定理）

根据摩根定理，对于任何一个原函数 Y 的表达式，若将其中所有的"·"换成"＋"，"＋"换成"·"，1 换成 0，0 换成 1，原变量换成反变量，反变量换成原变量，保持原函数中的运算顺序，即先运算括号里的内容，其次进行**与**运算，最后进行**或**运算，并保留反变量以外的非号不变，则得到的逻辑函数表达式就是原函数 Y 的非函数 $\overline{Y}$，亦称反函数。这个规则称为反演规则，亦称反演定理。

利用反演定理可以较容易地求出一个原函数的反函数。

[**例 1.2.4**]　试求 $Y=A+B[(C\overline{D}+A)+\overline{D}\overline{E}]$ 的反函数 $\overline{Y}$。

[**解**]　根据反演定理，保持原函数中的运算顺序，并保留反变量以外的非号不变，有

$$\overline{Y}=\overline{A} \cdot \{\overline{B}+[(\overline{C}+D) \cdot \overline{A} \cdot \overline{\overline{D}+E}]\}$$

3）对偶规则（定理）

对于任何一个逻辑函数式 Y，若将其中所有的"·"换成"＋"，"＋"换成"·"，1 换成 0，0 换成 1，并保持原函数中的运算顺序，即"先括号、然后**与**、最后**或**"，但变量不变，则得出的一个新的逻辑函数式就是 Y 的对偶式，记作 Y'。这个规则称为对偶规则，亦称对偶定理。但需要指出，一般情况下，$Y' \neq \overline{Y}$，只是在某些特殊情况下才有 $Y'=\overline{Y}$。

若两个逻辑式相等，则它们的对偶式也一定相等。利用对偶定理，可从已知公式中得到更多的运算公式。如表 1.2.10 所述基本定律，每一定律的左边公式和右边公式都是一对互为对偶的对偶式。

［例 1.2.5］ 已知 $Y=A\overline{B}+\overline{A}B+BC$，试求其对偶式 Y'。

［解］ 根据对偶定理，有

$$Y'=(A+\overline{B})\cdot(\overline{A}+B)\cdot(B+C)$$

课堂活动

一、课堂提问和讨论

1. 在逻辑代数中，基本的逻辑关系有几种？是哪几种？试说出其逻辑运算的逻辑代数表达式，并列举出几个相关的实例。

2. 什么是复合逻辑？常用的复合逻辑有哪几种？试举例说明。

3. **异或**和**同或**的逻辑关系是什么？试用真值表说明。

4. 逻辑函数都有哪些表示方法？

5. 逻辑代数的基本定律(基本公式)当中，哪些公式的运算规则和普通代数的运算规则相同？哪些不同？哪些是需要特别记住的？

6. 利用反演定理求取原函数的反函数时，应如何处理变换的运算顺序和非运算符号？

二、学生演讲和演板

1. 试画出基本逻辑函数的逻辑符号，并写出其对应的逻辑代数表达式和真值表。

2. 试画出**与非**、**或非**、**与或非**逻辑关系的逻辑符号，并写出其对应的逻辑代数表达式和真值表。

3. 试画出**异或**和**同或**逻辑函数的逻辑符号，并写出其对应的逻辑代数表达式和真值表。

三、小组活动

1. 分小组讨论逻辑函数真值表、逻辑函数表达式、逻辑电路图三者之间有什么关系，并简述由真值表写出逻辑函数表达式的方法。

2. 分小组讨论实现一个确定逻辑功能的逻辑电路是不是唯一的，试举例说明。

四、课堂练习

1. 试画出下列逻辑函数的逻辑图。

(1) $Y=AB+CD$ (2) $Y=\overline{\overline{A}B+\overline{C}D}$

2. 试用逻辑代数的基本定律(基本公式)证明下列逻辑等式。

(1) $A(A+B)=A$ (2) $AB+A\overline{B}+\overline{A}B=A+B$

1.3 逻辑函数的化简

1.3.1 逻辑函数的公式化简法

1. 逻辑函数的最简与或表达式

逻辑函数确定后，相应的真值表是唯一的，但利用逻辑代数的运算规律可以将同一个逻辑函数表达式变换为多种表达形式。按照表达式中乘积项的特点和各乘积项间的关系，可大致分为：**与或式、与非—与非式、与或非式、或与式、或非—或非式**等五种类型。例如：

$$Y = A\bar{B} + BC \qquad\qquad\qquad \text{与或式}$$

$$= \overline{\overline{A\bar{B}} \cdot \overline{BC}} \qquad\qquad (\text{两次求反}) \qquad \text{与非—与非式}$$

$$= \overline{\overline{A}\bar{B} + B\bar{C}} \qquad\qquad (\text{用反演律}) \qquad \text{与或非式}$$

$$= (A + B) \cdot (\bar{B} + C) \quad (\text{用反演律}) \qquad \text{或与式}$$

$$= \overline{\overline{A + B} + \overline{\bar{B} + C}} \qquad (\text{用反演律}) \qquad \text{或非—或非式}$$

即使是同一类型的逻辑函数其表达式也有多种表达形式。如上例中，**与或式**有

$$Y = A\bar{B} + BC = A\bar{B} + BC + AC$$
$$= A\bar{B}C + A\bar{B}\bar{C} + ABC + \bar{A}BC$$

可见，一个逻辑函数可以有多种表达形式。进行逻辑设计时，根据逻辑问题归纳出来的逻辑函数表达式往往不是最简逻辑函数式，并且可以有不同的形式。通常，表达式简单，对应的逻辑电路图也会比较简单。这不但可以节省元器件、优化生产工艺、降低成本、提高系统的可靠性，而且可以增强产品的市场竞争力。因此，逻辑函数的化简在逻辑电路的设计中是非常重要的。

不同类型逻辑函数表达式有不同的最简形式，各种表达式之间可以相互转换，但大多都易于根据最简**与或式**变换得到。所以，**与或式**是最常用的逻辑函数表达式。

最简与或表达式指的是其含有的乘积项（与项）数最少，且每个乘积项（与项）中变量数最少的表达式。

2. 公式化简法

逻辑函数公式化简法就是反复应用逻辑代数的基本定律（基本公式），以消去逻辑函数表达式中多余的乘积项和多余的因子，进行逻辑函数化简的方法。

公式化简法没有固定的步骤。下面介绍几种常用的方法。

1）并项法

利用公式 $AB + A\bar{B} = A$，将两项合并成一项，同时消去一个变量。例如：

$$Y = \bar{A}B\bar{C} + \bar{A}BC = \bar{A}B(\bar{C} + C) = \bar{A}B$$

2）吸收法

利用公式 $A + AB = A$ 和 $AB + \bar{A}C + BC = AB + \bar{A}C$，消去多余项。例如：

$$Y = \bar{A} + \bar{A}CD = \bar{A}$$
$$Y = ABC + \bar{C}D + ABD = ABC + \bar{C}D$$

3）消去法

利用公式 $A + \bar{A}B = A + B$，消去多余的因子。例如：

$$Y = AB + \bar{A}C + \bar{B}C = AB + (\bar{A} + \bar{B})C = AB + \overline{AB}C = AB + C$$

4）配项法

利用公式 $A + \bar{A} = 1$ 或 $A \cdot \bar{A} = 0$ 及 $A + A = A$，给某个乘积项配项再化简，以达到进一步化简的目的。例如：证明 $Y = AB + \bar{A}C + BC = AB + \bar{A}C$。

$$Y = AB + \overline{A}C + BC = AB + \overline{A}C + (A + \overline{A})BC$$
$$= AB + \overline{A}C + ABC + \overline{A}BC = (AB + ABC) + (\overline{A}C + \overline{A}BC)$$
$$= AB + \overline{A}C$$

又例如：

$$Y = ABC + AB\overline{C} + A\overline{B}C + \overline{A}BC = ABC + AB\overline{C} + ABC + A\overline{B}C + ABC + \overline{A}BC$$
$$= AB + AC + BC$$

通常对逻辑函数表达式进行化简，需综合利用上述方法。

[例 1.3.1]　化简逻辑函数表达式 $Y = AD + A\overline{D} + AB + \overline{A}C + BD + ACEF + \overline{B}EF + DEFG$。

[解]　　　$Y = AD + A\overline{D} + AB + \overline{A}C + BD + ACEF + \overline{B}EF + DEFG$
$$= A + AB + \overline{A}C + BD + ACEF + \overline{B}EF + DEFG$$
$$= A + \overline{A}C + BD + \overline{B}EF + DEFG$$
$$= A + C + BD + \overline{B}EF + DEFG$$
$$= A + C + BD + \overline{B}EF$$

[例 1.3.2]　化简逻辑函数表达式 $Y = \overline{\overline{AC} + \overline{A}BC} + \overline{B}C + AB\overline{C}$。

[解]　　　$Y = \overline{\overline{AC} + \overline{A}BC} + \overline{B}C + AB\overline{C} = \overline{(A + \overline{B})C + \overline{A}BC} + AB\overline{C}$
$$= \overline{\overline{A}B C + \overline{A}BC} + AB\overline{C} = \overline{(\overline{A}B + \overline{A}B)C} + AB\overline{C}$$
$$= \overline{C} + AB\overline{C}$$
$$= \overline{C}$$

公式法化简逻辑函数的优点是对逻辑函数表达式中变量的个数没有限制，但需要熟练掌握和灵活应用逻辑代数的基本定律及基本公式，并有一定的技巧，而且难以判断所得结果是否为最简。因此，公式化简法一般适用于变量个数较多，且逻辑函数表达式较为简单的情况。

工程上，对于变量个数不多的逻辑函数化简，常采用卡诺图化简法。

1.3.2　逻辑函数的卡诺图化简法

卡诺图化简法是在最小项的基础上，将逻辑函数用一种称为"卡诺图"的图形来表示，并在卡诺图上进行逻辑函数化简的方法。

1. 最小项

最小项是指逻辑函数中的一个乘积项(与项)，它包含了该逻辑函数中所有的变量，每个变量均以原变量或反变量的形式在乘积项(与项)中出现，且仅出现一次。

在 n 变量逻辑函数中，若 m 为包含全部变量的乘积项，则称 m 为该逻辑函数的最小项。因为在 m 中，每个变量均有原变量和反变量两种形式，所以 n 个变量构成的最小项有 2^n 个。例如，A、B、C 三个变量的逻辑函数有 $\overline{A}\,\overline{B}\,\overline{C}$、$\overline{A}\,\overline{B}C$、$\overline{A}B\overline{C}$、$\overline{A}BC$、$A\overline{B}\,\overline{C}$、$A\overline{B}C$、$AB\overline{C}$、$ABC$ 共 8 个(即 2^3 个)最小项。为了表示方便，用 m_i 表示最小项，其下标 i 为最小项的编号。编号的方法是，把使最小项的值为 1 的变量取值组合当作二进制数，这个二进制数对应的十进制数 i 就是该最小项的编号。例如，使最小项 $\overline{A}\,\overline{B}\,\overline{C} = 1$ 的各变量取值组合为 000，则二进制数 000 对应的十进制数为 0，即该最小项的编号 i=0，记作 m_0。依次类推，可得出表示该三变量逻辑函数的全部最小项及编号，如表 1.3.1 所示。

表 1.3.1　三变量逻辑函数最小项及编号

最小项	变量取值组合			编号	表示符号	最小项	变量取值组合			编号	表示符号
	A	B	C				A	B	C		
$\overline{A}\,\overline{B}\,\overline{C}$	0	0	0	0	m_0	$A\overline{B}\,\overline{C}$	1	0	0	4	m_4
$\overline{A}\,\overline{B}C$	0	0	1	1	m_1	$A\overline{B}C$	1	0	1	5	m_5
$\overline{A}B\overline{C}$	0	1	0	2	m_2	$AB\overline{C}$	1	1	0	6	m_6
$\overline{A}BC$	0	1	1	3	m_3	ABC	1	1	1	7	m_7

由表 1.3.1 可以看出，最小项具有如下性质：

（1）对于任意一个最小项，输入变量只有对应的一组取值组合使它的值为 1，而在其他各组变量取值时，这个最小项的值都为 0。

（2）不同的最小项，使它的值为 1 的那一组输入变量的取值也不同。

（3）对于输入变量的任一组取值组合，任意两个最小项的乘积为 0。

（4）对于输入变量的任一组取值组合，全体最小项之和为 1。

（5）若两个最小项只有一个因子不同，则称这两个最小项具有相邻性，且这两个最小项之和可以合并成一项并将一对不同的因子消去。例如：

$$\overline{A}BC+ABC=(\overline{A}+A)BC=BC$$

2. 逻辑函数的最小项表达式

如果一个逻辑函数表达式是**与或**式，而且其中每个乘积项（**与**项）都是最小项，则称该逻辑函数表达式为标准**与或**式，亦称最小项表达式。

例如，$Y(A, B, C)=\overline{A}\,\overline{B}C+\overline{A}BC+A\overline{B}C$ 就是一个标准**与或**式。为简明起见，该式还可以表示为

$$Y(A, B, C) = m_1 + m_3 + m_5 = \sum m(1, 3, 5)$$

任何一种逻辑函数表达式都可以展开为标准**与或**式，亦即最小项表达式，而且是唯一的。

［**例 1.3.3**］　试将 $Y=A\overline{B}+BC$ 展开为最小项表达式（标准**与或**式）。

［**解**］　　　$Y = A\overline{B}+BC=A\overline{B}(C+\overline{C})+(A+\overline{A})BC$

$$=A\overline{B}C+A\overline{B}\,\overline{C}+ABC+\overline{A}BC=m_5+m_4+m_7+m_3$$

$$= \sum m(3, 4, 5, 7)$$

3. 逻辑函数的卡诺图表示法

1）逻辑变量的卡诺图

按照使具有相邻性的最小项在几何位置上也相邻的原则，排列起来的方格阵列称之为卡诺图。

最小项的相邻原则，是指两个最小项中，除了一个变量为互反变量外，其余的变量都相同。几何位置上相邻，是指在方格阵列中任一方格内的最小项，与其几何位置上下左右方格内的最小项相邻。这包括，水平方向同一行里，最左端和最右端的方格也相邻；垂直方向同一列里，最上端和最下端的方格也相邻。

根据卡诺图的构成原则，画出的二变量、三变量和四变量的卡诺图如图 1.3.1 所示。

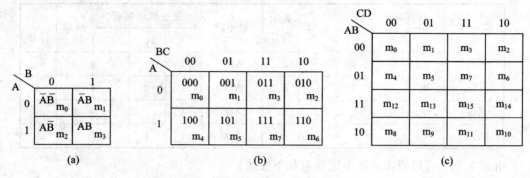

图 1.3.1 填入最小项的卡诺图

（a）二变量卡诺图；（b）三变量卡诺图；（c）四变量卡诺图

2）逻辑函数的卡诺图

当逻辑函数为最小项表达式时，在对应变量的卡诺图中找出和表达式中最小项对应的小方格填上 1，其余的小方格填上 0（也可不填，用空格表示），就可以得到相应的卡诺图。反之，由卡诺图也可以得出相应的逻辑函数最小项表达式。即如 1.2.2 节中所述，卡诺图也是逻辑函数的表示方法之一。

〔**例 1.3.4**〕 试画出例 1.3.3 中逻辑函数 $Y = A\bar{B} + BC = \sum m(3,4,5,7)$ 的卡诺图。

〔**解**〕 由 $Y = A\bar{B} + BC = \sum m(3,4,5,7)$ 有对应的卡诺图，如图 1.3.2 所示。

BC A	00	01	11	10
0	0	0	1	0
1	1	1	1	0

图 1.3.2 例 1.3.3 中逻辑函数的卡诺图

〔**例 1.3.5**〕 试写出图 1.3.3 所示卡诺图所对应的逻辑函数最小项表达式。

〔**解**〕 由图 1.3.3 所示卡诺图得所对应的逻辑函数最小项表达式：

$$Y = \bar{A}B\bar{C} + \bar{A}BC + ABC + \bar{A}\bar{B}C$$

BC A	00	01	11	10
0	0	1	0	1
1	1	0	1	0

图 1.3.3 例 1.3.5 的卡诺图

4. 在卡诺图上合并最小项的规则

利用卡诺图化简逻辑函数依据的基本原理就是具有相邻性的最小项可以合并，并消去不同的因子。

（1）在卡诺图中，若两个最小项相邻，则可以合并为一项，并消去一对不同的因子。例如，在图 1.3.4(a) 和 (b) 画出的两个最小项相邻的几种可能情况中，对于图 1.3.4(a)，由于最小项 $\bar{A}BC(m_3)$ 和 $ABC(m_7)$ 相邻，故有

$$\overline{A}BC + ABC = (\overline{A} + A)BC = BC$$

（2）在卡诺图中，若四个最小项相邻并排列成一个矩形，则可以合并为一项，并消去两对不同的因子。例如，在图 1.3.4(c)和(d)画出的四个最小项相邻的几种可能情况中，对于图 1.3.4(d)，由于最小项 $\overline{A}BCD(m_5)$、$\overline{A}BCD(m_7)$、$AB\overline{C}D(m_{13})$ 和 $ABCD(m_{15})$ 相邻，故有

$$\overline{A}B\overline{C}D + \overline{A}BCD + AB\overline{C}D + ABCD = \overline{A}BD(C + \overline{C}) + ABD(C + \overline{C})$$
$$= BD(A + \overline{A}) = BD$$

又例如，在图 1.3.4(d)中，由于四个顶角的最小项 $\overline{A}\,\overline{B}\,\overline{C}\,\overline{D}(m_0)$、$\overline{A}\,\overline{B}C\overline{D}(m_2)$、$A\overline{B}\,\overline{C}\,\overline{D}(m_8)$ 和 $A\overline{B}C\overline{D}(m_{10})$ 相邻，故有

$$\overline{A}\,\overline{B}\,\overline{C}\,\overline{D} + \overline{A}\,\overline{B}C\overline{D} + A\overline{B}\,\overline{C}\,\overline{D} + A\overline{B}C\overline{D} = \overline{A}\,\overline{B}\,\overline{D}(\overline{C} + C) + A\overline{B}\,\overline{D}(\overline{C} + C)$$
$$= \overline{B}\,\overline{D}(\overline{A} + A) = \overline{B}\,\overline{D}$$

（3）在卡诺图中，若八个最小项相邻并排列成一个矩形，则可以合并为一项，并消去三对不同的因子。例如，在图 1.3.4(e)画出的八个最小项相邻的几种可能情况中，由于上边两行的八个最小项相邻，故可以将它们合并为一项 $\overline{A}$；由于左右两侧两列的八个最小项相邻，故可以将它们合并为一项 $\overline{D}$。

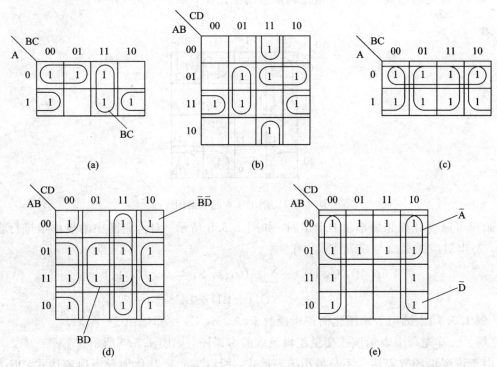

图 1.3.4　最小相邻的几种情况

(a)、(b) 两个最小项相邻；(c)、(d) 四个最小项相邻；(e) 八个最小项相邻

由此，可以归纳出利用卡诺图合并最小项的一般规则：如果有 2^n 个最小项相邻（$n=1$，2，…）并排列成一个矩形，则可将它们合并为一项，并消去 n 对不同的因子，合并后的结果中仅剩这些最小项的公共因子。

5. 卡诺图化简法的步骤

用卡诺图化简逻辑函数可按以下步骤进行：

（1）将逻辑函数变换成最小项表达式；

（2）画出表示该逻辑函数的卡诺图；

（3）找出可以合并的最小项，以 2^n 个相邻的最小项构成一个矩形（称为卡诺圈），合并相邻的最小项；

（4）选取简化后的乘积项，写出最简的**与或**函数表达式。

合并具有相邻性的最小项时，应遵循下列原则：

（1）由相邻最小项构成的矩形（卡诺圈）应覆盖卡诺图中所有的"1"项，且个数应尽可能少，这样可使化简后的**与**项个数最少；

（2）由相邻最小项构成的矩形（卡诺圈）按 2^n 个的规律，应尽可能得大，以包含尽可能多的最小项，这样可使化简后的每个乘积项（与项）包含的变量个数最少；

（3）由相邻最小项构成的矩形（卡诺圈）选中的最小项可以重复，但至少有 1 个最小项是没有被其他卡诺圈选择过。

［例 1.3.6］ 试用卡诺图化简逻辑函数 $F(A,B,C,D) = \sum m(0,2,3,4,8,10,11)$。

［解］ 首先画出表示该四变量逻辑函数的卡诺图，如图 1.3.5 所示。

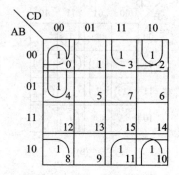

图 1.3.5 例 1.3.6 的卡诺图

画出可以合并相邻最小项的卡诺圈，如图 1.3.5 所示。对卡诺圈中的最小项进行合并化简，写出对应的最简与或表达式，有

$$F(A,B,C,D) = \sum m(0,2,3,4,8,10,11)$$
$$= \overline{A}\overline{C}\overline{D} + \overline{B}\overline{D} + \overline{B}C$$

［例 1.3.7］ 试用卡诺图化简逻辑函数 $F(A,B,C) = \overline{A}B + AC + AB\overline{C}$。

［解］ 首先画出表示该三变量逻辑函数的卡诺图，如图 1.3.6 所示。

由于该逻辑函数表达式不是最小项表达式，所以应先将其化为最小项表达式，但为快捷简便，也可直接在卡诺图中标出其乘积项（与项）所包含的最小项。例如，乘积项 $\overline{A}B$ 是消去了一对不同的因子 C 和 $\overline{C}$ 的结果，故应包含 m_0、m_1 两个最小项。同理，乘积项 AC 应包含 m_5、m_7 两个最小项。如此，有对应的卡诺图，如图 1.3.6 所示。

根据合并具有相邻性最小项的原则，在卡诺图中画出卡诺圈。由图 1.3.6(a)和图 1.3.6(b)所示的画法可以看出，虽然两者卡诺圈画法不同，但都符合原则。由此，有两种化简结果，分别为

$$F_1 = \overline{A}B + AC + AB$$

$$F_2 = \overline{A}\,\overline{B} + \overline{B}C + AB$$

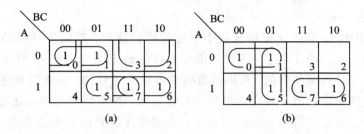

图 1.3.6　例 1.3.7 的卡诺图

(a) F_1 的画法；(b) F_2 的画法

由此可见，有时逻辑函数化简的结果不是唯一的。

利用卡诺图化简逻辑函数时，如果卡诺图中各小方格被为"1"的项占去了大部分，虽然仍可用卡诺圈围 1 的方法进行化简，但由于要重复利用 1 项，往往显得零乱而容易出错。这时，如果采用卡诺圈围 0 的方法进行化简，则往往更为简单。即先求出逻辑函数的非函数，然后再对非函数求非，其结果相同。

〔**例 1.3.8**〕　试用卡诺图化简逻辑函数 $F(A, B, C, D) = \sum m(0, 1, 2, 3, 5, 6, 7, 8, 9, 10, 11, 13, 14, 15)$。

〔**解**〕　首先画出表示该四变量逻辑函数的卡诺图，如图 1.3.7 所示。

根据合并具有相邻性最小项的原则，在卡诺图上画出卡诺圈。

采用卡诺圈围 1 的方法进行化简，画出的卡诺图如图 1.3.7(a) 所示，有

$$F = \overline{B} + C + D$$

采用卡诺圈围 0 的方法进行化简，画出的卡诺图如图 1.3.7(b) 所示，有

$$\overline{F} = B\overline{C}\,\overline{D}$$

$$F = \overline{\overline{F}} = \overline{B\overline{C}\,\overline{D}} = \overline{B} + C + D$$

可见，采用卡诺圈围 0 的方法和采用卡诺圈围 1 的方法进行化简，其结果相同。

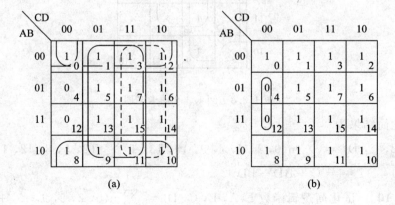

图 1.3.7　例 1.3.8 的卡诺图

(a) 围 1 的画法；(b) 围 0 的画法

6. 具有约束项和任意项逻辑函数的化简

1) 约束项和任意项

在实际应用中，常会遇到逻辑函数中出现这样的情况，即输入变量的取值不是任意的，是受到限制和约束的，称这些变量取值所对应的最小项为约束项。另外，也有这样的情况，即对应于变量的某些取值，逻辑函数的值可以是任意的，或者这些变量的取值根本不会出现，称这些变量取值所对应的最小项为任意项。约束项和任意项统称为无关项。无关项在卡诺图中，通常以符号×（或∅）表示；无关项在逻辑函数表达式中，通常以字母 d 表示，d 后面括号内的数字是无关项的最小项编号。

例如，对十进制数码 0～9 进行编码的 8421BCD 码，A、B、C、D 四个变量取值的组合只能出现 0000～1001 这 10 种情况，不会出现 1010、1011、1100、1101、1110、1111 这六种情况，所以四变量取值组合 1010～1111 所对应的最小项就是约束项或称无关项。

2) 具有无关项逻辑函数的化简

在化简具有无关项的逻辑函数时，由于无关项是 0 或 1 对逻辑函数都不会产生影响，所以无关项（符号×）是作为 1 还是 0 处理，是以所能得到的相邻最小项矩形组合（卡诺圈）最大，且矩形组合（卡诺圈）的数目最少，即使逻辑函数尽量得到简化为原则。

〔**例 1.3.9**〕　试化简逻辑函数 $F(A, B, C, D) = \sum m(0, 1, 4, 7, 9, 10, 13) + \sum d(2, 5, 8, 12, 14, 15)$。

〔**解**〕　首先画出表示该四变量逻辑函数的卡诺图，如图 1.3.8 所示。

根据化简具有无关项逻辑函数的原则，在卡诺图上画出卡诺圈，如图 1.3.8 所示。

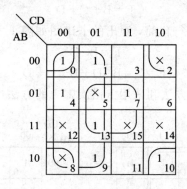

图 1.3.8　例 1.3.9 的卡诺图

由此，化简结果为

$$F(A, B, C, D) = \sum m(0, 1, 4, 7, 9, 10, 13) + \sum d(2, 5, 8, 12, 14, 15)$$
$$= \overline{C} + \overline{B}\overline{D} + BD$$

〔**例 1.3.10**〕　试化简逻辑函数 $F(A, B, C, D) = \sum m(0, 2, 5, 9, 15) + \sum d(6, 7, 8, 10, 12, 13, 14)$。

〔**解**〕　首先画出表示该四变量逻辑函数的卡诺图，如图 1.3.9 所示。

根据化简具有无关项逻辑函数的原则，在卡诺图上画出卡诺圈，如图 1.3.9 所示。

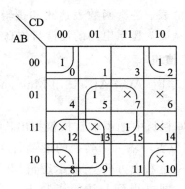

图 1.3.9　例 1.3.10 的卡诺图

由此，化简结果为

$$F(A, B, C, D) = \sum m(0, 2, 5, 9, 15) + \sum d(6, 7, 8, 10, 12, 13, 14)$$
$$= \overline{B}\overline{D} + A\overline{C} + BD$$

从上述两个例题可以看出，对于具有无关项逻辑函数的化简，凡是为 1 的小方格必须圈到，而为×的方格可以作为 1 也可以作为 0 来处理，即可圈可不圈，这要以是否有利于逻辑函数尽量得到简化为原则。

课堂活动

一、课堂提问和讨论

1. 最简与或表达式的标准是什么？化简逻辑函数有什么实际意义？
2. 公式法化简有哪几种常用的方法？试举例说明。
3. 什么是最小项？最小项具有什么性质？
4. 使用卡诺图化简逻辑函数的依据是什么？
5. 什么是无关项？使用卡诺图化简具有无关项逻辑函数的原则是什么？

二、学生演讲和演板

1. 试画出三变量和四变量的卡诺图。
2. 试用公式法化简逻辑函数 $Y = AD + A\overline{D} + AB + \overline{A}C + \overline{C}D + \overline{A}BEF$。
3. 试用卡诺图化简逻辑函数 $Y = \overline{A}\overline{C} + \overline{A}CD + ABD + \overline{B}\overline{C} + B\overline{C}\overline{D}$。
4. 试用卡诺图化简逻辑函数 $F(A, B, C, D) = \sum m(2, 4, 6, 8) + \sum d(10, 11, 12, 13, 14, 15)$。

三、小组活动

1. 分小组讨论利用卡诺图合并最小项的一般规则和步骤，试举例说明。
2. 分小组讨论公式化简法、卡诺图化简法各有什么优缺点？

1.4　逻辑函数的变换与化简 Multisim 10 仿真

逻辑转换仪是 Multisim 系统中特有的分析仪表，在实际工作中并没有与之对应的设备。逻辑转换仪不但能完成真值表、逻辑函数表达式和逻辑电路图三者之间的相互转换，而且能间接地化简逻辑函数，从而为逻辑电路的设计与仿真带来了很多的方便。

1. 由逻辑函数表达式求真值表

例如，已知逻辑函数表达式 $F=AC+A\bar{B}$，试用 Multisim 10 系统中的逻辑转换仪，求其对应的真值表。

从 Multisim 10 仪器仪表库栏目中把逻辑转换仪拖出，双击逻辑转换仪图标，在显示的面板图底部最后一行的空白位置中输入需转换的逻辑函数表达式，如图 1.4.1 所示。注意，在逻辑函数表达式中逻辑变量右上方的"′"表示逻辑"非"。按下逻辑转换仪表板上"由表达式转换为真值表"的按钮，即可得到与逻辑函数表达式对应的真值表，如图 1.4.2 所示。

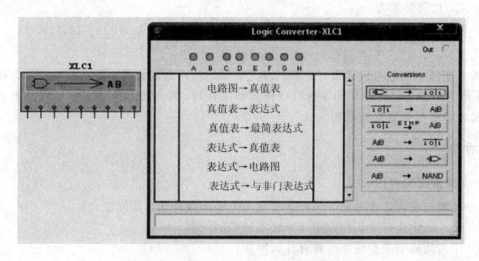

图 1.4.1　逻辑转换仪的面板图及表达式的输入

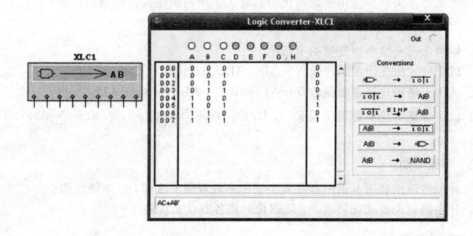

图 1.4.2　逻辑函数表达式和对应的真值表

2. 逻辑函数的化简

逻辑转换仪无法直接化简逻辑函数，要先将逻辑函数表达式转换成对应的真值表，然后由其真值表进行化简，转换成最简逻辑函数表达式。

例如，已知逻辑函数表达式 $F = AC + A\bar{B} + BC$，试用 Multisim 10 系统中的逻辑转换仪，求其最简逻辑函数表达式。

从 Multisim 10 仪器仪表库栏目中拖出逻辑转换仪，双击逻辑转换仪图标，在弹出的逻辑转换仪面板上输入需化简的逻辑函数表达式，将逻辑函数表达式通过逻辑转换仪转换成对应的真值表，如图 1.4.3 所示。然后，再按下逻辑转换仪面板上的"由真值表转换为最简表达式"的按钮，在逻辑转换仪面板底部最后一行的逻辑函数表达式的栏目中即可得到化简的最简逻辑函数表达式，如图 1.4.4 所示。

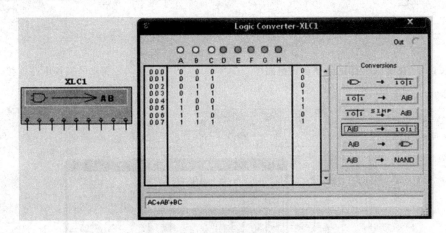

图 1.4.3　逻辑函数表达式转换为真值表

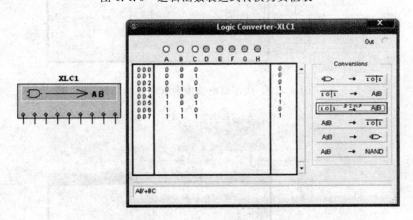

图 1.4.4　真值表转换为最简逻辑函数表达式

3. 由逻辑电路图求真值表和最简表达式

在 Multisim 10 实验工作区中搭建已知的逻辑电路图，如图 1.4.5 所示。将该逻辑电路的输入、输出端分别连接到逻辑转换仪的输入、输出端钮上，如图 1.4.6 所示。双击逻辑转换仪图标，在弹出的逻辑转换仪表面上，按下"由电路图转换为真值表"的按钮，即可得到该逻辑电路图所对应的真值表，如图 1.4.7 所示。然后，再按下"由真值表转换为最简表达式"的按钮，即可得到所求的最简逻辑函数表达式，如图 1.4.8 所示。

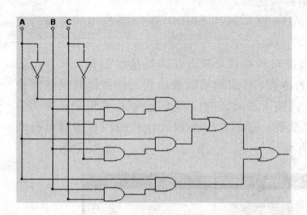

图 1.4.5　在实验工作区搭建逻辑电路图

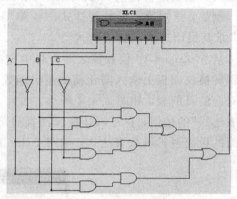

图 1.4.6　逻辑转换仪电路连接

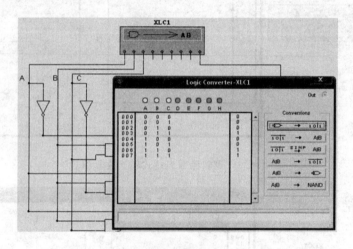

图 1.4.7　由逻辑电路图到真值表的转换

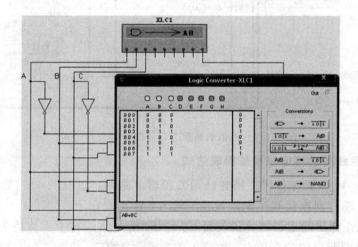

图 1.4.8　由真值表到最简逻辑函数表达式的转换

4. 包含无关项逻辑函数的化简

试用 Multisim 10 系统中的逻辑转换仪，求已知逻辑函数 $F(A，B，C，D) = \sum m(0，$
$1，4，9，14) + \sum d(5，7，8，11，12，15)$ 的最简逻辑函数表达式。

在打开的逻辑转换仪面板顶部选择 4 个输入端（A、B、C、D），此逻辑转换仪真值表区
就会自动出现对应 4 个输入逻辑变量的所有组合，而右边输出列的初始值全部为零，依据
已知的逻辑函数表达式对其赋值（1、0 或×），得到如图 1.4.9 所示的真值表。按下"由真
值表转换为最简表达式"的按钮，即可在逻辑转换仪底部逻辑函数表达式栏中得到化简后
的最简逻辑函数表达式，如图 1.4.10 所示。

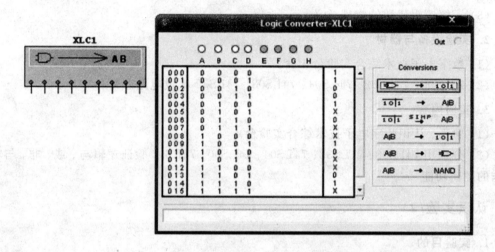

图 1.4.9　包含无关项的逻辑函数真值表

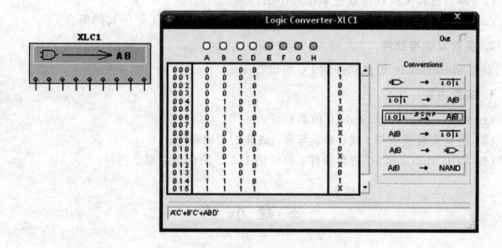

图 1.4.10　由真值表转换为最简表达式

至此可以看出，使用计算机 Multisim 仿真软件进行逻辑函数真值表、表达式、电路图
之间的相互转换和化简，不但不受逻辑变量个数的限制，而且快捷、简单、方便、可靠。

实 验 与 实 训

一、认识实验（1）

1. 实验目的

（1）熟悉数字电子技术实验的常用仪器及使用方法。

（2）逐步熟悉常用的集成电路芯片。

（3）了解逻辑代数的物理意义。

2. 实验设备与器材

（1）数字电子技术综合实验台 1 套。

（2）74LS00、74LS02、74LS04、74LS08、74LS32 集成电路芯片各一片。

3. 实验内容

（1）熟悉、认识数字电子技术综合实验台。

（2）分别用 74LS08、74LS32、74LS04、74LS00、74LS02 验证逻辑与、或、非、与非和或非的逻辑功能。

二、认识实验（2）

1. 实验目的

（1）进一步加深对基本逻辑关系的认识。

（2）体会逻辑变换在构建逻辑电路中的作用。

（3）熟悉、认识 Multisim 10 仿真软件，通过仿真实验，了解仿真的概念。

2. 实验设备与软件

安装 Multisim 10 仿真软件的 PC 机设备 1 套。

3. 实验内容

（1）熟悉、认识 Multisim 10 仿真软件。

（2）仿真实验逻辑与、或、非、与非、或非的逻辑功能。

（3）利用 Multisim 10 仿真软件，验证例 1.3.2 的化简结果。

本 章 小 结

1. 常用的数制有二进制、八进制、十进制、十六进制。数字电路中广泛采用的是二进制。用 0 和 1 组成的二进制数可以表示数量的大小，也可以表示对立的两种逻辑状态。

2. 基本的逻辑关系有三种，即与、或、非逻辑。与之对应，逻辑代数中有与、或、非三种基本运算。实际应用中，常用的复合逻辑关系和运算有与非、或非、与或非、异或、同或等。

3. 逻辑函数有五种表示方法，它们之间可相互转换。

4. 最简与或表达式含有的乘积项数最少，且每个乘积项中变量数最少。

5. 逻辑函数的化简方法主要有公式化简法、卡诺图化简法和计算机软件化简法等。公式化简法要求熟练而灵活地运用公式，卡诺图化简法则较直观，易于掌握，但变量增多时，卡诺图化简法则太复杂，计算机软件化简法不受逻辑变量个数的限制，而且快捷、简单、方便、可靠。

习　　题

1.1　将下列二进制数分别转换成十进制数、八进制数和十六进制数。

(1) $(1001)_B$　(2) $(11001011)_B$　(3) $(101100.011)_B$　(4) $(111110.111)_B$

1.2　分别将下列十进制数转换成二进制数、八进制数和十六进制数。

(1) 57　(2) 321.46　(3) 128　(4) 22.125　(5) 110.375

1.3　将下列十进制数表示为 8421BCD 码。

(1) $(58)_D$　(2) $(110.15)_D$　(3) $(354)_D$

1.4　将下列 BCD 码转换为十进制数。

(1) $(010101111001)_{8421BCD}$　　(2) $(10001001.01110101)_{8421BCD}$

(3) $(010011011011)_{2421BCD}$　　(4) $(001110101100.1001)_{5421BCD}$

1.5　写出下列函数的对偶式和反演式。

(1) $F = \overline{\overline{AB} + C} + A\overline{B}$

(2) $F = \overline{ABC} + \overline{\overline{B} + \overline{C}}$

(3) $F = [(A\overline{B} + C)D + B]A$

1.6　利用逻辑代数的基本定理和公式证明下列等式。

(1) $\overline{A}B + A\overline{B} = AB + \overline{A}\overline{B}$

(2) $\overline{A}B + AC = (A + B)(\overline{A} + C)$

(3) $AB + BCD + \overline{A}C + BC = AB + C$

(4) $ABC + \overline{A}\,\overline{B}C = \overline{A\overline{B} + B\overline{C} + C\overline{A}}$

1.7　用公式法化简下列函数。

(1) $F = \overline{A}B + A\overline{B} + B$

(2) $F = AC + ACD + \overline{A}B + BCD$

(3) $F = (A \oplus B)\overline{A}\,\overline{B} + AB + AB$

(4) $F = A + \overline{\overline{B} + \overline{CD}} + \overline{ADB}$

(5) $F = ABC + AB\overline{C} + \overline{A}BC + \overline{A}\,\overline{B}C$

(6) $F = (\overline{A} + \overline{B} + \overline{C})(A + B + C)$

1.8　画出下列函数的卡诺图。

(1) $F(A, B, C) = AB + BC + AC$

(2) $F(A, B, C) = \overline{A\overline{B} + B\overline{C} + C\overline{A}}$

1.9 用卡诺图化简下列函数。

(1) $F = ABC + \overline{A}BC + A\overline{B}\overline{C} + \overline{A}\,\overline{B}C$

(2) $F = A\overline{B} + \overline{A}C + \overline{A}B + B\overline{C}$

(3) $F = A\overline{B} + A\overline{D} + A\overline{B}C$

(4) $F = \overline{\overline{B}\,\overline{C}D + A\overline{D}(B + C)}$

(5) $F(A, B, C, D) = \sum m(1, 3, 5, 7, 8, 15)$

(6) $F(A, B, C, D) = \sum m(3, 5, 8, 9, 11, 13, 14, 15)$

(7) $F(A, B, C, D) = \sum m(2, 3, 7, 8, 11, 14) + \sum d(0, 5, 10, 15)$

(8) $F(A, B, C, D) = \sum m(0, 2, 5, 7, 8, 10, 13, 15) + \sum d(4, 6, 12, 14)$

第 2 章　逻 辑 门 电 路

学习要求及知识点

1. 学习要求

（1）熟悉脉冲信号常见波形及参数，熟练掌握二极管、三极管的开关特性。

（2）熟练掌握基本逻辑门电路及符号，能够利用基本逻辑门解决简单的问题。

（3）熟练掌握 TTL 与非门的基本电路、工作原理，集成门电路电气特性及主要参数；熟悉抗饱和 TTL 与非门原理与特性；熟识 OC 门、TSL 门电路的原理。

（4）熟悉 NMOS 相反器、NMOS 与非门、NMOS 或非门；熟悉 CMOS 相反器、CMOS 与非门、CMOS 或非门、CMOS 三态门。

（5）熟悉 TTL 集成门系列芯片、CMOS 集成门系列及二者的简单应用。

（6）熟悉集成门电路在使用中应注意的问题。

2. 知识点

- 常见波形；
- 二极管和三极管的开关特性；
- 基本逻辑门电路及符号；
- TTL 与非门电路；
- TTL 集成门电路电气特性及主要参数；
- 饱和 TTL 与非门原理与特性；
- NMOS 门电路及 CMOS 门电路；
- 常用的集成门电路芯片及应用；
- 集成门电路使用中应注意的问题。

2.1　脉 冲 信 号

2.1.1　数字信号与模拟信号

模拟信号是指用连续变化的物理量表示的信息，其信号的幅度、频率或相位随时间作连续变化，如目前广播的声音信号或图像信号等。当模拟信号采用连续变化的电磁波来表示时，电磁波本身既是信号载体，同时又作为传输介质；而当模拟信号采用连续变化的信号电压来表示时，它一般通过传统的模拟信号传输线路（例如电话网、有线电视网）来传输。

数字信号是一种离散的、脉冲有无的组合形式，是负载数字信息的信号。电报信号就属于数字信号。现在最常见的数字信号是幅度取值只有两种（用 0 和 1 代表）的波形，称为"二进制信号"。"数字通信"是指用数字信号作为载体来传输信息，或者用数字信号对载波进行数字调制后再传输的通信方式。

模拟信号一般通过 PCM（Pulse Code Modulation）脉码调制方法量化为数字信号，即让模拟信号的不同幅度分别对应不同的二进制值，例如采用 8 位编码可将模拟信号量化为 $2^8 = 256$ 个量级，实用中常采取 24 位或 30 位编码。数字信号一般通过对载波进行移相（Phase Shift）的方法转换为模拟信号。计算机、计算机局域网与城域网中均使用二进制数字信号，目前在计算机广域网中实际传送的则既有二进制数字信号，也有由数字信号转换而得的模拟信号。但是更具应用发展前景的是数字信号。脉冲信号就是数字信号中的一种。

2.1.2 脉冲信号

脉冲信号，即瞬间突然变化，作用时间极短的电压或电流信号。它可以是周期性重复的，也可以是非周期性的或单次的。脉冲信号是一种跃变信号，其持续时间短暂，可以只有几个微秒甚至几个纳秒。常见的脉冲信号波形如图 2.1.1 所示。

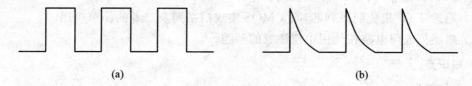

(a)　　　　　　　　　　　　　(b)

图 2.1.1　常见的脉冲信号波形
（a）矩形脉冲；（b）尖脉冲

脉冲波形是各种各样的，所以用以描述各种不同脉冲波形特征的参数也是不一样的。下面仅以图 2.1.2 所示的矩形脉冲为例，介绍脉冲波形的参数。

（1）脉冲幅度 U_m：脉冲电压的最大变化幅值。

（2）脉冲宽度 t_w：从上升沿的脉冲幅度的 50% 到下降沿的脉冲幅度的 50% 所需的时间。

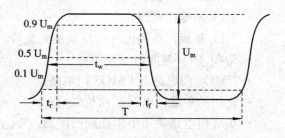

图 2.1.2　实际的矩形脉冲

（3）上升时间 t_r：从脉冲幅度的 10% 上升到 90% 所需的时间。

（4）下降时间 t_f：从脉冲幅度的 90% 下降到 10% 所需的时间。

（5）脉冲周期 T：周期性脉冲信号相邻两个脉冲间的时间间隔。

（6）脉冲频率 f：单位时间的脉冲数，$f = 1/T$。

（7）占空比 q：脉冲宽度 t_w 占整个周期 T 的百分数，$q(\%) = \dfrac{t_w}{T} \times 100\%$。

课堂活动

一、课堂提问和讨论

1. 什么是数字信号？什么是模拟信号？在我们所学过的各种信号中哪些是数字信号，哪些是模拟信号？

2. 脉冲信号除了有矩形脉冲和尖脉冲外，还有哪些种类？

3. 脉冲信号的占空比是否都是 1：2 的，有没有其他比例的脉冲信号？

二、学生演讲和演板

某矩形脉冲信号的频率是 200 Hz，脉冲幅度为 5 V，脉冲宽度为 3 ms，问该脉冲信号的占空比为多少？

2.2　半导体二极管逻辑门电路

在数字电路中，晶体二极管通常工作在开关状态。它们在脉冲信号作用下，时而饱和导通，时而截止，相当于开关的"接通"或"断开"。在分析数字电路时，必须先熟悉二极管的开关特性。

2.2.1　二极管开关特性

1. 二极管静态开关特性

1) 二极管正向导通时的特点及导通条件

二极管的主要特点是具有单向导电性。由图 2.2.1(b)所示的伏安特性可知，当外加电压 U_I 大于死区电压时，二极管开始导通，正向电流迅速增加。当外加电压大于 0.7 V 时（硅管为 0.7 V 左右），电流曲线变得十分陡峭。即 i 在一定范围内变化，V_D 基本上保持 0.7 V 左右。二极管导通时的电阻叫正向电阻，其值很小，一般在几欧至几百欧之间。因此，二极管导通时，如同一个具有 0.7 V 压降而电阻很小的闭合开关，如图 2.2.2 为二极管正向导通时的等效电路。在数字电路分析中经常采用简化分析的方法，往往忽略 0.7 V 压降和正向电阻。

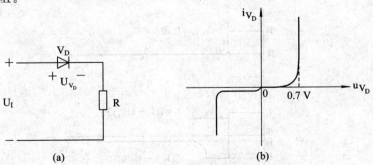

(a)　　　　　　　　　　　　(b)

图 2.2.1　二极管基本电路图和伏安特性曲线

(a) 电路图；(b) 伏安特性曲线

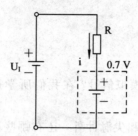

图 2.2.2 二极管正向导通时的等效电路

2）二极管截止时的特点及截止条件

当外加电压小于死区电压或反向时，i 值很小，二极管呈现很高的反向电阻。因此，二极管一旦截止后，就近似地认为 i 等于 0，二极管如同一个断开的开关，如图 2.2.3 为二极管截止时的等效电路。

由此可见，二极管在数字电路中具有开关的作用。

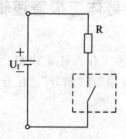

图 2.2.3 二极管截止时的等效电路

2. 二极管动态开关特性

工作在开关状态的二极管除了有导通和截止两种稳定状态外，还要在导通和截止之间转换，这个转换的过程称为二极管动态过程（或过渡过程）。当输入电压波形如图 2.2.4(a) 时，理想开关的输出电流波形如图 2.2.4(b) 所示，实际的输出波形如图 2.2.4(c) 所示。

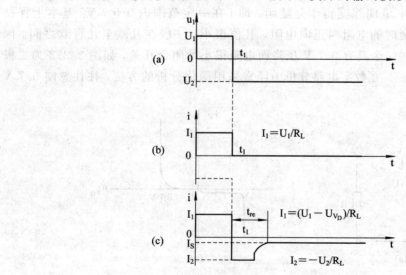

图 2.2.4 二极管开关的过渡过程

(a) 输入电压波形；(b) 理想开关的输出电流波形；(c) 实际输出波形

由图 2.2.4 可见，在 t_1 时刻，二极管从正向偏置突变为反向偏置，由于二极管存在结电容且在导通后充电，因此二极管在由导通转变到截止的过程中，在二极管内产生了很大的反向电流 I_S，二极管才进入截止状态。t_{re} 是二极管从导通到截止所需的时间，称为反向恢复时间。小功率开关管的 t_{re} 一般为纳秒数量级。反向恢复时间 t_{re} 对二极管开关动态特性有很大影响。若二极管两端输入电压的频率过高，以至输入负电压的持续时间小于它的反向恢复时间时，二极管将失去其单向导电性。当然，二极管从截止到导通也是需要时间的，这段时间称为开通时间 t_{on}，这段时间较短，一般可以忽略不计。所以二极管作为开关使用时与理想开关在静特性和动特性方面都是有一定差别的，但一般可以近似将其视为理想开关。

2.2.2　二极管基本门电路

1. 与门

在二值数字逻辑电路中用 0 和 1 代表两种对立的状态，例如，开关的通与断；电灯的亮与灭；电平的高与低等等。

二极管与门电路如图 2.2.5 所示，A、B 是它的两个输入变量，Y 是它的输出变量。

当 $U_A = U_B = 0$ 时，二极管 V_{D1}、V_{D2} 均处于正偏而导通，由于二极管的钳位作用，输出端电压为 0.7 V，为低电平。

当 $U_A = 3$ V、$U_B = 0$ 时，初看起来似乎两个二极管均应导通，然而由于 V_{D2} 两端电位差大，故比 V_{D1} 优先导通。V_{D2} 导通后，二极管 V_{D1} 因反偏而截止，输出电压被钳位在 0.7 V，为低电平。

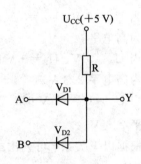

图 2.2.5　二极管与门电路

当 $U_A = 0$、$U_B = 3$ V 时，同理，V_{D1} 导通、V_{D2} 截止，输出为低电平 0.7 V。

当 $U_A = U_B = 3$ V 时，V_{D1}、V_{D2} 均导通，由于二极管的钳位作用，输出电压被钳在高电平 3.7 V。

若将上述输入、输出电压关系列成表格，如表 2.2.1 所示。若将表中高电平用逻辑 1 表示，低电平用逻辑 0 表示，则可将表 2.2.1 改写为表 2.2.2 的真值表，表 2.2.2 即为图 2.2.5 与门电路的真值表。

表 2.2.1　图 2.2.5 电路的逻辑电平

U_A/V	U_B/V	U_Y/V
0	0	0.7
0	3	0.7
3	0	0.7
3	3	3.7

表 2.2.2　图 2.2.5 电路的真值表

A	B	Y
0	0	0
0	1	0
1	0	0
1	1	1

表 2.2.2 说明只有 A 与 B 都为 1 时，输出 Y 才是 1，只要 A、B 中有一个是 0，输出 Y 就

是 0。因此，该电路中输出变量 Y 与输入变量 A、B 之间是**与逻辑**关系，可表示为 $Y=AB$。

　　与门的逻辑符号如图 2.2.6 所示。其他各种门电路的逻辑符号同样分(a)、(b)、(c)三种，以后将不再一一说明。

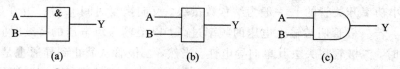

图 2.2.6　**与门**逻辑符号

（a）新国家标准(GB312.12)符号；（b）前国内常用符号(SJ1223—77 标准)；

（c）国外常用符号(MIL—STD—806 标准)

2. 或逻辑及或门

　　图 2.2.7 所示的是二极管**或门**电路。A、B 是两个输入变量，Y 是输出变量。

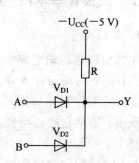

　　当 $U_A=U_B=0\ V$ 时，V_{D1}、V_{D2} 均导通，输出电压为低电平 $-0.7\ V$。

　　当 $U_A=0\ V$、$U_B=3\ V$ 时，V_{D2} 导通，V_{D1} 截止，输出电压为高电平 $2.3\ V$。

　　当 $U_A=3\ V$、$U_B=0\ V$ 时，V_{D1} 导通，V_{D2} 截止，输出电压为高电平 $2.3\ V$。

　　当 $U_A=U_B=3\ V$ 时，V_{D1}、V_{D2} 均导通，输出电压为高电平 $2.3\ V$。

图 2.2.7　二极管**或门**电路

　　根据以上关系，可列出**或门**电路的电平关系表和对应的真值表分别如表 2.2.3 和表 2.2.4 所示。

表 2.2.3　图 2.2.3 所示电路的电平关系表

U_A/V	U_B/V	U_Y/V
0	0	0.7
0	3	2.3
3	0	2.3
3	3	2.3

表 2.2.4　图 2.2.3 所示电路的真值表

A	B	Y
0	0	0
0	1	1
1	0	1
1	1	1

　　由表 2.2.4 可以看出，输入变量 A、B 和输出变量 Y 之间是**或逻辑**关系，可表示为 $Y=A+B$。**或门**逻辑符号如图 2.2.8 所示。

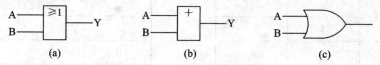

图 2.2.8　**或门**逻辑符号

（a）新国家标准(GB312.12)符号；（b）前国内常用符号(SJ1223—77 标准)；

（c）国外常用符号(MIL—STD—806 标准)

课堂活动

一、课堂提问和讨论

1. 半导体二极管的开关条件是什么？导通和截止时各有什么特点？

2. 二极管的瞬态开关特性各用哪些参数描述？

3. 为什么不宜将多个二极管门电路串联起来使用？

二、学生演讲和演板

1. 二极管**与**门电路与**或**门电路各有什么特点和区别？

2. 在什么情况下，二极管可以被视为理想开关，为什么？

三、课堂练习

二极管门电路如题图 2.2.9 所示。已知二极管 V_{D1}、V_{D2} 导通压降为 0.7 V，试回答下列问题：

(1) A 接 10 V，B 接 0.3 V，测输出电压 U_O？

(2) A、B 都接 10 V，测输出电压 U_O？

(3) A 接 3 V，B 悬空，用万用表测输出电压 U_O。

(4) A 接 0.3 V，B 悬空，测输出电压 U_O。

(5) A 接 5 kΩ 电阻再接地，B 端悬空，测输出电压 U_O。

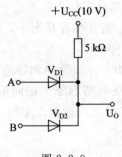

图 2.2.9

2.3　TTL 门电路

上节讲的基本逻辑门电路都是由二极管组成的，它们由分立元件构成门电路。本节将着重介绍目前广泛应用的集成逻辑门。目前，集成逻辑门大多采用双极型三极管作为开关器件，双极型集成门的主要形式是晶体管—晶体管逻辑门，简称 TTL。在学习集成逻辑门之前，我们必须先了解一下双极型三极管的开关特性。

2.3.1　双极型三极管的开关特性

一个独立的双极型三极管拥有三个电极：基极(Base)、集电极(Collector)和发射极(Emitter)。管芯由三层 P 型或 N 型半导体构成，有 NPN 型和 PNP 型，工作时有电子和空穴两种载流子参与导电过程，故称为双极型三极管(Bipolar Junction Transistor，BJT)。

1. 三极管的开关作用和开关条件

三极管有放大、饱和、截止三种工作状态。图 2.3.1 所示为 NPN 型三极管电路和输出特性曲线。

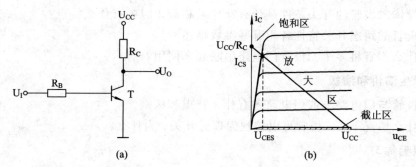

图 2.3.1　NPN 型三极管电路和输出特性曲线

(a)电路；(b)输出特性曲线

1）截止条件

当 u_{BE} 小于发射结死区电压时，由三极管输入特性可知，$i_B \approx 0$，三极管截止。因此，硅三极管的截止条件为 $u_{BE} < 0.5\ V$。三极管截止时，有 $i_B \approx 0$，$i_C \approx 0$，$u_{CE} \approx U_{CC}$，C、E 极之间近似开路，如同断开的开关，其等效电路如图 2.3.2(a)所示。

2）饱和导通条件

三极管由放大刚刚进入饱和时的状态称为临界饱和状态。三极管临界饱和集电极电流为 $I_{CS} = (U_{CC} - U_{CES})/R_C \approx U_{CC}/R_C$。而在临界状态下，集电极电流 I_{CS} 仍可以由放大条件来决定，即 $I_{CS} = \beta \cdot I_{BS}$。所以 $I_{BS} = I_{CS}/\beta \approx U_{CC}/\beta R_C$。当 $i_B > I_{BS}$ 时，三极管即进入饱和工作状态。I_B/I_{BS} 越大，饱和程度越深。因此，三极管饱和导通的条件为 $i_B \geqslant U_{CC}/\beta R_C$。

三极管饱和导通时，发射结和集电结都处于正向偏置，有 $u_{CE} = U_{CES} = 0.3\ V$（硅管为 0.3 V 左右），由于 U_{CES} 很小，C、E 极之间近似于短路，相当于闭合的开关，其等效电路如图 2.3.2(b)所示。

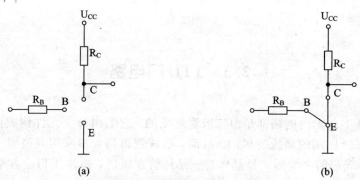

图 2.3.2　三极管截止和饱和的等效电路

(a)截止状态；(b)饱和状态

2. 三极管的开关时间

三极管作为开关应用，在饱和导通和截止状态之间进行相互转换时，由于 PN 结的电荷效应，需要经过一定的时间，如图 2.3.3 所示。

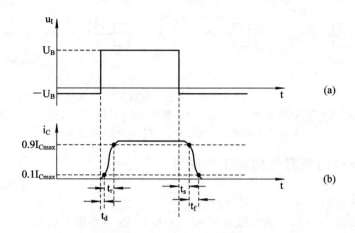

图 2.3.3 三极管开关时间

(a) 输出电压波形；(b) 输出电流波形

当输入电压由 $-U_B$ 正跳变到 $+U_B$ 时，先经过一段延迟时间 t_d（从正跳变瞬间到集电极电流 i_C 上升为 $0.1I_{Cmax}$ 所需要的时间），再经过一段上升时间 t_r（i_C 从 $0.1I_{Cmax}$ 上升到 $0.9I_{Cmax}$ 所需要的时间），i_C 才接近最大值。三极管由截止变为饱和导通所需要的时间称为开启时间，用 t_{on} 表示，$t_{on} = t_d + t_r$。

当输入电压 $+U_B$ 下跳为 $-U_B$ 时，i_C 也不能立刻变为 0，而是要先经过一段存储时间 t_s（从负跳变瞬间开始到 i_C 下降到 $0.9I_{Cmax}$ 所需要的时间），再经过一段下降时间 t_f（i_C 从 $0.9I_{Cmax}$ 下降到 $0.1I_{Cmax}$ 所需要的时间），i_C 才降到 0。三极管由饱和导通到截止所需要的时间称为关断时间，用 t_{off} 表示，$t_{off} = t_s + t_f$。

由于内部电荷的建立和消散的过程，使三极管需要一定的开启时间和关断时间，影响了三极管的开关速度。一般地说，关断时间 t_{off} 大于开启时间 t_{on}，而 t_{off} 中起主要作用的是存储时间 t_s，所以缩短存储时间 t_s 对提高三极管开关速度是十分重要的。

3. BJT 反相器（非门）

晶体管非门电路如图 2.3.4 所示。晶体管非门电路不同于晶体管放大电路，它是工作在截止或者饱和的开关状态。当输入端 A 为高电平时，晶体管饱和导通，输出端 Y 为低电平；当 A 为低电平时，晶体管截止，输出端 Y 为高电平。其输出与输入之间的逻辑关系为 $Y = \overline{A}$。

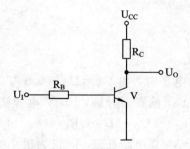

图 2.3.4 晶体管非门电路

非门电路也称反相器。非门的逻辑符号如图 2.3.5 所示，表示非运算的小圆圈有标示在输入端和输出端两种形式。

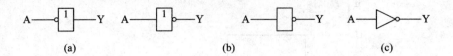

图 2.3.5 非门逻辑符号

（a）新国家标准（GB312.12）符号；（b）新国内常用符号（SJ1223−77 标准）；

（c）国外常用符号（MIL−STD−806 标准）

2.3.2 TTL 与非门电路结构和工作原理

1. 电路组成

典型 TTL 与非门电路如图 2.3.6 所示。图中 V_1 是一个多发射极结构的晶体管，它有一个基极、一个集电极和两个发射极。这种晶体管称为多发射极晶体管，在原理上相当于基极、集电极分别连在一起的两个晶体管。其等效电路如图 2.3.7 所示。

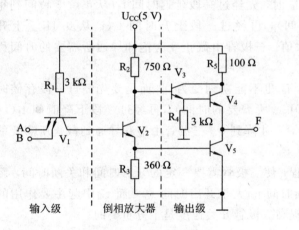

图 2.3.6 典型 TTL 与非门

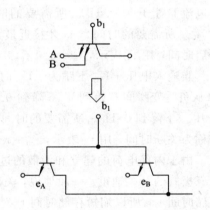

图 2.3.7 多发射极晶体管

晶体管 V_1 和电阻 R_1 组成输入级。输入信号通过 V_1 的发射极输入，实现与的逻辑功能。V_2 和 R_2、R_3 组成中间倒相级，在 V_2 的集电极和发射极同时输出两个相位相反的信号，能同时控制输出级的 V_3、V_5 的工作状态。复合管 V_3、V_4 和 V_5 组成了推拉式输出级，以提高逻辑门的开关速度和带负载的能力。当 V_5 饱和导通时，V_4 截止；当 V_5 截止时，V_4 饱和导通。

2. 工作原理

1）输入端有低电平的情况

当输入端中有任一个为低电平时，如 $U_A = U_{IL} = 0.3$ V，B 端接高电平或悬空，这时 V_1 的基极与 A 发射极间处于正向偏置而导通，+5 V 电源通过 R_1 为 V_1 提供基极电流。V_1 的基极电位 U_{B1} 约为 1 V，$I_{B1} = (U_{CC} - U_{B1})/R_1 = (5-1)/3 \approx 1.3$ mA。V_1 集电极通过 V_2 集电结、R_2 接至 U_{CC}。由于 V_2 集电结反偏，I_{C1} 仅为很小的反向漏电流，$I_{C1} \ll \beta_1 I_{B1}$，故 V_1 处于深度饱和状态，因此，$U_{CES1} \approx 0.1$ V。V_1 管集电极电位为 $U_{C1} = U_A + U_{CES1} \approx 0.3 + 0.1 = 0.4$ V，故 V_2 管截止，V_5 管也截止。由于 V_2 管截止，U_{CC} 经 R_2 驱动复合管 V_3、V_4 进入导通状态。因此，输出端的电位

$$U_Y = U_{CC} - I_{B3} R_2 - U_{BE3} - U_{BE4} \approx 5 - 0 - 0.7 - 0.7 = 3.6 \text{ V}$$

即输出高电平。

若输入端 B 接低电平或 A、B 全部接低电平,电路工作情况同上所述。可见,输入端有低电平时,输出端即为高电平。

2) 输入端全为高电平的情况

当 A、B 两个输入端均为高电平(约 3.6 V)时,这时若要使 V_1 管发射结导通,V_1 管基极电位 U_{B1} 将达到约 4.3 V,但由于 V_1 基极到地之间有三个 PN 结,因此,$U_{B1} = U_{BC1} + U_{BE2} + U_{BE5} = 2.1 \text{ V}$,即 U_{B1} 被钳在 2.1 V,因此 V_1 各发射结均反偏,V_1 处在倒置工作状态,电源 U_{CC} 经 R_1 向 V_1 管提供基极电流 I_{B1},经集电结流入 V_2 管基极,使 V_2 管饱和导通。V_2 管向 V_5 提供很大的基极电流,使 V_5 深度饱和,输出端电位 $U_Y = U_{CESS} \approx 0.1 \text{ V}$,输出低电平。可见,输入端全部接高电平或悬空,则输出低电平。

由以上分析可知:TTL 与非门在输入中有低电平时,输出即为高电平;输入全是高电平时,输出才为低电平。即具有与非逻辑功能,$Y = \overline{AB}$。与非门的逻辑符号如图 2.3.8 所示。

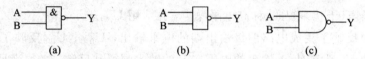

(a)　　　　　　　(b)　　　　　　　(c)

图 2.3.8　与非门逻辑符号

(a) 新国家标准(GB312.12)符号;(b) 前国内常用符号(SJ1223-7 标准);

(c) 国外常用符号(MIL-STD-866 标准)

2.3.3　TTL 与非门电气特性及主要参数

1. 输入/输出电平

集成电路的输入/输出高低电平是允许在一定范围内变化的。其变化的范围由参数 $U_{IH(min)}$、$U_{IL(max)}$、$U_{OH(min)}$、$U_{OL(max)}$ 决定。$U_{IH(min)}$ 是输入高电平下限,$U_{IL(max)}$ 是输入低电平上限,$U_{OH(min)}$ 是输出高电平下限,$U_{OL(max)}$ 是输出低电平上限。

1) 电压传输特性

门电路输出电压 u_O 随输入电压 u_I 变化的特性曲线称为电压传输特性。图 2.3.9 所示为 TTL 与非门的电压传输曲线。

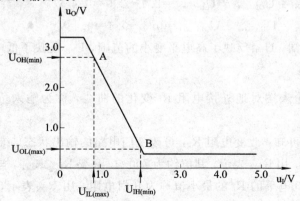

图 2.3.9　与非门电压传输特性曲线

输入端有一端为低电平时，即 $0 \leqslant u_I \leqslant U_{IL(max)}$，输出为高电平 $U_{OH(min)} \leqslant u_O \leqslant 5$ V。在曲线上为 A 点左边区域。

输入全部为高电平时，$U_{IH(min)} \leqslant u_I \leqslant 5$ V，输出低电平 $0 \leqslant u_O \leqslant U_{OL(max)}$。在曲线上为 B 点右边区域。

输入在高、低电平之间时，$U_{IL(max)} < u_I < U_{IH(min)}$，处于过渡区，输入、输出即非高电平，也非低电平。

开门电平　在保证输出为标准低电平时，允许输入高电平的最小值称为开门电平，用 U_{ON} 表示。只有当 $U_I > U_{ON}$ 时，**与非门才开通**，输出低电平。

关门电平　在保证输出为标准高电平时，允许输入低电平的最大值称为关门电平，用 U_{OFF} 表示。显然，只有当输入 $U_I < U_{OFF}$ 时，**与非门才关闭**，输出高电平。

U_{ON} 和 U_{OFF} 是门电路的重要参数，手册中规定 $U_{OFF} \geqslant 0.8$ V，$U_{ON} \leqslant 1.8$ V。

2）抗干扰能力

与非门导通时保证输出低电平不高于低电平上限值时，在输入高电平信号上所允许叠加的最大负向噪声（干扰）电压，称高电平噪声容限，用 U_{NH} 表示。

U_{OHA}、U_{OLA} 反映了集成电路前级输出端的电平输出，U_{IHB}、U_{ILB} 反映了集成电路本级输入端的电平输入。为了使 A 输出的电平在 B 的输入端得到反映，必须满足：

$$U_{OHA} \geqslant U_{IHB} \qquad U_{OLA} \leqslant U_{ILB}$$

因此，高电平噪声容限为

$$U_{NH} = U_{OHA(min)} - U_{IHB(min)}$$

U_{NH} 越大，表示 U_{OHA} 所允许叠加的负向干扰电压越大，也就是抗干扰能力越强。

与非门截止时保证输出高电平不低于高电平下限值时，在输入低电平基础上所允许叠加的正向最大噪声（干扰）电压，称低电平噪声容限，用 U_{NL} 表示。

同理，低电平噪声容限

$$U_{NL} = U_{ILB(max)} - U_{OLA(max)}$$

[**例 2.3.1**]　已知 74 系列 $U_{IH(min)} = 2.0$ V，$U_{IL(max)} = 0.8$ V，$U_{OH(min)} = 2.4$ V，$U_{OL(max)} = 0.4$ V。求 74 系列的噪声容限。

[**解**]　　　　　$U_{NH} = U_{OH(min)} - U_{IH(min)} = 2.4 - 2.0 = 0.4$ V

$$U_{NL} = U_{IL(max)} - U_{OL(max)} = 0.8 - 0.4 = 0.4 \text{ V}$$

由前面的分析可知，U_{NH} 反映了高电平变小的范围，U_{NL} 反映了低电平变大的范围。

2. 输入负载特性

输入电压 u_I 随输入端对地外接电阻 R_I 变化的曲线，称为输入负载特性曲线。如图 2.3.10 所示。

由输入负载特性可知，改变电阻 R_I，可改变门电路的输出状态。维持输出高电平的 R_I 最大值称为关门电阻，用 R_{OFF} 表示，其值约为 700 Ω。只要 $R_I < R_{OFF}$，**与非门便处于关闭状态**。同样，维持输出低电平的 R_I 的最小值称为开门电阻，用 R_{ON} 表示，其值约为 2.1 kΩ。只要 $R_I > R_{ON}$，**与非门便处于开通状态**。

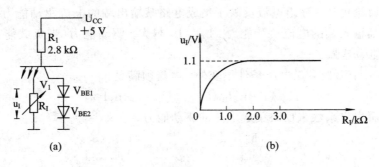

图 2.3.10　输入负载特性曲线

（a）输入负载电路；（b）输出曲线图

3. 输出负载特性

与非门电路输出端带的负载通常为多个外接同类门电路。这类负载主要有两种形式：一种是负载电流流入与非门的输出端，这种负载称为灌电流负载；另一类是负载电流从与非门的输出端流向外负载的，这种负载称为拉电流负载。

当输入都为高电平时，输出 U_O 为低电平，外接负载的电流为低电平输出电流 I_{OL}，它由负载流入集成电路的输出端，也称为灌电流。当负载门的个数增加时，总的灌电流将增加，同时也将引起输出电压 U_{OL} 的升高。当输出电压 $U_O = U_{OL(max)}$ 时对应的输出电流为 $I_{OL(max)}$。在实际使用时，要对低电平输出电流进行控制，不能让它过大，以防止输出低电平高于允许范围。

当输入有低电平时，输出 U_O 为高电平 U_{OH}。外接负载电流为高电平输出电流 I_{OH}，它从集成电路输出端流向负载，称为拉电流。当负载门的个数增加时，输出电流增加，将引起输出电压 U_{OH} 的降低。实际使用时，要控制高电平输出电流，不能让输出高电平低于输出高电平的低限值 $U_{OH(min)}$。

4. 驱动能力

如图 2.3.11 所示，集成电路 A 为集成电路 B 的驱动部件，即 B 是 A 的负载。

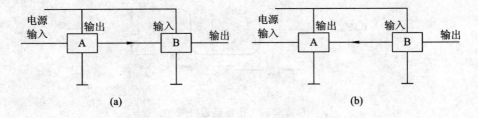

图 2.3.11　驱动能力

（a）A 输出高电平；（b）A 输出低电平

当 A 输出高电平时，设 A 输出高电平为 U_{OHA}，输出电流为 I_{OHA}；B 输入高电平为 U_{IHB}，输入电流为 I_{IHB}，即 A 向 B 提供拉电流。要使 A 驱动 B，必须满足：

$$U_{OHA} \geqslant U_{IHB} \qquad |I_{OHA}| \geqslant |I_{IHB}|$$

同理，当 A 输出低电平时，要使 A 驱动 B，必须满足：

$$U_{OLA} \geqslant U_{ILB} \qquad |I_{OLA}| \geqslant |I_{ILB}|$$

由上面的讨论可知，输出电流反映了集成电路某输出端的电流驱动能力，输入电流反映了集成电路某输入端的电流负载能力。I_{OH}、I_{OL} 越大，驱动能力（带负载能力）越强；I_{IH}、I_{IL} 越小，负载能力越强。

当 A 驱动 n 个 B 时，除电压条件不变外，电流须满足：

$$|I_{OHA}| \geqslant n|I_{IHB}| \qquad |I_{OLA}| \geqslant n|I_{ILB}|$$

我们通常用扇出系数来反映集成电路的驱动能力。定义

$$N_{OL} = \frac{|I_{OLA(max)}|}{|I_{ILB(max)}|} \qquad N_{OH} = \frac{|I_{OHA(max)}|}{|I_{IHB(max)}|}$$

N_{OL} 为输出低电平时的扇出系数，N_{OH} 为输出高电平时的扇出系数。一般 N_{OL} 和 N_{OHL} 不相等，常取较小值作为门电路扇出系数，通常记为 N_0。

例如，已知 74LS 系列 $I_{OL(max)} = 8$ mA，$I_{IL(max)} = -0.4$ mA，所以 74LS 系列驱动 74LS 系列的扇出系数是 $N_{OL} = \frac{|I_{OLA(max)}|}{|I_{ILB(max)}|} = \frac{8}{0.4} = 20$。

如果 A 驱动若干个不同类型的负载，则 A 驱动这些负载的条件为

$$|I_{OHA}| \geqslant \sum |I_{IHB}| \qquad |I_{OIA}| \geqslant \sum |I_{ILB}|$$

其中，$\sum I_{IHB}$ 和 $\sum I_{ILB}$ 分别为负载高电平输入电流之和及低电平输入电流之和。

5. 传输延迟时间

传输延迟时间是反映门电路工作速度的参数。如图 2.3.12 所示，门电路的输入端加一脉冲波形，其幅度为 $0 \sim U_{CC}$，相应的输出波形延迟了一段时间。输出电压 U_O 的波形滞后于输入电压 U_I 波形的时间称为传输延迟时间。t_{PHL} 表示前沿延迟时间，t_{PLH} 表示后沿延迟时间。平均延迟时间 t_{pd} 为 t_{PLH} 和 t_{PHL} 的平均值。

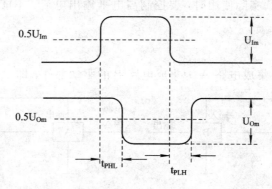

图 2.3.12 传输延迟时间

对于由多块集成电路串联组成的系统，系统输入到输出的总延迟是各个集成电路延迟之和。

6. 功耗

功耗是门电路重要参数之一，有静态功耗和动态功耗之分。所谓静态功耗，是指电路没有状态转换时的功耗，当输出为低电平时的功耗称为空载导通功耗 P_{ON}；当输出为高电平时的功耗称为截止功耗 P_{OFF}，P_{ON} 总比 P_{OFF} 大。动态功耗只发生在状态转换的瞬间，或者电路中有电容性负载时。对于 TTL 门电路来说，静态功耗是主要的。

2.3.4　抗饱和 TTL 与非门

图 2.3.13 所示电路引入了抗饱和的肖特基三极管,增加了有源泄放回路。

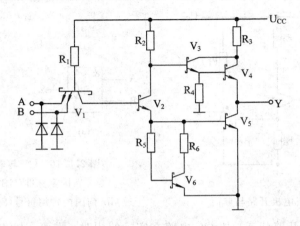

图 2.3.13　抗饱和 TTL 与非门

肖特基三极管的引入主要是为了提高电路的开关速度。肖特基三极管属于一种抗饱和的三极管,是在普通三极管的基极和集电极之间并上一个肖特基二极管 SBD,其结构如图 2.3.14(a)所示。

SBD 的特点有:开启电压低,约为 0.3 ~0.4 V;它几乎没有电荷存储效应,不会引起附加延迟时间,这是因为导电的多子,即电子由 N 型半导体注入到金属直接成为漂移电流后形成正向电流,因此没有少子产

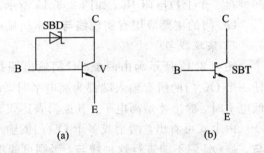

图 2.3.14　肖特基三极管
(a)肖特基三极管结构图;(b)肖特基三极管符号

生的存储电荷;易于制造,制造工艺和 TTL 电路的常规工艺相容。

将 SBD 接入普通三极管的基极和集电极之间,可有效地抑制三极管进入深饱和状态。由图 2.3.14(a)可知,随基极偏置电流 I_B 增加,V 管将从放大状态进入饱和状态,集电极电位 U_C 随 I_B 上升而下降。当三极管 CE 之间的电压 U_{CE} 降至 0.3 V 时,U_{BC} 接近 0.4 V,SBD 趋于导通,I_B 继续增加的部分将被 SBD 旁路,三极管 V 的饱和深度不会再增加,确保三极管工作在浅饱和工作状态。这样当三极管关断时从饱和转为截止的时间缩短了,从而使集成电路的开关速度得到提高。

2.3.5　其他类型的 TTL 集成门电路

TTL 集成逻辑门电路除了**与非门**外,常用的还有集电极开路**与非门**、**或非门**、**三态门**、**异或门**等。

1. 集电极开路与非门(OC 门)

集电极开路门电路简称 OC(Open Collector)电路,其主要特点是输出端可直接并连实现逻辑与的功能。

如图 2.3.15 所示，将前图 2.3.6 典型的 TTL **与非门**中的 V_3、V_4、R_4、R_5 去掉，使输出级 V_5 管的集电极处在开路的状态，就成为 OC 电路。OC **与非门**逻辑符号如图 2.3.16 所示。

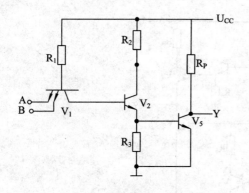

图 2.3.15　集电极开路与非门

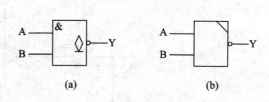

图 2.3.16　OC 与非门逻辑符号
(a) 新国家标准(GB312.12)符号；
(b) 前国内常用符号(SJ1223−77 标准)

由于输出级处在开路状态，故 OC 电路在实际使用时，需要在输出端 Y 和电源 U_{CC} 之间外接一个上拉电阻 R_P，如图 2.3.15 所示。该 OC 门具有**与非**功能，即 $Y=\overline{AB}$。

OC 门的主要应用有实现**线与**和驱动显示器。

1）实现线与

图 2.3.17 所示为由两个 OC 门输出端并联后经电阻 R_P 接 U_{CC} 的电路。由该图可知，任一个 OC 门的所有输入端都为高电平时，输出为低电平；只有每个 OC 门的输入端中有低电平时，输出才是高电平，其逻辑表达式为 $Y=\overline{AB}\cdot\overline{CD}$。

由上式可看出，两个或多个 OC 门的输出信号在输出端直接相与的逻辑功能，称为**线与**。非 OC 门不能进行这种线与，否则可能损坏器件。

2）驱动显示器

集电极开路门还可用于直接驱动较大电流的负载。图 2.3.18 所示为用 OC 门驱动指示灯的电路，当输入为高电平时，输出为低电平，此时灯亮，否则灯熄灭。该电路也可用于驱动发光二极管。

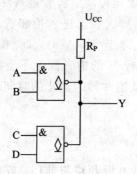

图 2.3.17　实现线与

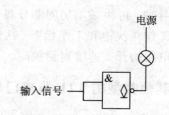

图 2.3.18　OC 门驱动指示灯

2. 三态与非门（TSL 门）

1）三态门的工作原理

为了实现高速**线与**，人们又开发了一种三态与非门，它的输出具有三种状态，除了工作状态时输出电阻较小的高、低电平状态外，还具有高输出电阻的第三状态，称为高阻态，也称禁止态。

一个简单的 TSL 门的电路如图 2.3.19 所示，图 2.3.20 是它的逻辑符号。其中 CS 为片选信号输入端，A、B 为数据输入端。

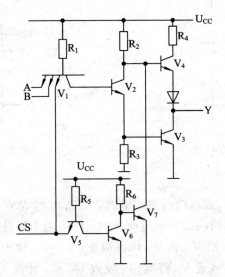

图 2.3.19　三态与非门

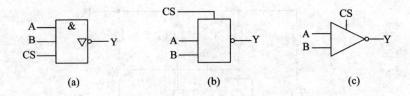

(a)　　　　　　　　　　　　　(b)　　　　　　　　　　　　　(c)

图 2.3.20　三态与非门逻辑符号

(a) 新国家标准(GB312.12)符号；(b) 前国内常用符号(SJ1223—77 标准)；

(c) 国外常用符号(MIL—STD—806 标准)

当 CS＝1 时，TSL 门电路中的 V_5 处于倒置放大状态，V_6 饱和，V_7 截止，即其集电极相当于开路。此时输出状态将完全取决于数据输入端 A、B 的状态，电路输出与输入的逻辑关系与一般与非门相同。这种状态称为 TSL 的工作状态。但当 CS＝0 时，V_7 导通，使 V_4 的基极钳制于低电平。同时由于低电平的信号送到 V_1 的输入端，迫使 V_2 和 V_3 截止。这样 V_3 和 V_4 均截止，门的输出端 Y 出现开路，既不是低电平，又不是高电平，而是悬浮的高阻抗状态，这就是第三种工作状态。

2）三态门的应用

(1) 用三态门构成单向总线。图 2.3.21 所示为由三态门构成的单向总线。当 CS1、CS2、CS3 轮流为高电平 1，且任何时候只能有一个三态门工作时，则输入信号 A1B1、A2B2、A3B3 轮流以与非关系将信号送到总线上，而其他三态门由于 CS＝0 而处于高阻状态。

(2) 用三态门构成双向总线。图 2.3.22 所示为由三态门构成的双向总线。当 CS＝1 时，G_2 输出高阻，G_1 工作，输入数据 D_0 经 G_1 反向后送到总线上；当 CS＝0 时，G_1 输出高阻，G_2 工作，总线上的数据经 G_2 反向后输出 $\overline{D}_1$。可见，通过 CS 的取值可控制数据的双向传输。

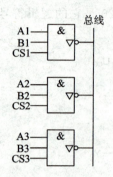

图 2.3.21　单向总线

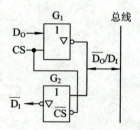

图 2.3.22　双向总线

3. 或非门

图 2.3.23 所示为 TTL **或非门**的逻辑电路，图 2.3.24 是它的逻辑符号。由图可见，**或非逻辑**功能是对 TTL **与非门**的结构改进而来的，即用两个三极管 V_{2A} 和 V_{2B} 代替 V_2。

若两输入端为低电平，则 V_{2A} 和 V_{2B} 均将截止，$i_{B3}=0$，输出为高电平。若 A、B 两输入端中有一个为高电平，则 V_{2A} 或 V_{2B} 将饱和，导致 $i_{B3}>0$，便使 V_3 饱和，输出为低电平。这就实现了**或非逻辑**功能，即 $Y=\overline{A+B}$。

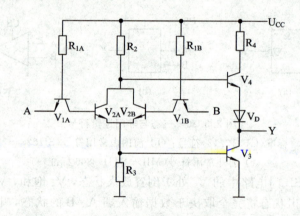

图 2.3.23　**或非门电路**

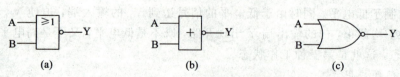

图 2.3.24　**或非门逻辑符号**

（a）新国家标准（GB312.12）符号；（b）前国内常用符号（SJ1223－77 标准）；
（c）国外常用符号（MIL－STD－806 标准）

4. 与或非门

由图 2.3.25 可见，A、B 同时为高电平时，V_2、V_5 导通而 V_4 截止，输出 Y 为低电平。

同理，C、D 同时为高电平时，V_2'、V_5 导通而 V_4 截止，输出 Y 为低电平。只有 A、B 和 C、D，每一组都不同时为高电平时，V_2、和 V_2' 同时截止，使 V_5 截止而 V_4 导通，输出 Y 为高电平。所以，输出 Y 和 A、B 及 C、D 是**与或非关系**，即 $Y = \overline{AB + CD}$。

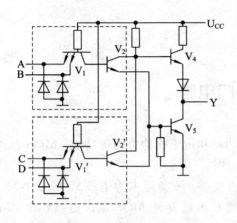

图 2.3.25 与或非门电路

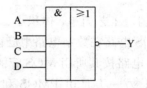

图 2.3.26 与或非逻辑符号

5. 异或门

异或门经典电路如图 2.3.27 所示，如果 A、B 同时为高电平，V_6 和 V_7 导通而 V_8 截止，输出为低电平。反之，若 A、B 同时为低电平，则 V_4 和 V_5 同时导通，使 V_7 和 V_9 导通而 V_8 截止，输出也为低电平。

当 A、B 不同时（即一个是高电平而另一个是低电平），V_1 正向饱和导通而 V_6 截止，同时 A 或者 B 中必有一个高电平，使 V_4 和 V_5 中必有一个导通，从而使 V_7 截止，V_6、V_7 截止，致使 V_8 导通，V_9 截止，输出为高电平。所以，Y 与 A、B 的逻辑关系是 $Y = A \oplus B$。

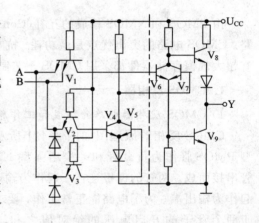

图 2.3.27 异或门电路

课堂活动

一、课堂提问和讨论

1. 半导体三极管的开关条件是什么？饱和导通、截止各有什么特点？
2. TTL 门电路的传输特性曲线上可反映出它哪些主要参数？
3. TTL 或非门如有多余端，能不能将它接 U_{CC} 或悬空？为什么？
4. TTL 与非门如有多余输入端，能不能将它接地？为什么？

二、学生演讲和演板

1. OC 门、三态门各有什么主要特点？它们各自有什么重要应用？
2. 简述抗饱和 TTL 门电路的工作原理。

三、课堂练习

下列门电路中哪些可将输出端并联使用(输入端状态不一定相同):

(1) 有推拉式输出级的 TTL 电路;

(2) TTL 电路的 OC 门;

(3) TTL 电路的三态输出门。

2.4 MOS 门电路

由于制造工艺简单、体积小、集成度高、低功耗和抗干扰能力强等特点,MOS 器件特别是 CMOS 电路在数字电路中已得到了广泛的应用。

MOS 电路按其所用 MOS 管的特性可分为两大类:一类是单沟道(PMOS 或 NMOS)集成电路;另一类是由 PMOS 和 NMOS 组成的双沟道互补 MOS 集成电路,即 CMOS 电路。

2.4.1 CMOS 门电路

由 PMOS 和 NMOS 构成的互补(Complementary)MOS 集成电路,简称 CMOS 集成电路。CMOS 电路的突出优点是微功耗、抗干扰能力强,工作速度可与 TTL 相比较。几乎所有超大规模存储器件都采用 CMOS 工艺制造。

1. CMOS 反相器

1) CMOS 反相器电路的组成和工作原理

CMOS 反相器原理图如图 2.4.1 所示。它由一个增强型 PMOS 管作为负载管和一个增强型 NMOS 管作为驱动管串接而成。两管的栅极连在一起作为输入端,漏极连在一起作为输出端。为了电路能正常工作,要求电源电压 U_{DD} 大于两个管子的开启电压的绝对值之和,即 $U_{DD} > U_{TN} + |-U_{TP}|$。

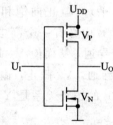

图 2.4.1 CMOS 反相器原理图

当输入低电平,即 $U_I \approx 0$ 时,对于 V_N 管来说,$U_{GSN} \approx 0$ V,低于它的开启电压 U_{TN},V_N 管截止,截止时等效电阻非常大;对于 V_P 管,$U_{GSP} = -U_{DD}$,绝对值大于开启电压 U_{TP},V_P 管导通,导通等效电阻较小,由于 V_P 上压降近似为 0 V,故输出电压 $U_{OH} \approx U_{DD}$,为高电平。

当输入高电平,即 $U_I = U_{DD}$ 时,对于 V_N 管,因 $U_{GSN} = U_{DD}$,大于开启电压 U_{TN},V_N 导通,导通电阻较小;对于 V_P 管,因为 $U_{GSP} = 0$,V_P 管截止,截止时电阻很大,电源电压几乎都降落在负载管上。故输出电压 $U_{OL} \approx 0$,为低电平。

因此,电路实现了反相器的功能,即 $Y = \overline{A}$。

2) CMOS 反相器的特点

(1) 静态功耗低。由以上分析可知,无论输入为高电平还是低电平,V_N 和 V_P 两个管子中总有一个处于截止状态,使静态漏极电流 i_D 接近于零。因此,CMOS 反相器的静态功耗极小，有微功耗电路之称。

(2) 抗干扰能力强。由于 CMOS 反相器中的 V_N 和 V_P 两管特性对称相同，因此，其阈值电压为 $U_{DD}/2$，所以，CMOS 反相器具有很高的噪声容限。

(3) 逻辑摆幅大。输出高电平近似可达 U_{DD}，输出低电平近似等于电源的低电平电位。这样，电源电压被充分利用。

此外，CMOS 反相器的工作电源电压 U_{DD} 可在较宽范围内变化，一般为 3～18 V。

2. CMOS 门电路

1) CMOS 与非门

图 2.4.2 所示是 2 输入端 CMOS 与非门电路，其中包括两个串联的 N 沟道增强型 MOS 管和两个并联的 P 沟道增强型 MOS 管。每个输入端连到一个 N 沟道和一个 P 沟道 MOS 管的栅极。当输入端中只要有一个为低电平时，就会使与它相连的 NMOS 管截止，与它相连的 PMOS 管导通，输出为高电平；仅当输入全为高电平时，才会使两个串联的 NMOS 管都导通，使两个并联的 PMOS 管都截止，输出为低电平。

所以，该电路具有**与非**逻辑，即 $Y = \overline{AB}$。

2) 或非门电路

图 2.4.3 所示是 2 输入端 CMOS 或非门电路。其中包括两个并联的 N 沟道增强型 MOS 管和两个串联的 P 沟道增强型 MOS 管。当输入端中只要有一个为高电平时，就会使与它相连的 NMOS 管导通，与它相连的 PMOS 管截止，输出为低电平；仅当输入全为低电平时，才会使两个并联的 NMOS 管都截止，使两个串联的 PMOS 管都导通，输出为高电平。

所以，该电路具有**或非**的逻辑功能，即 $Y = \overline{A+B}$。

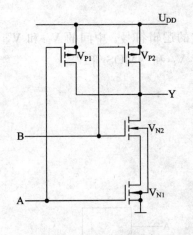

图 2.4.2　CMOS 与非门

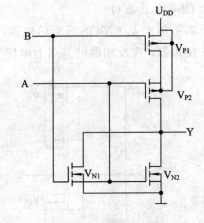

图 2.4.3　或非门电路

由以上分析可知，**与非**门的工作管是串联的，其输出电压随管子的个数增加而增加；**或非**门则相反，工作管彼此并联，对输出电压不会有明显的影响。因而**或非**门用的较多。

3. CMOS 传输门和三态门

1) CMOS 传输门

图 2.4.4(a)所示为 CMOS 传输门的电路，图(b)是它的逻辑符号。它由一个增强型的

PMOS 管和一个增强型的 NMOS 管并联组成。由于 V_P 和 V_N 是结构对称的器件，因此它们的漏极和源极是可互换的。

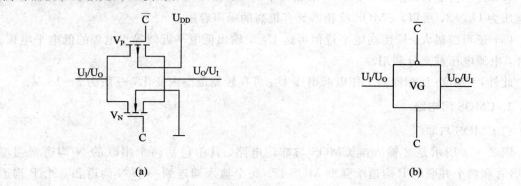

图 2.4.4　CMOS 传输门

(a) CMOS 传输门的电路；(b) 逻辑符号

设 V_P 和 V_N 的开启电压都为 U_T，而且两管栅极 C 和 $\overline{C}$ 上加的是幅度相同的互补控制电压，输入电压在 $0\sim U_{DD}$ 范围内变化。当控制电压 $C=U_{DD}$ 时，$\overline{C}=0$ V。在 $0\ \text{V}<U_I<U_{DD}-U_T$ 时，V_N 导通，$U_O=U_I$；在 $U_T\leqslant U_I\leqslant U_{DD}$ 时，V_P 导通，输出 $U_O=U_I$。因此，输入 U_I 在 $0\sim U_{DD}$ 范围变化时，V_P 和 V_N 中至少有一管导通，输入和输出之间呈现低阻，这时相当于开关闭合，使输入电压传输到输出电压，即 $U_O=U_I$。这时称为传输门开通。

由于 V_P 和 V_N 的源极和漏极在结构上完全对称，因此，CMOS 传输门的输出端和输入端可互换使用。当控制电压 $C=0$ V 时，$\overline{C}=U_{DD}$，且输入 U_I 在 $0\sim U_{DD}$ 范围变化时，V_P 和 V_N 都截止，输出和输入之间呈现高阻，相当于开关断开，输入不能传输到输出端，这时称传输门关闭。

2) CMOS 三态门

图 2.4.5(a)是 CMOS 三态门电路，图(b)是它的逻辑符号。中间的 V_{P1} 和 V_{N1} 管组成 CMOS 反相器，在反相器的基础上串接了 PMOS 管 V_{P2} 和 NMOS 管 V_{N2}。

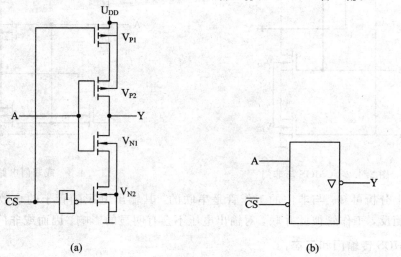

图 2.4.5　CMOS 三态门

(a) CMOS 三态门电路；(b) 逻辑符号

当 CS＝0 时，V_{P2} 和 V_{N2} 导通，V_{N1} 和 V_{P1} 组成的反相器工作，所以 $Y=\overline{A}$。

当 CS＝1 时，V_{P2} 和 V_{N2} 都截止，输出端如同断开，呈高阻状态。

2.4.2　NMOS 门电路

NMOS 门电路全部由 N 沟道 MOSFET 构成。NMOS 有增强型和耗尽型两种，其中增强型 NMOS 应用较多。NMOS 反相器是 NMOS 逻辑门的基本构件，下面就讨论一下 NMOS 反相器。

1. NMOS 反相器

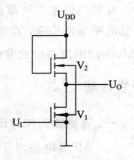

NMOS 反相器电路如图 2.4.6 所示。图中，V_1 是驱动管，起开关作用，V_2 为负载管。V_2 的栅极和漏极连在一起，故 $U_{GS2}=U_{DS2}$，即满足 $U_{DS2}>(U_{GS2}-U_{T2})$，U_{T2} 为 V_2 的开启电压，所以负载管总是工作在饱和区。因此称饱和型负载管反相器。

当输入为高电平时，因为 $U_{GS1}>U_{T1}$，V_1 管导通，输出电压 U_O 由 V_1 及 V_2 两管的导通电阻分压决定，即 $U_{OL}=U_{DD} \cdot R_{DS1}/(R_{DS1}+R_{DS2})$。

图 2.4.6　NMOS 反相器

通过管子的结构设计，使负载管 V_2 的导通电阻比驱动管 V_1 的导通电阻大得多，电源电压 U_{DD} 绝大部分降落在负载管 V_2 上，故输出电压 U_O 为低电平。

当输入为低电平时，因为 $U_{GS1}<U_{T1}$，V_1 管截止，V_1 管的漏源电流 I_{DS1} 仅为 PN 结的反向饱和电流，近似等于零，这时 V_2 上的 $U_{GS2}=U_{DS2}\approx U_{T2}$，所以输出为高电平 $U_{OH}=U_{DD}-U_{T2}$。

因此，电路实现了反相器的功能，即 $Y=\overline{A}$。

2. NMOS 门电路

以反相器为基础，采用驱动管并联、串联等方法可以组成各种基本 MOS 逻辑门电路。现以饱和型负载门电路为例。

1）NMOS 与非门

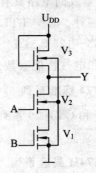

图 2.4.7 所示是一个 2 输入端的**与非门**，在 NMOS 反相器中用若干个驱动管串联就可组成 NMOS **与非门**。图 2.4.7 中，V_1、V_2 为驱动管，V_3 为饱和型负载管，A、B 为输入端，Y 为输出端。

由图 2.4.7 可知，只有当输入 A、B 都为高电平时，V_1、V_2 同时导通，输出 Y 才是低电平；其他输入条件下，V_1、V_2 管中至少有一个截止，输出 Y 是高电平。因此，输入、输出为**与非逻辑关系**，$Y=\overline{AB}$。

由于这种与非门的输出低电平值取决于负载管导通电阻 R_{DS3} 与驱动管导通电阻之和的分压比，因此串

图 2.4.7　2 输入端 NMOS 与非门

联的驱动管愈多，输出低电平愈高，所以一般只有 2 或 3 个驱动管串联。

2）NMOS 或非门

在 NMOS 反相器中，用若干个驱动管并联就组成 NMOS 或非门。图 2.4.8 所示为一个 2 输入的或非门。当输入 A、B 中只要有一个或一个以上为高电平时，V_1、V_2 中就至少有一个管导通，输出 Y 为低电平。只有当输入 A、B 都为低电平时，V_1、V_2 才都截止，输出 Y 为高电平。因此，电路实现或非逻辑功能，即 $Y = \overline{A+B}$。

或非门的工作管都是并联的，增加管子的个数，输出低电平基本稳定，在整体电路设计中较为方便，因而

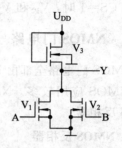

图 2.4.8　2 输入端 NMOS 或非门

NMOS 门电路是以或非门为基础的。这种门电路主要用于大规模集成电路。

课堂活动

一、课堂提问和讨论

1. CMOS 电路与 TTL 电路相比有何特点？
2. CMOS 电路使用中应注意哪些问题？
3. CMOS 电路与 TTL 电路哪个功耗大？

二、学生演讲和演板

1. 简述 NMOS 门电路和 CMOS 门电路各自的特点。
2. 简述 CMOS 反相器的特点。

2.5　常用集成门电路芯片及应用

2.5.1　TTL 集成门电路系列

TTL 集成门电路具有可靠性高、速度快、抗干扰能力强等优点，是目前集成电路应用最广泛的一种。国产 TTL 门电路分为 CT54 和 CT74 两大系列。其中 54 系列为军品（工作温度为 −55～125℃）；74 系列为民品（工作温度为 0～70℃）。这两个系列具有完全相同的电路结构和电气性能参数。下面以 CT74 系列为例，介绍它的子系列。

1. CT74 标准系列

CT74 和 CT1000 系列相对应，是 74 系列最早的产品，现在还在使用，为 TTL 的中速器件。

2. CT74H 高速系列

CT74H 和 CT2000 系列相对应。74H 系列是 74 标准系列的改进型，在电路结构上，输出极采用了复合管结构，并且大幅度地降低了电路中电阻的阻值。从而提高了工作速度和负载能力，但电路的功耗较大，目前已不太使用。

3. CT74S 肖特基系列

CT74S 和 CT3000 系列相对应。由于电路中的三极管、二极管采用肖特基结构，有效地降低了三极管的饱和深度，因此极大地提高了工作速度，所以该系列产品速度很高，但电路的平均功耗较大，约 19 mW。

4. CT74LS 低功耗肖特基系列

CT74LS 和 CT4000 系列相对应。该系列是目前 TTL 集成电路中主要应用的产品系列。品种和生产厂家很多，价格低。在电路中，它一方面采用了抗饱和三极管和肖特基二极管来提高工作速度；另一方面通过加大电路中电阻的阻值来降低电路的功耗，从而使电路既具有高的工作速度，又有较低的平均功耗。

5. CT74AS 系列

CT74AS 系列是 74S 系列的后继产品，其速度和功耗均有所改进。

表 2.5.1 列出了以上 6 个系列集成门电路的重要参数。

表 2.5.1 TTL 集成逻辑门各系列重要参数比较

TTL 子系列	标准 CT74	CT74H	CT74S	CT74LS	CT74AS	CT74ALS
工作电压/V	5	5	5	5	5	5
平均功耗（每门）/mW	10	22.5	19	2	8	1.2
平均传输延迟时间（每门）/ns	9	6	3	9.5	3	3.5
典型噪声容限/V	1	1	0.5	0.6	0.5	0.5

6. CT74ALS 系列

CT74ALS 系列是 74LS 系列的后继产品，其速度、功耗都有较大改进，但价格、品种方面还未赶上 74LS 系列。

74 系列集成电路还在不断地向高速化和低功耗两个方向发展。

2.5.2 CMOS 集成门电路

1. 4000 CMOS 系列

CMOS 集成电路由于输入电阻高、低功耗、抗干扰能力强、集成度高等优点得到了广泛应用，并已形成系列。由美国 RCA 公司开发的 4000 系列和 Motorola 公司开发的 4500 系列就是这样的典型产品。国产对应的系列为 CC4000 和 CC4500 系列。

4000/4500 系列的数字集成电路采用塑封双列直插的形式，引脚的定义与 TTL 集成电路一样，从键孔下端开始，按逆时针方向，由小到大排列，常用的 4000 系列集成门电路由表 2.5.2 列出。

表 2.5.2　常用的 4000 系列集成门电路

型号	名　　称	型号	名　　称
4000B	两个 3 输入或非门 一个反相器	4023B	三 3 输入与非门
		4025B	三 3 输入或非门
4001B	四 2 输入或非门	4068B	8 输入与门 （互补输出）
4002B	二 4 输入或非门		
4009B	六反相器	4069B	六反相器
4010B	六缓冲器	4070B	四 2 输入异或门
4011B	四 2 输入与非门	4078B	8 输入或门 （互补输出）
4012B	双 4 输入与非门	40106B	六反相器

2. 74HC CMOS 系列

由于 CMOS4000 系列工作速度低、负载能力差，使它的应用范围受到了限制。74HC CMOS 系列是高速 CMOS 系列集成电路，已经达到了 74LS 系列的工作速度。74HC 系列中，目前主要有 74HC 和 74HCT 两个子系列。

74HC 系列的输入电压设计为 CMOS 电平，输入和输出级带缓冲带，以提高负载和驱动能力。

74HCT 系列的输入电压为 TTL 电平，输入和输出也带缓冲带。

74HC 系列的逻辑功能、外引线排列与型号最后几位数相同的 74LS 系列相同。如 CC74HC00、CC74HCT00 和 CT74LS00 都是四 2 输入与非门，引脚排列也相同。这为 HC CMOS 电路替代 74LS 系列提供了方便。

课堂活动

一、课堂提问和讨论

1. CMOS 集成电路与 TTL 集成电路相比有何特点？

2. 74HC CMOS 系列与 4000 CMOS 系列集成门电路相比有何特点？

3. CT74S 肖特基系列 TTL 集成门电路各有何特点？

二、学生演讲和演板

74H 系列和 74 标准系列 TTL 集成门电路相比有何优缺点？

三、课堂练习

图 2.5.1 所示各门电路均为 CC4000 系列的 CMOS 电路，分别指出电路的输出状态是高电平还是低电平？（U_{IH} 表示输入为高电平，U_{IL} 表示输入为低电平。）

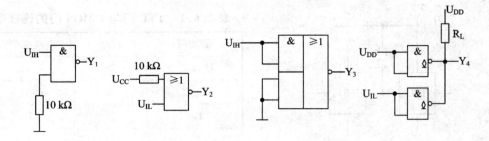

图 2.5.1　几种门电路

2.6　TTL 电路与 CMOS 电路的接口问题

数字集成电路彼此连接的时候，要使集成电路正常工作，必须满足以下条件：

① 驱动器件必须能对负载器件提供灌电流最大值。

② 驱动器件必须能对负载器件提供足够大的灌电流。

③ 驱动器件的输出电压必须处在负载器件所要求的输入电压范围，包括高、低电压值。

其中条件①和条件②属于门电路的扇出数问题，已在 2.4 节作过详细分析。条件③属于电压兼容性的问题。其余如噪声容限、输入和输出电容以及开关速度等参数在某些设计中也必须予以考虑。

下面分别就 CMOS 门驱动 TTL 门或者相反的两种情况的接口问题进行分析。

(1) 同系列的集成电路驱动与负载。集成电路至少能驱动相同系列的 8 个输入端，所以同系列的集成电路驱动负载的能力一般没有问题。

(2) 不同系列的集成电路驱动与负载。

2.6.1　TTL 电路驱动 CMOS 电路

用 TTL 电路驱动 CMOS 电路时，由于 CMOS 电路是电压驱动的，所需电流很小，因此驱动电流没有问题，主要是考虑 TTL 电路输出的电平是否符合 CMOS 电路输入电平的要求。在电源电压都为 5 V 时，CT74LS 系列 TTL 电路的输出高电平 U_{OH} 为 2.7 V，而 CMOS 电路的 CC4000 和 CC74HC 系列的输入高电平 U_{IH} 都为 3.5 V。因此，TTL 输出高电平与 CMOS 输入高电平接口上存在问题。为了解决它们之间的接口问题，可在 TTL 输出端与电源之间接一个上拉电阻 R，将 TTL 输出高电平提高到 3.5 V 以上，如图 2.6.1 所示。表 2.6.1 给出了 TTL 门与 CMOS 门的连接条件。

TTL 输出的低电平 U_{OL} 为 0.5 V，而 CMOS 4000 系列输入的低电平 U_{IL} 为 1.5 V，74HC 系列输入低电压为 1 V。因此，它们可以直接相连。

当 TTL 驱动 74HCT 系列时，由于 74HCT 系列制造时考虑了和 TTL 电路的兼容，因此两者可以直接连接，不需另外加接口电路。

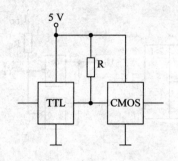

图 2.6.1　TTL 门驱动 CMOS 门

表 2.6.1　TTL 门与 CMOS 门的连接条件

驱动门	符号	负载门
$U_{OH(min)}$	>	$U_{IH(min)}$
$U_{OL(max)}$	<	$U_{IL(max)}$
I_{OH}	>	I_{IH}
I_{OL}	>	I_{IL}

2.6.2　CMOS 电路驱动 TTL 电路

当 CMOS 和 TTL 电路的电压兼容时，主要考虑电流问题。由于 TTL 电路的输入低电平电流 I_{IL} 较大，而 CMOS 4000 系列输出的低电平电流很小，不能向 TTL 电路提供较大的输入低电平电流。为了使 CMOS 在低电平时能提供较大的电流，可采取以下办法：

（1）将同一芯片上的多个 CMOS 门电路并联使用，对 TTL 提供较大的电流。

（2）在 CMOS 电路输出端和 TTL 电路输入端之间接入 CMOS 接口电路。

对 74HC 和 74HCT 系列，其输出端可直接与 TTL 输入端相连。CMOS 门驱动 TTL 门电路见图 2.6.2。

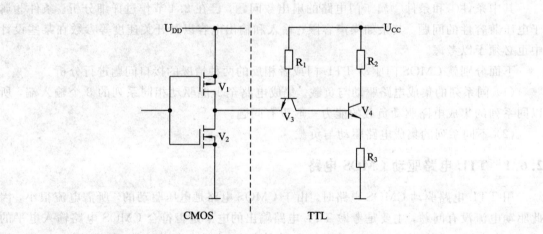

图 2.6.2　CMOS 门驱动 TTL 门电路

课堂活动

一、课堂提问和讨论

1. TTL 门驱动 CMOS 门时，为什么 TTL 输出端要接上拉电阻？

2. CMOS 集成门的输出端能否直接接地或电源？

二、学生演讲和演板

请查阅相关手册，74HC00 与非门电路用来驱动一个基本的 TTL 反相器和六个 74LS 门电路。试验算此时的 CMOS 门电路是否过载。

三、课堂练习

接口电路如图 2.6.3 所示，用工作电压 $U_{CC}=$ 5 V 的 TTL 逻辑电路去驱动电源电压 $U_{DD}=15$ V 的 CMOS 逻辑电路。请问用什么样的电路可实现这两种电路的连接？画出相应的电路示意图。反之，若用 CMOS 电路驱动 TTL 电路时，又怎样实现这两种电路的连接？用不同类型的逻辑电路实现连接时，主要应考虑哪些因素？

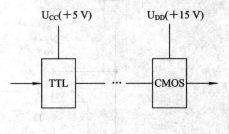

图 2.6.3

2.7 与非门逻辑功能测试与仿真

一、训练目的

(1) 了解基本门电路逻辑功能测试方法。

(2) 学会用与非门组成其他逻辑门的方法。

二、训练设备

电脑 1 台、Mutisin 软件 1 套。

三、训练内容

1. 测与非门的逻辑功能

(1) 单击电子仿真软件 Multisim 7 基本界面左侧左列真实元件工具条的"TTL"按钮，从弹出的对话框中选取一个**与非门** 74LS00N，将它放置在电子平台上；单击真实元件工具条的"Source"按钮，将电源 U_{CC} 和地线调出放置在电子平台上；单击真实元件工具条的"Basic"按钮，将单刀双掷开关"J1"和"J2"调出放置在电子平台上，并分别双击"J1"和"J2"图标，将弹出的对话框的"Key for Switch"栏设置成" "和" "，最后点击对话框下方"OK"按钮退出。

(2) 单击电子仿真软件 Multisim 7 基本界面右侧虚拟仪器工具条"Multimeter"按钮，调出虚拟万用表"XMM1"放置在电子平台上，如图 2.7.1 所示。

XMM1

图 2.7.1

(3) 将所有元件和仪器连成仿真电路，如图 2.7.2 所示。

(4) 双击虚拟万用表图标"XMM1"，将出现它的放大面板，按下放大面板上的"电压"和"直流"两个按钮，用它来测量直流电压，如图 2.7.3 所示。

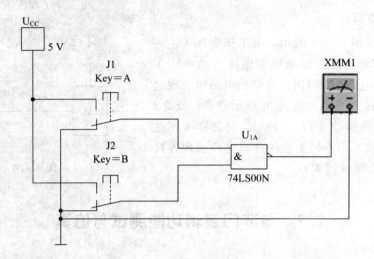

图 2.7.2

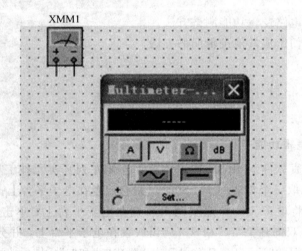

图 2.7.3

（5）打开仿真开关，按表 2.7.1 所示分别按动"A"和"B"键，使与非门的两个输入端为表中四种情况，从虚拟万用表的放大面板上读出各种情况的直流电位，将它们填入表内，并将电位转换成逻辑状态填入表内。

表 2.7.1

输	入	输　　出
A	B	逻辑状态
0	0	
0	1	
1	0	
1	1	

2. 用与非门组成其他功能门电路

1）用与非门组成或门

（1）根据摩根定律，或门的逻辑函数表达式 $Q=A+B$ 可以写成 $Q=\overline{\overline{A}\cdot\overline{B}}$，因此可以用三个与非门构成或门。

（2）连成或门仿真电路如图 2.7.4 所示。

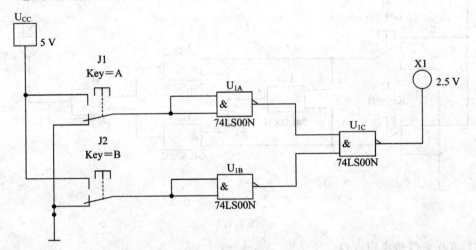

图 2.7.4

（3）打开仿真开关，按表 2.7.2 要求分别按动"A"和"B"，观察并记录指示灯的发光情况，将结果填入表 2.7.2 中，根据表 2.7.2 分析是否就是或门电路的真值表。

表 2.7.2

输	入	输	出
A	B	指示灯状态	逻辑状态
0	0		
0	1		
1	0		
1	1		

2）用与非门组成异或门

（1）按图 2.7.5 所示调出元件并组成异或门仿真电路。

（2）打开仿真开关，按表 2.7.3 要求分别按动"A"和"B"，观察并记录指示灯的发光情况，将结果填入表 2.7.3 中。

表 2.7.3

输	入	输	出
A	B	指示灯状况	逻辑状态
0	0		
0	1		
1	0		
1	1		

（3）写出图 2.7.5 中各个**与非门**输出端的逻辑函数式，看看最终是否与**异或门**的逻辑函数式相符。

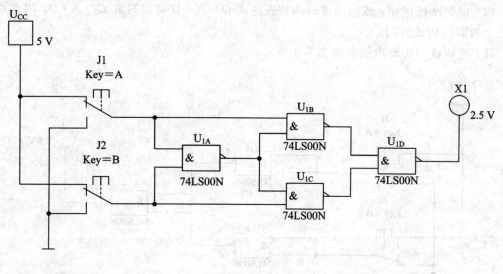

图 2.7.5

3）用与非门组成同或门

（1）按图 2.7.6 所示调出元件并组成**同或门**仿真电路。

（2）打开仿真开关，按表 2.7.4 要求分别按动"A"和"B"，观察并记录指示灯的发光情况，将结果填入表 2.7.4 中。

（3）写出图 2.7.6 中各个**与非门**输出端的逻辑函数式，判断最终是否与**同或门**的逻辑函数式相符。

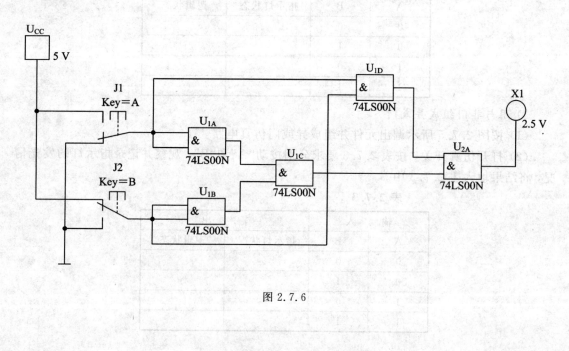

图 2.7.6

表 2.7.4

输	入	输	出
A	B	指示灯状况	逻辑状态
0	0		
0	1		
1	0		
1	1		

实 验 与 实 训

一、门电路主要参数的测试

1. 实验目的

(1) 熟悉 TTL 与非门主要参数的测试方法。

(2) 掌握 TTL 与非门电压传输特性的测试方法。

2. 实验设备与器材

电子实验台 1 台(套)、万用表 1 块、74LS00 芯片 1 块。

3. 实验内容

(1) 选用 74LS00 四 2 输入与非门,其逻辑图与引脚见图 2.7.7,其电源电压为 5 V。

(2) 测试 I_{IL}。按图 2.7.8 接线,将被测输入端通过电流表接地,其余输入端悬空,输出端空载。测出 I_{IL} 的值,并记入表 2.7.4 中。

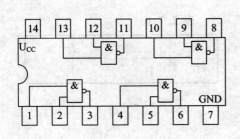

图 2.7.7

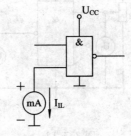

图 2.7.8

(3) 测试 I_{IH}。按图 2.7.9 所示,将被测输入端通过电流表接电源 U_{CC},其余输入端接地,输出空载,测出 I_{IH} 的值记入表 2.7.5 中。

(4) 测试 U_{OL}。按图 2.7.10 接线,将被测输出端接额定负载,所有输入端接高电平。用电压表测出输出电压值,并记入表 2.7.5 中(R = 680 Ω)。

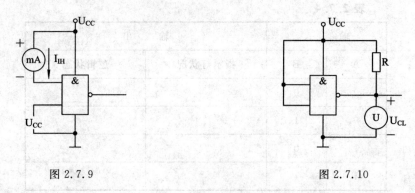

图 2.7.9   图 2.7.10

（5）测试 U_{OH}。按图 2.7.11 接线，测出输出电压值，记入表 2.7.5 中。

图 2.7.11

表 2.7.5

I_{IL}	I_{IH}	U_{OL}	U_{OH}

（6）电压传输特性曲线测试。按图 2.7.12 接线，将一个输入端接 0～5 V 的可调电压，其余输入端接高电平（也可悬空），输出空载。调节电位器 R_W，使输入电压 U_I 逐渐增大，用万用表测量 U_I 和对应的 U_O，记入表 2.7.6 中，并作出电压传输曲线。

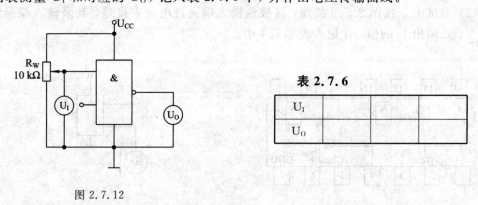

图 2.7.12

表 2.7.6

U_I			
U_O			

（7）TTL 门电路的平均传输延迟时间 t_{pd}。t_{pd} 是衡量门电路开关速度的参数，它意味着门电路在输入脉冲波形的作用下，其输出波形相对于输入波形延迟了多少时间。具体地说，是指输出波形边沿的 $0.5U_m$ 至输入波形对应边沿 $0.5U_m$ 点的时间间隔，如图 2.7.13 所示。由于传输延迟时间很短，t_{pd} 一般为 ns 数量级。图 2.7.13 中的 t_{pdl} 为导通延迟时间，t_{pdh} 为延迟截止时间，平均传输时间为

$$t_{pd} = \frac{t_{pdl} + t_{pdh}}{2}$$

t_{pd} 的测试电路如图 2.7.14 所示，其工作原理是：假设电路在接通电源后某一瞬间，电路中的 A 点为逻辑"1"，经过三级门的延时后，使 A 点由原来的逻辑"1"变为逻辑"0"；再经过三级门的延时后，A 点重新回到逻辑"1"。电路的其他各点电平也随着变化。说明使 A 点发生一个周期的振荡，必须经过 6 级门的延迟时间。因此平均传输延迟时间为 $t_{pd} = T/6$。

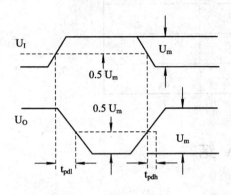

图 2.7.13　传输延迟特性

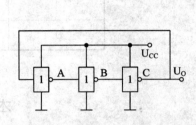

图 2.7.14　tpd 的测试电路

二、集成门电路逻辑功能的测试及应用

1. 实验目的

(1) 掌握 TTL 集成与非门的逻辑功能和主要参数的测试方法。

(2) 掌握 TTL 器件的使用规则。

(3) 进一步熟悉数字电路实验台的结构、基本功能和使用方法。

2. 实验器材与设备

电子实验台 1 台(套)、74LS20 一块。

3. 实验内容

(1) 测试 TTL 与非门的逻辑功能。选用 74LS20，其引脚定义见图 2.7.15 将与非门输入端接逻辑电平开关，输出接至发光二极管 LED 进行显示。用逻辑电平开关控制各输入端，并将显示的输出结果填入表2.7.7 中。

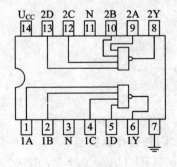

图 2.7.15　74LS20 引脚图

表 2.7.7

输　　入				输出
An	Bn	Cn	Dn	Y1
1	1	1	1	
0	1	1	1	
1	0	1	1	
1	1	0	1	
1	1	1	0	

(2) 用 74LS20 组成 2 输入端**异或门**，测试其逻辑功能，并将结果填入表 2.7.8 中。

表 2.7.8

A	B	Y
0	0	
0	1	
1	0	
1	1	

本 章 小 结

1. 二极管、三极管在数字电路中主要工作在开关状态，由于内部电荷的建立和消散过程，使它们的开关速度受到影响。

2. 由二极管、三极管可组成基本的**与门**、**或门**、**非门**电路。

3. TTL 集成门电路有着广泛的应用，本章介绍了 TTL **与非门**的组成、工作原理及抗饱和措施。

4. 集成电路的电气特性及主要参数是我们在实际使用集成电路时的重要参考。

5. OC 门和三态门可实现线与功能。

6. CMOS 逻辑门电路是目前另一种应用较广泛的逻辑门电路，它的优点是功耗小、抗干扰能力强。常用的 CMOS 门电路有 CMOS **与非门**、CMOS **或非门**、CMOS 传输门、CMOS 三态门等。

7. 常用 TTL 集成门电路主要是 CT74 系列，其中 CT74LS 系列是目前使用的较多的一个子系列。CMOS 集成门电路中主要有 CC4000 系列和 CC74HC 高速系列。

8. 在集成电路的实际使用中，除了考虑逻辑功能之外，还必须考虑工作电压、接口问题及其它一些注意事项。这样才能做到正确使用集成电路。

习　　题

2.1　二极管、三极管的开关特性是什么？

2.2　说明 TTL **与非门**电路的工作原理。

2.3　74 系列 TTL 集成电路具体有哪些系列？它们各有什么特点？

2.4　题图 E2.4 所示电路中，已知三极管 $U_{BE}=0.7$ V，$U_{CES}=0.1$ V，$\beta=60$。

(1) 若 $R_B=12$ kΩ，$R_C=1.2$ kΩ，求三极管饱和条件；

(2) 若 $V_I=3.0$ V，$R_B=12$ kΩ，$R_C=1.2$ kΩ，要使三极管饱和，β 应为多大？

2.5　如题图 E2.5(a)所示电路中，已知门电路的输出高电平 $U_{OH}=3$ V，输出低电平 $U_{OL}=0.3$ V，输入 A、B、C 的波形如题图 E2.5(b)所示，试画出输出 Y 的波形。

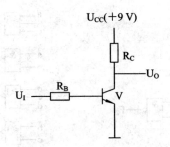

图 E2.4

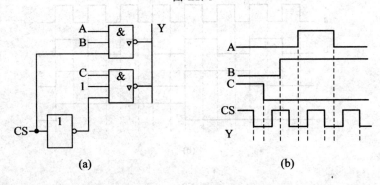

图 E2.5

2.6 现把两个 TTL 三态门的输出同时接到某一公共母线上去,电路如题图 E2.6 所示,已知 A、B、C 及 CS 的波形,试画出母线 Y 的波形。

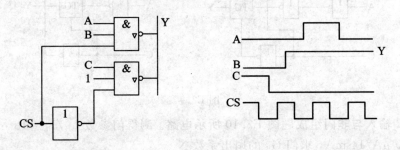

图 E2.6

2.7 在题图 E2.7 所示电路中,试判断哪个电路能按要求的逻辑关系正常工作,如有错误,请改正。

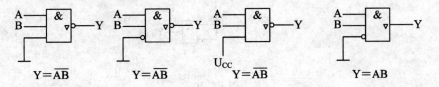

图 E2.7

2.8 按题图 E2.8 所示的电路及输入信号波形画出 F_1、F_2、F_3、F_4 的波形。

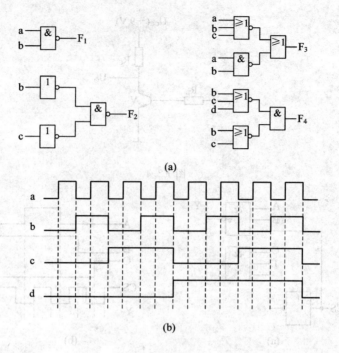

(a)

(b)

图 E2.8

2.9 写出题图 E2.9 所示电路的输出逻辑表达式，列出真值表，说明其逻辑功能。

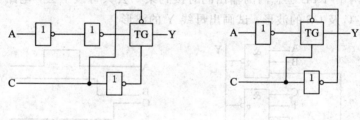

图 E2.9

2.10 2 输入与非门组成题图 E2.10 所示电路。测得门参数 $I_{IH}/I_{IL} = 18\ \mu A/1.2\ mA$，$I_{OH}/I_{OL} = 440\ \mu A/14\ mA$，求门 G_P 的扇出系数 N_0。

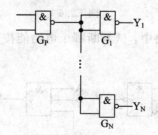

图 E2.10

2.11 试说明下列各种门电路中有哪些输出端可以并联使用：

（1）具有推拉式输出端的 TTL 门电路；

(2) TTL 电路的 OC 门；

(3) TTL 电路的三态门；

(4) 普通的 CMOS 门；

(5) CMOS 电路的三态门。

2.12　试分析图 E2.12 所示电路的逻辑功能，并写出真值表。

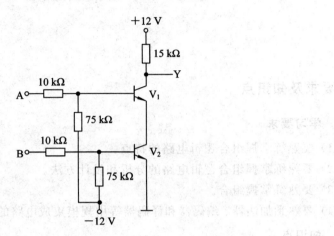

图 E2.12

第 3 章　组合逻辑电路

学习要求及知识点

1. 学习要求

（1）要熟练掌握组合逻辑电路的特点。

（2）要熟练掌握组合逻辑电路的分析和设计方法。

（3）要熟练掌握组合。

（4）要熟悉加法器、编码器和译码器等中规模集成电路的逻辑功能以及使用方法。

2. 知识点

- 组合逻辑电路的特点；
- 组合逻辑电路功能的表示方法及相互转换；
- 组合逻辑电路的分析方法和设计方法；
- 常用集成组合逻辑电路的逻辑功能、使用方法和应用举例；
- 组合逻辑电路中的竞争冒险现象及消除竞争冒险的常用方法。

3.1　组合逻辑电路的分析与设计

3.1.1　组合逻辑电路概述

根据逻辑功能的不同，可以将数字电路分成两大类：一类称为组合逻辑电路（简称组合电路），另一类称为时序逻辑电路（简称时序电路）。在组合逻辑电路中，任意时刻的输出状态只取决于该时刻各输入状态的组合，而与信号作用前电路的状态无关的逻辑电路就是组合逻辑电路在逻辑功能上的共同特点。图 3.1.1 是组合逻辑电路的一般结构框图。

图 3.1.1　组合逻辑电路框图

图中，X_1，X_2，$\cdots$，X_n 为输入逻辑变量，Y_1，Y_2，$\cdots$，Y_m 为输出逻辑变量，其输出与

输入之间的逻辑函数关系可以描述为

$$\begin{cases} Y_1 = f_1(X_1, X_2, \cdots, X_n) \\ Y_2 = f_2(X_1, X_2, \cdots, X_n) \\ \qquad\qquad \vdots \\ Y_m = f_m(X_1, X_2, \cdots, X_n) \end{cases} \qquad (3.1.1)$$

组合逻辑电路在电路结构上一般由各种门电路组合而成，电路中不包含存储信号的记忆单元，也不存在输出到输入的反馈通路。

3.1.2　组合逻辑电路的分析

组合逻辑电路的分析就是根据给定的逻辑电路，经过分析确定电路能完成的逻辑功能，其步骤大致如下：

（1）为了便于分析，分别用代号标出每一级的输出逻辑变量。

（2）根据逻辑图，从输入到输出级写出每一级输出逻辑变量对应的逻辑函数表达式；消除中间变量，直至写出最终输出与输入变量的函数表达式；

（3）对写出的函数表达式进行化简或变换，并列出真值表。

（4）根据真值表或表达式说明电路的逻辑功能。

［**例 3.1.1**］　已知逻辑电路如图 3.1.2 所示，分析该电路的逻辑功能。

［**解**］　（1）用代号标出各级输出的逻辑变量，如图 3.1.2 中的 Y_1、Y_2、Y_3。

（2）写出各级输出逻辑变量的表达式，消去中间变量，写出最终输出与输入变量的逻辑函数表达式，并进行化简，得：

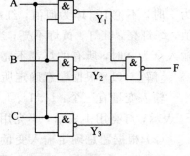

图 3.1.2　例 3.1.1 的逻辑图

$$Y_1 = \overline{AB}$$

$$Y_2 = \overline{BC}$$

$$Y_3 = \overline{AC}$$

$$F = \overline{Y_1 \cdot Y_2 \cdot Y_3}$$

$$= \overline{\overline{AB} \cdot \overline{BC} \cdot \overline{AC}} \qquad (3.1.2)$$

（3）列出逻辑函数的真值表，如表 3.1.1 所示。

表 3.1.1　例 3.1.1 的真值表

A	B	C	F
0	0	0	0
0	0	1	0
0	1	0	0
0	1	1	1
1	0	0	0
1	0	1	1
1	1	0	1
1	1	1	1

（4）分析真值表可知，若 A、B、C 代表三人，用以表决某提案，三人中多数同意，则提案获得通过，故其功能是三人表决器，多数通过。当输入变量 A、B、C 不完全相同时，F＝1；而当 A、B、C 完全相同时，输出 F＝0。所以此电路是判断输入是否一致的逻辑电路。

3.1.3　组合逻辑电路设计

组合逻辑电路设计是将具体的逻辑功能要求用逻辑函数加以描述，再用最简单的逻辑电路加以实现的过程。组合逻辑电路的设计可分为用小规模集成电路设计，用中规模集成电路设计和用可编程逻辑器件进行设计三种方法。这里先讲解用小规模集成电路的设计的方法，在 3.3 节将介绍中规模集成电路器件设计的方法，在以后章节还会介绍有关用可编程逻辑器件设计组合逻辑电路的方法。

组合逻辑电路的设计步骤大致如下：

（1）对设计要求的逻辑功能进行分析，确定哪些是输入变量，哪些是输出变量，以及它们间的逻辑关系，并对变量进行逻辑赋值。

（2）根据输入与输出的逻辑关系列出真值表。需要指出，各变量状态的赋值不同，得到的真值表也将不同。

（3）根据真值表写出逻辑函数表达式，并进行化简或变换，使表达式最简或与设计要求的逻辑电路形式一致。

（4）根据表达式画出逻辑电路图。

［例 3.1.2］　设计一个 3 输入（I_1、I_2、I_3）信号优先排队电路，它的逻辑功能是：当 I_1 为 1 时，不论 I_2、I_3 为何值，红灯亮，绿灯、黄灯不亮；当 I_1 为 0，I_2 为 1 时，不论 I_3 为何值，绿灯亮，红灯、黄灯不亮；当 I_1 为 0，I_2 为 0，$I3$ 为 1 时，黄灯亮，红灯、绿灯不亮；当输入全为 0 时，所有的灯都不亮。（要求用 2 输入与非门和反相器来实现）

［解］　（1）根据题意确定所有输入变量和输出变量，并进行逻辑赋值。

输入变量有三个：I_1、I_2、I_3；输出变量也有三个：红灯、绿灯、黄灯，分别用 F_1、F_2、F_3 表示；灯亮用 1 表示，不亮用 0 表示。

（2）根据题意确定输入变量与输出变量之间的关系，列出真值表，如表 3.1.2 所示。

表 3.1.2　例 3.1.2 的真值表

输　　　入			输　　　出		
I_1	I_2	I_3	F_1	F_2	F_3
0	0	0	0	0	0
1	×	×	1	0	0
0	1	×	0	1	0
0	0	1	0	0	1

注：×表示可取任意值，既可取 1，也可取 0。

（3）根据真值表，写出各输出逻辑函数表达式：

$$\begin{cases} F_1 = I_1 \\ F_2 = \bar{I}_1 \cdot I_2 \\ F_3 = \bar{I}_1 \cdot \bar{I}_2 \cdot I_3 \end{cases} \qquad (3.1.3)$$

根据设计要求将表达式变换为**与非－与非**形式：

$$\begin{cases} F_1 = I_1 \\ F_2 = \overline{\overline{\overline{I}_1 \cdot I_2}} \\ F_3 = \overline{\overline{\overline{I}_1 \cdot \overline{I}_2 \cdot I_3}} \end{cases} \tag{3.1.4}$$

（4）根据逻辑表达式，画出逻辑电路图，如图 3.1.3 所示。

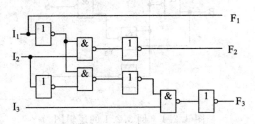

图 3.1.3　例 3.1.2 的逻辑图

课堂活动

一、课堂提问和讨论

1. 什么是"逻辑抽象"？包含哪些内容？

2. 对于同一个实际的逻辑问题，两个同学经过逻辑抽象得到的逻辑函数不完全相同，这是为什么？

二、学生演讲和演板

1. 组合逻辑电路在电路结构和逻辑功能两个方面各有什么特点？

2. 已知 $F = \overline{A}C + \overline{A}D + \overline{B}C + \overline{B}D$，试求出它的真值表及卡诺图，并求出它的或与式，作出它的与或式的逻辑图。

三、课堂练习

一个由与非门构成的某表决电路如图 3.1.4 所示。其中 A、B、C、D 表示 4 个人，$L=1$ 时表示决议通过。

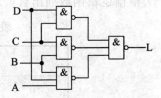

图 3.1.4　表决电路逻辑图

（1）试分析电路，说明决议通过的情况有几种。

（2）分析 A、B、C、D 四个人中谁的权利最大。

3.2　常用组合逻辑电路

3.2.1　加法器和数值比较器

1. 加法器

两个二进制数之间的算术运算无论是加、减、乘、除，目前在数字计算机中都是化作若干步加法运算来实现的，因此加法是最基本的运算，加法器是最基本的运算单元。

1）半加器和全加器

（1）半加器。所谓半加器，就是能实现一位二进制数相加的一种组合逻辑电路。图3.2.1所示的电路是利用**与非门**组成的半加器。

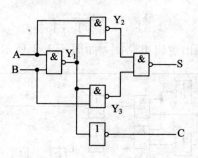

图 3.2.1　例 3.2.1 的逻辑图

[**例 3.2.1**]　已知逻辑电路如图 3.2.1 所示，分析电路的逻辑功能。

[**解**]　（1）用代号标出在各级门输出的逻辑变量，如图 3.2.1 中的 Y_1、Y_2、Y_3。

（2）写出各级的输出逻辑变量的表达式，消去中间变量，写出最终输出与输入变量的逻辑表达式，并进行化简和变换，得：

$$Y_1 = \overline{AB}$$

$$Y_2 = \overline{A\,\overline{AB}}$$

$$Y_3 = \overline{B\,\overline{AB}}$$

$$S = \overline{Y_2\,Y_3} = \overline{\overline{A\,\overline{AB}}\,\,\overline{B\,\overline{AB}}} = A(\overline{A}+\overline{B}) + B(\overline{A}+\overline{B})$$

$$= A\overline{B} + \overline{A}B = A \oplus B \tag{3.2.1}$$

$$C = \overline{Y_1} = \overline{\overline{AB}} = AB \tag{3.2.2}$$

（3）根据逻辑函数列出真值表，如表 3.2.1 所示。

表 3.2.1　例 3.2.1 的真值表

A	B	S	C
0	0	0	0
0	1	1	0
1	0	1	0
1	1	1	1

（4）分析真值表，可知当 A、B 都是 0 时，S 为 0，C 也为 0；当 A、B 有一个为 1 时，S 为 1，C 为 0；当 A、B 都是 1 时，S 为 1，C 也为 1。当 A、B 是两个一位二进制加数时，则 S 为本位和，C 为向高位的进位。该逻辑电路可实现两个 1 位二进制数的相加，由于一个完整的加法器还必须考虑从低位来的进位，故该逻辑电路通常称为半加器。

图 3.2.1 所示电路是用与非门组成的半加器，也可利用**异或**门和**与**门来实现，如图

3.2.2(a)所示。图 3.2.2(b)是半加器的逻辑符号，A 是被加数，B 是加数，S 是本位和数，C 是进位数。

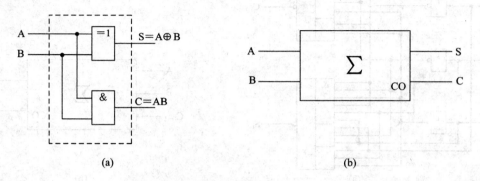

(a)

(b)

图 3.2.2 半加器

（a）由**异或**门和**与**门组成的半加器；（b）半加器的逻辑符号

（2）全加器。所谓全加运算，就是指进行二进制数相加时，能把第 i 位的被加数 A_i 和加数 B_i，及来自相邻低位的进位数 C_{i-1} 三者相加，并根据求和结果给出该位的进位信号。

通过对本位和 S_i 及向相邻高位的进位数 C_i 的运算，而能实现这种加法运算的电路叫全加器。根据全加器的功能，可列出它的真值表，如表 3.2.2 所示。

表 3.2.2 全加器的真值表

A_i	B_i	C_{i-1}	S_i	C_i
0	0	0	0	0
0	0	1	1	0
0	1	0	1	0
0	1	1	0	1
1	0	0	1	0
1	0	1	0	1
1	1	0	0	1
1	1	1	1	1

根据真值表求出 S_i 和 C_i 的逻辑表达式，可分别画出 S_i 和 C_i 的卡诺图，为了能获得**与**－**或**－**非**的表达式，可采用画包围 0 的方法进行化简，得到 $\overline{S_i}$ 和 $\overline{C_i}$ 的逻辑表达式，再对 $\overline{S_i}$ 和 $\overline{C_i}$ 求反就得到 S_i 和 C_i 的逻辑表达式：

$$S_i = \overline{\overline{A_i}\,\overline{B_i}\,\overline{C_{i-1}} + \overline{A_i}B_iC_{i-1} + A_i\overline{B_i}C_{i-1} + A_iB_i\overline{C_{i-1}}} \tag{3.2.3}$$

$$C_i = \overline{\overline{A_i}\,\overline{B_i} + \overline{B_i}\,\overline{C_{i-1}} + \overline{A_i}\cdot\overline{C_{i-1}}} \tag{3.2.4}$$

根据逻辑表达式可以画出由**与**－**或**－**非**门电路组成的 1 位全加器的逻辑图，如图 3.2.3(a)所示，图 3.2.3(b)是全加器的逻辑符号。

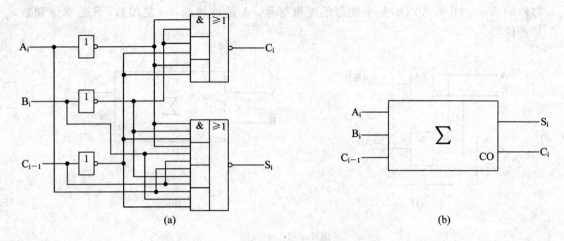

图 3.2.3　全加器

(a) 1 位全加器的逻辑图；(b) 全加器的逻辑符号

2) 多位二进制加法器

(1) 串行进位加法器。若两个多位二进制数相加，则可采用并行相加串行进位的方式来完成。例如，两个 4 位二进制数 $A_3 A_2 A_1 A_0$ 和 $B_3 B_2 B_1 B_0$ 相加，可以采用四个 1 位全加器电路组成，其原理图如图 3.2.4 所示。它是将四个 1 位全加器的进位端依次串接而成，每一位的进位信号送给下一位作为输入信号，因此任何一位的加法运算都必须等到相邻低位的进位信号产生以后才能进行，这种进位方式称做串行进位。该加法器逻辑电路结构虽然简单，但运算速度不高。为了克服这一缺点，可采用超前进位方式。

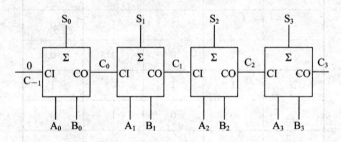

图 3.2.4　4 位串行进位加法器

(2) 超前进位加数器。超前进位加法逻辑电路使每位的进位只由加数和被加数决定，而与低位的进位无关，如 74LS283、CT74LS283 等集成 4 位二进制全加器。74LS283 的引脚图如图 3.2.5 所示，其中，$A_3 A_2 A_1 A_0$ 是被加数，$B_3 B_2 B_1 B_0$ 是加数，C_{-1} 是从低位来的进位输入，CO 是向高位的进位输出，$S_3 S_2 S_1 S_0$ 是本位和。两个 4 位二进制数相加时，$C_{-1} = 0$，求和运算的输出为 CO $S_3 S_2 S_1 S_0$。

(3) 加法器位数的扩展。一片 4 位超前进位加法器只能进行 4 位二进制数加法的运算，要构成 8 位加法运

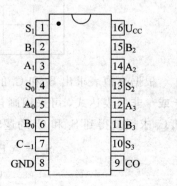

图 3.2.5　74LS283 的引脚图

算，需要将两片 4 位超前进位加法器级连起来才能实现。用两片 74LS283 4 位加法器级连组成的 8 位加法器电路连线如图 3.2.6 所示，实现低 4 位二进制数加法芯片的进位输入端 $C_{-1}=0$，它的进位输出端 CO 与实现高 4 位二进制加法芯片的进位输入端 C_{-1} 连接在一起，从而将低 4 位芯片的进位送到高 4 位片的进位输入端，实现了加法器位数的扩展。图中两个 8 位二进制加数分别为 $A_7 \sim A_0$ 和 $B_7 \sim B_0$，求和运算的输出为 C_7 $Y_7 \sim Y_0$。

同理可扩展成 12 位、16 位等更多位数的加法器。

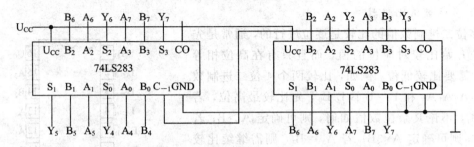

图 3.2.6　由两片 4 位加法器扩展成的 8 位加法器电路连接图

2. 数值比较器

数值比较器就是对两数 A、B 进行比较，以判断其大小的逻辑电路。

1）1 位数值比较器

1 位数值比较器是多位数值比较器的基础。A 和 B 是待比较的两个 1 位二进制数，它们的比较结果有 A>B、A<B、A=B 三种，分别用变量 $F_{A>B}$、$F_{A<B}$、$F_{A=B}$ 来表示。比较结果是 A>B，则 $F_{A>B}$ 用 1 表示，否则，用 0 表示；比较结果是 A<B，则 $F_{A<B}$ 用 1 表示，否则，用 0 表示；比较结果是 A=B，则 $F_{A=B}$ 用 1 表示，否则，用 0 表示。列出其真值表，如表 3.2.3 所示。

表 3.2.3　1 位数值比较器的真值表

输	入	输		出
A	B	$F_{A>B}$	$F_{A<B}$	$F_{A=B}$
0	0	0	0	1
0	1	0	1	0
1	0	1	0	0
1	1	0	0	1

由真值表写出各输出变量的逻辑表达式：

$$\begin{cases} F_{A>B} = A\bar{B} \\ F_{A<B} = \bar{A}B \\ F_{A=B} = \bar{A}\bar{B} + AB = \overline{\bar{A}B + A\bar{B}} \end{cases} \tag{3.2.5}$$

根据表达式可画出 1 位数值比较器的逻辑电路，如图 3.2.7 所示。

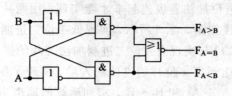

图 3.2.7 1 位数值比较器逻辑电路

2）多位数值比较器

多位二进制数值的比较是逐位进行的，通常是先从高位开始比较对应位的值，而且只有在高位相等时，才需要比较低位。例如，比较两个 4 位二进制数 $A = A_3 A_2 A_1 A_0$ 和 $B = B_3 B_2 B_1 B_0$，先比较最高位，若 $A_3 > B_3$，不论其余位数值如何，则可确定 $A > B$；若 $A_3 < B_3$ 则可确定 $A < B$；若 $A_3 = B_3$，则需继续比较 A_2、B_2，依次类推，直到得出最终的比较结果，以决定 A 和 B 的大小。

常用的集成数值比较器有 T4085、CC14585、74LS85 等。集成 4 位数值比较器 74LS85 的引脚图和功能表分别如图 3.2.8 和表 3.2.4 所示。

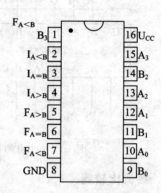

图 3.2.8 74LS85 的引脚图

表 3.2.4 74LS85 的功能表

数 据 输 入										扩 展 输 入			比 较 输 出		
A_3	B_3	A_2	B_2	A_1	B_1	A_0	B_0	$I_{A>B}$	$I_{A<B}$	$I_{A=B}$	$F_{A>B}$	$F_{A<B}$	$F_{A=B}$
$A_3 > B_3$		$\times$		$\times$		$\times$		$\times$	$\times$	$\times$	1	0	0
$A_3 < B_3$		$\times$		$\times$		$\times$		$\times$	$\times$	$\times$	0	1	0
$A_3 = B_3$		$A_2 > B_2$		$\times$		$\times$		$\times$	$\times$	$\times$	1	0	0
$A_3 = B_3$		$A_2 < B_2$		$\times$		$\times$		$\times$	$\times$	$\times$	0	1	0
$A_3 = B_3$		$A_2 = B_2$		$A_1 > B_1$		$\times$		$\times$	$\times$	$\times$	1	0	0
$A_3 = B_3$		$A_2 = B_2$		$A_1 < B_1$		$\times$		$\times$	$\times$	$\times$	0	1	0
$A_3 = B_3$		$A_2 = B_2$		$A_1 = B_1$		$A_0 > B_0$		$\times$	$\times$	$\times$	1	0	0
$A_3 = B_3$		$A_2 = B_2$		$A_1 = B_1$		$A_0 < B_0$		$\times$	$\times$	$\times$	0	1	0
$A_3 = B_3$		$A_2 = B_2$		$A_1 = B_1$		$A_0 = B_0$		1	0	0	1	0	0
$A_3 = B_3$		$A_2 = B_2$		$A_1 = B_1$		$A_0 = B_0$		0	1	0	0	1	0
$A_3 = B_3$		$A_2 = B_2$		$A_1 = B_1$		$A_0 = B_0$		0	0	1	0	0	1

真值表中的 $I_{A>B}$、$I_{A<B}$ 和 $I_{A=B}$ 是扩展输入端，当比较数值超过 4 位时，供片间级联时使用，以扩展比较器的位数。

3）比较器位数扩展

对于 8 位数，若高 4 位相同，则它们的大小由低 4 位的比较结果决定。因此应将低 4

位比较器的输出端 $F_{A>B}$、$F_{A<B}$ 和 $F_{A=B}$ 分别与高 4 位比较器扩展输入端 $I_{A>B}$、$I_{A<B}$ 和 $I_{A=B}$ 相连接，而高位比较器的输出端则作为全部 8 位数值比较器的输出。仅对 4 位数进行比较时，以 74LS85 为例应有 $I_{A>B}=I_{A<B}=0$，$I_{A=B}=1$，故低位比较器的扩展输入端 $I_{A>B}=0$，$I_{A<B}=0$，$I_{A=B}=1$。由两片 74LS85 4 位比较器串联方式扩展成 8 位比较器的连接如图 3.2.9 所示。

同理可扩展成 12 位、16 位等更多位数的值比较器。

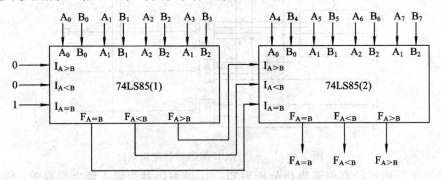

图 3.2.9　两片 74LS85 串联方式扩展的电路连接图

3.2.2　编码器

在数字系统中，为了区分一系列不同的事物，将其中的每个事物用一个二进制代码表示，这就是编码的意思。具有编码功能的逻辑电路称为编码器。编码器的逻辑框图如图 3.2.10 所示，它有 $I_0 \sim I_{n-1}$ 个输入，$Y_0 \sim Y_{m-1}$ 位二进制代码输出，由于 m 位二进制代码有 2^m

图 3.2.10　编码器逻辑图

个取值组合，最多可以表示 2^m 种信息。所以，n 与 m 之间应满足：$n \leqslant 2^m$，且在某一时刻只有一个输入信号被转换为 m 位二进制代码。例如 8 线－3 线编码器和 10 线－4 线编码器分别有 8 输入、3 位二进制代码输出和 10 输入、4 位二进制代码输出。

1. 10 线－4 线编码器

数字系统在处理数据时，都是用二进制运算的，所以常常需要把十进制数（0～9）的每一个数码表示为二进制代码。因为输入端有 10 个状态需要编码，输出端至少要用 4 位二进制代码输出。4 位二进制代码共有 16 种状态，选择不同的 10 种状态对其进行编码，就可得到不同的编码，这里介绍的是 8421BCD 码 10 线－4 线编码器。

图 3.2.11 是由门电路组成的 8421BCD 码编码器的逻辑电路图，可写出如下逻辑函数式：

$$\begin{cases} A = \overline{\overline{I_8}\,\overline{I_9}} \\ B = \overline{\overline{I_4}\,\overline{I_5}\,\overline{I_6}\,\overline{I_7}} \\ C = \overline{\overline{I_2}\,\overline{I_3}\,\overline{I_6}\,\overline{I_7}} \\ D = \overline{\overline{I_1}\,\overline{I_3}\,\overline{I_5}\,\overline{I_7}\,\overline{I_9}} \\ GS = \overline{\overline{A+B+C+D\cdot\overline{I_0}}} \end{cases} \qquad (3.2.6)$$

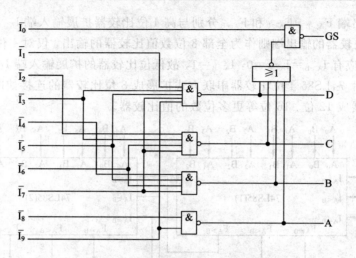

图 3.2.11　8421BCD 编码器的逻辑电路

对表 3.2.5 所示的真值表进行分析可知：① 该编码器为输入低电平有效，即当输入端是低电平时，发出编码请求。变量 I 的顶端加反号，表示低电平有效。值得特别说明的是，这种在变量的顶端加反号的表示方法，仅表示低电平有效，并不是逻辑非运算，在分析时，应把这种顶端加反号的变量当作原变量来对待，不加反号的变量是它的反变量。② 输入全为高电平时，GS＝0，说明无信号输入请求编码，编码器处于不工作状态，输出 ABCD＝0000 为无效编码；当输入中有一个为有效电平时，GS＝1，说明有信号输入，编码器处于编码工作状态，电路能对任一输入信号编码。该电路要求任何时刻只允许有一个输入端输入有效电平（低电平），其余输入端输入无效电平（高电平）；否则，电路不能正常工作，编码器将发生紊乱。

表 3.2.5　8421BCD 码编码器的真值表

| 输　入 | | | | | | | | | | 输　出 | | | | |
$\bar{I}_0$	$\bar{I}_1$	$\bar{I}_2$	$\bar{I}_3$	$\bar{I}_4$	$\bar{I}_5$	$\bar{I}_6$	$\bar{I}_7$	$\bar{I}_8$	$\bar{I}_9$	A	B	C	D	GS
1	1	1	1	1	1	1	1	1	1	0	0	0	0	0
0	1	1	1	1	1	1	1	1	1	0	0	0	0	1
1	0	1	1	1	1	1	1	1	1	0	0	0	1	1
1	1	0	1	1	1	1	1	1	1	0	0	1	0	1
1	1	1	0	1	1	1	1	1	1	0	0	1	1	1
1	1	1	1	0	1	1	1	1	1	0	1	0	0	1
1	1	1	1	1	0	1	1	1	1	0	1	0	1	1
1	1	1	1	1	1	0	1	1	1	0	1	1	0	1
1	1	1	1	1	1	1	0	1	1	0	1	1	1	1
1	1	1	1	1	1	1	1	0	1	1	0	0	0	1
1	1	1	1	1	1	1	1	1	0	1	0	0	1	1

2. 8 线－3 线优先编码器

实际应用中，有时两个以上的输入信号会同时输入，要求输出不发生紊乱，而且对同时输入信号中优先级别最高的信号要进行编码，能完成这种逻辑功能的逻辑部件称为优先编码器。下面介绍 8 线－3 线优先编码器。

74LS148 8 线－3 线优先编码器的逻辑图和引脚图如图 3.2.12 所示。图中 $\bar{I}_0 \sim \bar{I}_7$ 是输入信号，$\bar{Y}_0$、$\bar{Y}_1$、$\bar{Y}_2$ 为 3 位二进制编码输出，$\bar{I}_S$ 为输入使能端，$\bar{Y}_S$ 为输出使能端，$\bar{Y}_{EX}$ 为优先编码输出端。

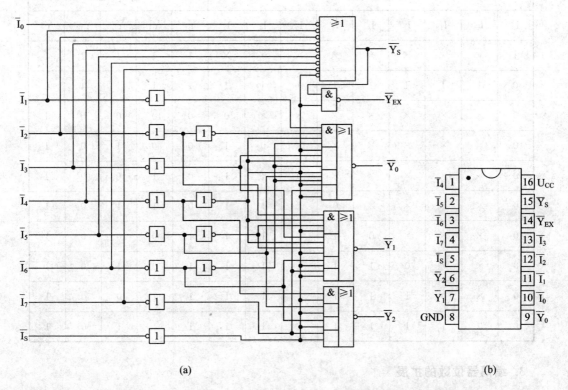

(a)   (b)

图 3.2.12　74LS148 8 线－3 线优先编码器的逻辑图和引脚图

(a) 逻辑图；(b) 引脚图

T4148 的功能表如表 3.2.6 所示。分析功能表可知：

(1) 该编码器输入低电平有效，即输入为 0 时表示有信号，为 1 时表示无信号。反码输出，即 $\bar{I}_0 = 0$ 时，输出为 111，当 $\bar{I}_7 = 0$ 时，输出为 000 等。

(2) 输入端优先级别的次序依次为 $\bar{I}_7$，$\bar{I}_6$，…，$\bar{I}_0$。当某一输入端有低电平输入，且比它优先级别高的输入端无低电平输入时，无论比它优先级别低的输入端是否有低电平输入，输出端输出对应该输入端的代码。例如当 $\bar{I}_5 = 0$ 时，且 $\bar{I}_7 \sim \bar{I}_6$ 是 1，无论 $\bar{I}_4 \sim \bar{I}_0$ 输入 0 还是 1，编码器输出 $\bar{I}_5$ 对应的代码 010，这就是优先编码器的工作原理。

(3) $\bar{I}_S$ 为输入使能端。当 $\bar{I}_S = 1$，禁止编码，此时输入 $\bar{I}_0 \sim \bar{I}_7$ 不论为何种状态，输出端输出 111，只有当 $\bar{I}_S = 0$ 时，允许编码。

(4) $\bar{Y}_S$ 为输出使能端。它受 $\bar{I}_S$ 的控制，当 $\bar{I}_S = 1$ 时，$\bar{Y}_S = 1$；当 $\bar{I}_S = 0$，允许编码时，分两种情况：① 当 $\bar{I}_0 \sim \bar{I}_7$ 无信号输入（全为 1），即无输入端请求编码时，$\bar{Y}_S = 0$，表示本级编

码器不工作。② 当 $\overline{I}_0 \sim \overline{I}_7$ 端有信号输入，即有输入端请求编码时，$\overline{Y}_S = 1$，表示本级编码器处于编码工作状态。所以，两片 T4148 串接应用时，应将高位片的 $\overline{Y}_S$ 和低位片的 $\overline{I}_S$ 相连，在高位片允许编码而无信号输入时，启动低位片正常工作。

（5）$\overline{Y}_{EX}$ 为优先编码输出端。在 $\overline{I}_S = 0$，且输入端有输入信号时，$\overline{Y}_{EX} = 0$，即在允许编码，且输入端有编码请求时，$\overline{Y}_{EX} = 0$。$\overline{Y}_{EX}$ 在多片编码器串接应用中可作输出位的扩展。

表 3.2.6　74LS148 的真值表

输　　入									输　　出				
$\overline{I}_S$	$\overline{I}_0$	$\overline{I}_1$	$\overline{I}_2$	$\overline{I}_3$	$\overline{I}_4$	$\overline{I}_5$	$\overline{I}_6$	$\overline{I}_7$	$\overline{Y}_2$	$\overline{Y}_1$	$\overline{Y}_0$	$\overline{Y}_{EX}$	$\overline{Y}_S$
1	×	×	×	×	×	×	×	×	1	1	1	1	1
0	1	1	1	1	1	1	1	1	1	1	1	1	0
0	×	×	×	×	×	×	×	0	0	0	0	0	1
0	×	×	×	×	×	×	0	1	0	0	1	0	1
0	×	×	×	×	×	0	1	1	0	1	0	0	1
0	×	×	×	×	0	1	1	1	0	1	1	0	1
0	×	×	×	0	1	1	1	1	1	0	0	0	1
0	×	×	0	1	1	1	1	1	1	0	1	0	1
0	×	0	1	1	1	1	1	1	1	1	0	0	1
0	0	1	1	1	1	1	1	1	1	1	1	1	1

3. 编码器位数的扩展

[例 3.2.2]　试用两片 8 线－3 线优先编码器 74LS148 扩展成 16 线－4 线编码器。

[解]　假设所求的 16 线－4 线编码器的输入为 $\overline{A}_{15} \sim \overline{A}_0$，低电平有效，$\overline{A}_{15}$ 优先级别最高，$\overline{A}_0$ 的优先级别最低。输出为 $\overline{Z}_3$、$\overline{Z}_2$、$\overline{Z}_1$、$\overline{Z}_0$，反码输出。

因为一片 74LS148 只有 8 个信号输入端，所以要用两片 74LS148 来进行扩展。将第一片的八个输入端 $\overline{I}_7 \sim \overline{I}_0$ 分别接 $\overline{A}_{15} \sim \overline{A}_8$，第二片的 $\overline{I}_7 \sim \overline{I}_0$ 分别接 $\overline{A}_7 \sim \overline{A}_0$。要求第一片的优先级别比第二片的优先级别高，当 $\overline{A}_{15} \sim \overline{A}_8$ 无信号时才允许第二片工作。因此，要将第一片的 $\overline{Y}_S$ 与第二片的 $\overline{I}_S$ 端相连接，这样，当第一片允许编码而无信号时，$\overline{Y}_S = 0$ 送到第二片的 $\overline{I}_S$ 端，启动第二片开始工作。

另外，还要进行输出位的扩展。由于第一片有输入信号时（$\overline{A}_{15} \sim \overline{A}_8$ 中至少有一个输入 0），输出代码 $\overline{Z}_3\overline{Z}_2\overline{Z}_1\overline{Z}_0$ 是 0000～1111 中的一个，在第一片无输入信号而第二片工作时，要求输出代码是 1000～1111 中的一个。可见代码最高位的取值和第一片是否有输入信号有关，第一片有输入信号时它为 0，无输入信号时它为 1。这正好符合前面分析的 $\overline{Y}_{EX}$ 的输出状态。所以，可以将第一片的 $\overline{Y}_{EX}$ 端作为输出代码的最高位 $\overline{Z}_3$。后三位代码需将两片的

输出端 $\overline{Y}_2\,\overline{Y}_1\,\overline{Y}_0$ 分别通过**与门**输出，即可分别得到 $\overline{Z}_2$、$\overline{Z}_1$、$\overline{Z}_0$。扩展成的 16 线－4 线编码器如图 3.2.13 所示。

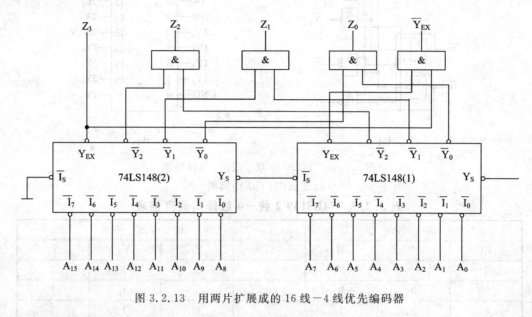

图 3.2.13　用两片扩展成的 16 线－4 线优先编码器

3.2.3　译码器

译码是编码的逆过程，它的逻辑功能是将每个输入的二进制代码译成对应的输出高、低电平信号或另外一个代码，具有译码功能的逻辑电路称为译码器。

译码器可分为三种类型：一种是将输入的代码转换成与之一一对应的有效信号，称为二进制译码器；一种是将输入的代码转换成另一种代码，称为代码变换器，如二－十进制译码器；还有一种是将代表数字、文字或符号的代码译成特定的显示代码，驱动显示器件，直接显示成十进制数字或其他符号，称为显示译码器。

1.　二进制译码器

图 3.2.14 是二进制译码器的一般原理框图，它具有 n 个输入端，2^n 个输出端和一个使能输入端。在使能输入端为有效电平时，对应每一组二进制输入代码，只有其中一个输出端为有效电平，其余输出端则为无效电平。因为 n 个二进制代码，共有 2^n 种取值组合，所以，这种译码器有 n 个输入端，2^n 个输出端，一个输出端对应一种代码输入。所以 2 位二进制译码器有 2 根输入线，4 根输出线；3 位二进制译码器有 3 根输入线，8 根输出线，这种译码器称为 3 线－8 线译码器。

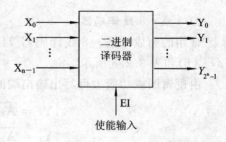

图 3.2.14　二进制译码器原理框图

1) 2 线－4 线译码器

集成双 2 线－4 线译码器 74LS139 的逻辑图、引脚图和真值表分别如图 3.2.15(a)、(b) 和表 3.2.7 所示。74LS139 译码器含有两个独立的 2 线－4 线(2/4 线)译码器，图 3.2.15 和表 3.2.7 中所示的是其中的一个。

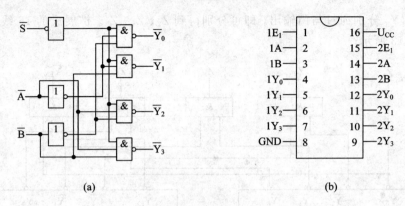

图 3.2.15　74LS139 双 2 线－4 线译码器

（a）逻辑图；（b）引脚图

表 3.2.7　74LS139 2 线－4 线译码器真值表

输　入			输　　出			
EI	A	B	Y_0	Y_1	Y_2	Y_3
1	×	×	1	1	1	1
0	0	0	0	1	1	1
0	0	1	1	0	1	1
0	1	0	1	1	0	1
0	1	1	1	1	1	0

注：EI 是使能端，低电平有效，当 EI＝0 时，可以译码；当 EI＝1 时，禁止译码。

根据真值表写出逻辑函数表达式，即

$$
\begin{cases}
Y_0 = \overline{\overline{EI}\,\overline{A}\,\overline{B}} \\
Y_1 = \overline{\overline{EI}\,\overline{A}\,B} \\
Y_2 = \overline{\overline{EI}\,A\,\overline{B}} \\
Y_3 = \overline{\overline{EI}\,A\,B}
\end{cases}
\tag{3.2.7}
$$

2）3 线－8 线译码器

常用的集成 3 线－8 线译码器 74LS138 的逻辑图、引脚图和真值表分别如图 3.2.16 (a)、(b)和表 3.2.8 所示。

由逻辑图或功能表可写出输出端的逻辑函数表达式（当 $S_1＝1$，$S_2＝0$，$S_3＝0$ 时），即

$$
\begin{cases}
Y_0 = \overline{\overline{A_2}\,\overline{A_1}\,\overline{A_0}} & Y_4 = \overline{A_2\,\overline{A_1}\,\overline{A_0}} \\
Y_1 = \overline{\overline{A_2}\,\overline{A_1}\,A_0} & Y_5 = \overline{A_2\,\overline{A_1}\,A_0} \\
Y_2 = \overline{\overline{A_2}\,A_1\,\overline{A_0}} & Y_6 = \overline{A_2\,A_1\,\overline{A_0}} \\
Y_3 = \overline{\overline{A_2}\,A_1\,A_0} & Y_7 = \overline{A_2\,A_1\,A_0}
\end{cases}
\tag{3.2.8}
$$

显然，一个 3 线－8 线译码器能产生 A_2、A_1、A_0 3 个输入变量的全部最小项，所以也把这种译码器叫做最小项译码器。

S_1、S_2、S_3 是使能输入端，控制该译码器能否进行工作，只有当 $S_1＝1$、$S_2＝0$、$S_3＝0$ 时，译码器才处于工作状态，输出端的状态由输入变量 $A_2A_1A_0$ 决定；否则，译码器处于

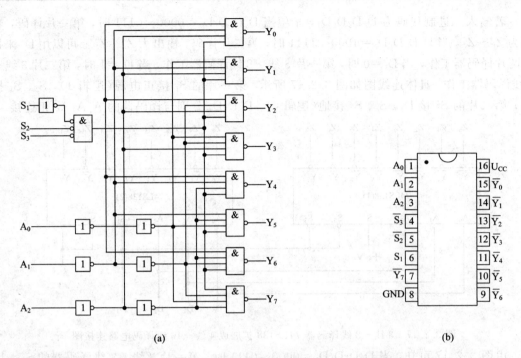

图 3.2.16 74LS138 集成译码器的逻辑图和引脚图
(a) 逻辑图；(b) 引脚图

不工作状态，无论输入端输入什么，均不会对其进行译码。这 3 个控制端也叫做"片选"输入端，利用片选的作用可以将多片译码器连接起来使用，以扩展译码器的功能，下面举例说明。

表 3.2.8 74LS138 的真值表

输 入						输 出							
S_1	S_2	S_3	A_2	A_1	A_0	Y_0	Y_1	Y_2	Y_3	Y_4	Y_5	Y_6	Y_7
0	×	×	×	×	×	1	1	1	1	1	1	1	1
×	1	×	×	×	×	1	1	1	1	1	1	1	1
×	×	1	×	×	×	1	1	1	1	1	1	1	1
1	0	0	0	0	0	0	1	1	1	1	1	1	1
1	0	0	0	0	1	1	0	1	1	1	1	1	1
1	0	0	0	1	0	1	1	0	1	1	1	1	1
1	0	0	0	1	1	1	1	1	0	1	1	1	1
1	0	0	1	0	0	1	1	1	1	0	1	1	1
1	0	0	1	0	1	1	1	1	1	1	0	1	1
1	0	0	1	1	0	1	1	1	1	1	1	0	1
1	0	0	1	1	1	1	1	1	1	1	1	1	0

注：S_1、S_2 和 S_3 为 3 个使能输入端，当 $S_1=1$、$S_2=S_3=0$ 时，译码器处于工作状态；否则，译码器被禁止。

[**例 3.2.3**] 试用两片 3 线—8 线译码器 74LS138 扩展成 4 线—16 线译码电路。

[**解**] 4 线—16 线译码电路要对 4 位二进制代码实现译码，故需 4 个输入端，16 个输出端，一片 74LS138 译码器只有 3 个输入端，8 个输出端，因此要用两片 74LS138 来进行扩展。

若输入二进制代码为 $D_3D_2D_1D_0$，希望当 $D_3D_2D_1D_0=0000\sim0111$ 时，第一片译码，输出为 $\overline{Z}_0\sim\overline{Z}_7$，当 $D_3D_2D_1D_0=1000\sim1111$ 时，第二片译码，输出为 $\overline{Z}_8\sim\overline{Z}_{15}$。可以用 D_3 来控制两片译码器工作，当 $D_3=0$ 时，第一片 3 线—8 线译码器工作，当 $D_3=1$ 时，第二片 3 线—8 线译码器工作。具体连线图如图 3.2.17 所示，第一片的 S_1 接正电源（逻辑 1），S_2、S_3 接 D_3；第二片的 S_1 接 D_3，S_2、S_3 接地（逻辑 0）。$D_2D_1D_0$ 分别与译码器的 $A_2A_1A_0$ 相连接。

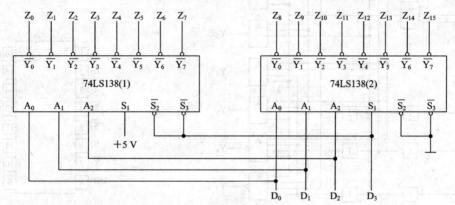

图 3.2.17　3 线—8 线译码器 74LS138 扩展成 4 线—16 线译码电路连接图

由图 3.2.17 可知，当 $D_3D_2D_1D_0=0000\sim0111$ 时，第一片 3 线—8 线译码器的 $S_1=1$，$S_2=0$，$S_3=0$，而第二片的 $S_1=0$，$S_2=0$，$S_3=0$，第二片 3 线—8 线译码器禁止工作，而第一片 3 线—8 线译码器处于工作状态，根据输入进行译码，译码输出 $\overline{Z}_0\sim\overline{Z}_7$；当 $D_3D_2D_1D_0=1000\sim1111$ 时，第一片 3 线—8 线译码器的 $S_1=1$，$\overline{S}_2=1$，$\overline{S}_3=1$，而第二片 3 线—8 线译码器的 $S_1=1$，$\overline{S}_2=0$，$\overline{S}_3=0$，从而第一片 3 线—8 线译码器禁止工作，第二片 3 线—8 线译码器处于工作状态，根据输入进行译码，译码输出 $\overline{Z}_8\sim\overline{Z}_{15}$。

由式（3.2.8）可知，3 线—8 线译码器的输出变量是输出变量的与逻辑。为此，利用二极管与门电路可以搭建译码器，由二极管与阵列组成的 3 线—8 线译码器电路如图 3.2.18（a）所示，图 3.2.18（b）是二极管与阵列的简单画法。

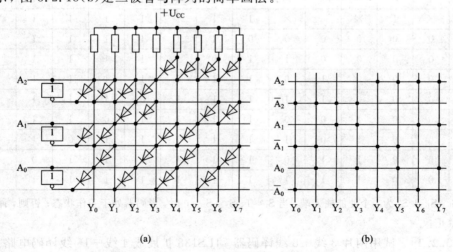

(a)　　　　　　　　　　　(b)

图 3.2.18　3 线—8 线二极管与阵列译码器

(a) 译码器电路图；(b) 简单画法

图 3.2.18(a)的二极管与阵列译码器的工作原理是：设输入信号 $A_2 A_1 A_0$ 为"111"，则引线 A_2、A_1、A_0 为高电平，引线 $\overline{A_2}$、$\overline{A_1}$、$\overline{A_0}$ 为低电平，与输出线 Y_7 相连的三个二极管因反偏而截止，输出线 Y_7 为高电平，其余的输出线与引线 A_2、A_1、A_0 之间最少接有一只二极管，二极管导通的结果使其余的输出都为低电平，实现将输入 $A_2 A_1 A_0$ 为"111"的信号译成 Y_7 输出线为高电平"1"，其余的输出线为低电平"0"的状态。同理也可以讨论其他输入信号的译码情况。

图 3.2.18(b)是图 3.2.18(a)电路的简单画法。图 3.2.18(b)中用打点来表示图 3.2.18(a)电路中的二极管，有点的地方表示纵线和横线交叉的地方接有二极管，没点的地方表示纵线和横线交叉的地方没有接二极管。因 Y_7 输出线为高电平，所对应的 $A_2 A_1 A_0$ 输入信号为"111"，所以，Y_7 输出与 A_2、A_1、A_0 的输入线的交汇点上都接有二极管，这些交汇点上都要打点。同理也可讨论其他输出上点的分布情况。

因译码器所对应的输入状态可用来选通某个特定的存储单元，不同的单元(存储)对应的地址码不相同，所以译码器的输入变量 $A_2 A_1 A_0$ 通常称为地址码。

2. 二一十进制译码器(4 线一10 线译码器)

将 BCD 代码变换成相对应的 10 个信号输出的电路称为二一十进制译码器。例如把二一十进制的余三码或 8421 代码变换成对应的十进制数的 10 个输出信号。因 BCD 码有 4 位，每一种状态分别对应十进制数的 10 个数码，所以二一十进制译码器有 4 根输入线，10 根输出线，所以又叫做 4 线—10 线译码器。常用的二一十进制译码器 74LS42 的真值表如表 3.2.9 所示。

表 3.2.9　二一十进制译码器 74LS42 的真值表

序号	输入				输出									
	A_3	A_2	A_1	A_0	Y_0	Y_1	Y_2	Y_3	Y_4	Y_5	Y_6	Y_7	Y_8	Y_9
0	0	0	0	0	0	1	1	1	1	1	1	1	1	1
1	0	0	0	1	1	0	1	1	1	1	1	1	1	1
2	0	0	1	0	1	1	0	1	1	1	1	1	1	1
3	0	0	1	1	1	1	1	0	1	1	1	1	1	1
4	0	1	0	0	1	1	1	1	0	1	1	1	1	1
5	0	1	0	1	1	1	1	1	1	0	1	1	1	1
6	0	1	1	0	1	1	1	1	1	1	0	1	1	1
7	0	1	1	1	1	1	1	1	1	1	1	0	1	1
8	1	0	0	0	1	1	1	1	1	1	1	1	0	1
9	1	0	0	1	1	1	1	1	1	1	1	1	1	0
无效码	1	0	1	0	1	1	1	1	1	1	1	1	1	1
	1	0	1	1	1	1	1	1	1	1	1	1	1	1
	1	1	0	0	1	1	1	1	1	1	1	1	1	1
	1	1	0	1	1	1	1	1	1	1	1	1	1	1
	1	1	1	0	1	1	1	1	1	1	1	1	1	1
	1	1	1	1	1	1	1	1	1	1	1	1	1	1

分析真值表可知：74LS42 译码器是将 8421BCD 码对应转换成十进制的 10 个数码信号，输出低电平有效，例如当 $A_3A_2A_1A_0=0000$ 时，输出 $Y_0=0$，它对应于十进制数 0。当输入无效代码时，输出全为 1。电路具有自动识别无效码输入的功能，没有使能端，每 4 位分别独立译码，无需扩展位数。

3. 七段显示译码器

在数字系统中，经常需要将表示数字、文字和符号的二进制编码通过译码器译出，并通过显示器件显示成十进制数字或其他符号，以便直观或读取。这类译码器译出的信号要能和具体显示器件配合，或能直接驱动显示器，这类译码器为称为显示译码器。

显示器件的种类很多，最常用的是七段字形数码显示器，下面主要介绍这种显示器及能驱动这种显示器的七段显示译码器。

1）七段字形数码显示器

七段字形数码显示器又称为七段数码管，根据发光材料的不同又分为半导体数码管、荧光数码管、液晶数码管等等。这里主要介绍半导体数码管。

半导体数码管是用 7 个发光二极管（LED）组成的七段字形显示器件。当外加正向电压时，LED 可以将电能转换成光能，从而发出清晰悦目的光线，利用发光各段可组成不同的数字。半导体数码管的显示结构连接示意图如图 3.2.19 所示。图 3.2.19(a)是七段半导体数码管显示结构示意图；图 3.2.19(b)是将 7 个 LED 的阴极连接在一起，并经过限流电阻 R 接地，称为共阴极的接法；图 3.2.19(c)是将 7 个发光二极管的阳极连接在一起并经限流电阻 R 接电源，称做共阳极的接法；图 3.2.19(d)是七段半导体数码管显示十进制数码 0～9 的字形形状。

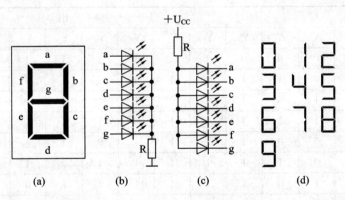

图 3.2.19 数码管显示结构示意图

译码器输出高电平驱动显示器，应选共阴极接法；反之，应选择共阳极数码管。

另一种常用的七段字符显示器是液晶显示器（Liquid Crystal Display，LCD）。液晶是一种既具有液体的流动降又具有光学特性的有机化合物。它的透明度和呈现的颜色受外加电场的影响，利用这一特点便可做成字符显示器。

在没有外加电场的情况下，液晶分子按一定取向整齐地排列着，如图 3.2.20(a)所示。这时液晶为透明状态，射入的光线大部分由反射电极反射回来，显示器呈白色。在电极上加上电压以后，液晶分子因电离而产生正离子，这些正离子在电场作用下运动并碰撞其他液晶分子，破坏了液晶分子的整齐排列，使液晶呈现混浊状态。这时射入的光线散射后仅有少量反射回来，故显示器呈暗灰色。这种现象称为动态散射效应，外加电场消失以后，液晶又恢复到整齐排列的状态。如果将 7 段透明的电极排列成 8 字形，那么只要选择不同的电极组合并加正电压，便能显示出各种字符来。

　　为了使离子撞击液晶分子的过程不断进行，通常在液晶显示器的两个电极上加以十至数百周的交变电压。对交变电压的控制可以用异或门实现，如图 3.2.21(a)所示，u_I 是外加的固定频率的对称方波电压。当 A＝0 时，LCD 两端的电压 u_L＝0，显示器不工作，呈白色；当 A＝1 时，u_L 为幅度等于两倍 u_I 的对称方波，显示器工作，呈暗灰色。各点电压的波形示于图 3.2.21(b)中。

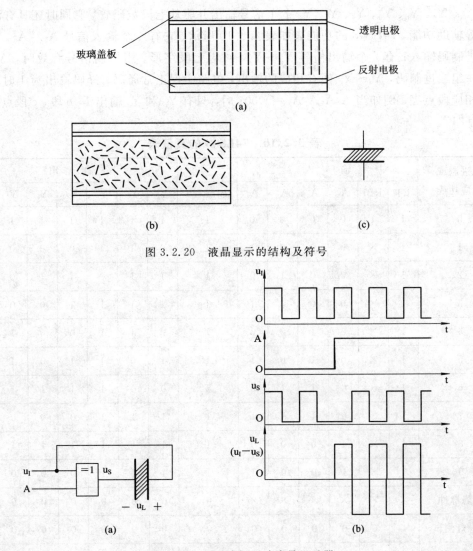

图 3.2.20　液晶显示的结构及符号

图 3.2.21　用异或门驱动液晶显示器

　　液晶显示器的最大优点是功耗极小，每平方厘米的功耗在 1 μW 以下。它的工作电压也很低，在 1 V 以下仍能工作。因此，液晶显示器在电子表以及各种小型、便携式仪器仪表中得到了广泛的应用。但是，由于它本身不会发光，仅仅靠反射外界光线显示字形，所以亮度很差。此外，它的响应速度较低(在 10 200 ms 范围)，这就限制了它在快速系统中的应用。

2) 七段显示译码器

分段式数码管是利用不同的发光段组合的方式显示不同的数码。因此，为了使数码管能将数码所代表的数显示出来，必须将数码经译码器译出，然后经驱动器点亮对应的段。例如，对于 8421 码的 0101 状态，对应的十进制数为 5，则译码驱动器应使 a、c、d、f、g 各段点亮。即对应于某一组数码，译码器应有确定的几个输出端有信号输出。下面介绍常用的 74LS48 七段显示译码器。

74LS48 七段显示译码器输出高电平有效，用以驱动共阴极显示器。它将 8421BCD 码译成 Y_a、Y_b、Y_c、Y_d、Y_e、Y_f、Y_g 七个信号输出并驱动七段数码管，它同时还具有消隐和试灯等辅助功能。74LS48 的功能表如表 3.2.10 所示。它有 4 个输入信号 $A_3 \sim A_0$，对应 4 位二进制码输入；有 7 个输出信号 $Y_a \sim Y_g$，对应七段字形。当控制信号有效时，$A_3 \sim A_0$ 输入一组二进制码，$Y_a \sim Y_g$ 便有相应的输出，电路实现正常译码。译码输出为 1 时，数码管的相应段点亮。例如当 $A_3 A_2 A_1 A_0 = 0001$ 时，只有 Y_b 和 Y_c 输出 1，b 段、c 段点亮，显示数字"1"。

表 3.2.10　74LS48 的真值表

十进制或对应功能	输入							输出						
	LT	RBI	A_3	A_2	A_1	A_0	BI/RBO	Y_a	Y_b	Y_c	Y_d	Y_e	Y_f	Y_g
0	1	1	0	0	0	0	1	1	1	1	1	1	1	0
1	1	×	0	0	0	1	1	0	1	1	0	0	0	0
2	1	×	0	0	1	0	1	1	1	0	1	1	0	1
3	1	×	0	0	1	1	1	1	1	1	1	0	0	1
4	1	×	0	1	0	0	1	0	1	1	0	0	1	1
5	1	×	0	1	0	1	1	1	0	1	1	0	1	1
6	1	×	0	1	1	0	1	0	0	1	1	1	1	1
7	1	×	0	1	1	1	1	1	1	1	0	0	0	0
8	1	×	1	0	0	0	1	1	1	1	1	1	1	1
9	1	×	1	0	0	1	1	1	1	1	0	0	1	1
消隐脉冲	×	×	×	×	×	×	0	0	0	0	0	0	0	0
消隐灯测试	1	0	0	0	0	0	0	0	0	0	0	0	0	0
	0	×	×	×	×	×	1	1	1	1	1	1	1	1

74LS48 有 3 个辅助控制输入端 LT、RBI、BI/RBO，现作以下简要说明：

(1) 信号输入 BI 为字形熄灭信号。当 BI＝0 时，不论 LT 和 RBI 及数码输入 $A_3 \sim A_0$ 状态如何，输出 $Y_a \sim Y_g$ 均为 0，七段显示都处于熄灭状态，不显示数字。

（2）输入信号 LT 为试灯信号，用来检查 7 段是否正常显示。当 BI=1，LT=0 时，不论 $A_3 \sim A_0$ 状态如何，输出 $Y_a \sim Y_g$ 均为 1，显示器件 7 段都点燃，显示数字"8"。

（3）输入信号 RBI 为灭"0"信号，用来熄灭器件显示的 0。当 LT=1，RBI=0 时，只有输入 $A_3 \sim A_0$=0000 时，输出 $Y_a \sim Y_g$ 均为 0，7 段显示都熄灭，不显示数字 0；但是，当输入 $A_3 \sim A_0$ 为其他组合时能正常显示。这主要是用来熄灭整数部分前面的 0 和小数部分尾部的 0。

（4）输出信号 RBO 为灭 0 输出信号。当 LT=1，RBI=0，且 $A_3 \sim A_0$=0000 时，本片灭 0，同时输出 RBO=0。在多片译码显示系统中，这个 0 送到另一片 7 段显示译码器的 RBI 端，可以使这两片的 0 都熄灭。由于熄灭信号 BI 和灭 0 输出信号 RBO 是电路的同一点，共用一条引出线，故标示为 BI/RBO。

从功能表可看出，对输入代码 0000，译码条件是，LT、RBI 同时等于 1，而对其他输入代码则仅要求 LT=1。显示译码器各段输出的电平是由输入 BCD 码决定的，可以满足显示字形的要求。

下面举一个利用 74LS48 实现多位数字译码显示的例子，通过它以了解各控制端的意义和用法。

［例 3.2.4］ 设计一个能显示 8 位数字的显示系统，要求能灭掉整数部分前面的 0 和小数部分尾部的 0，但小数点前后一位的数字 0 必须显示。

［解］ 要能显示 8 位数字，需要 8 个数码管，8 个数码管要由 8 个译码器驱动，显示译码器选择 74LS48 集成电路。

因为整数部分前面的 0 要能灭掉，所以整数部分最高位的 RBI=0，当最高位的输入是 0000 时，相应的字形 0 熄灭，同时输出 RBO=0。最高位的 RBO 要和次高位的 RBI 连接，这样，当最高位灭 0 时，次高位若输入的是 0000，相应的字形 0 也会被灭掉，按此方法依次连接，这样直到第一个数字不是 0 时才显示。

小数部分尾部的 0 要能灭掉，小数部分最低位的 RBI=0，RBO 依次与相邻高位的 RBI 连接。

小数点前后一位的数字 0 必须显示，故小数点前后一位的 RBI=1。具体连接如图 3.2.22 所示。

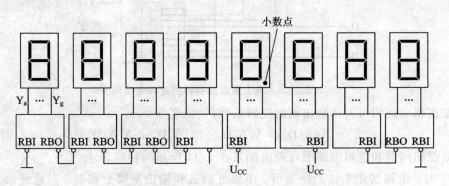

图 3.2.22 例 3.2.4 的电路连接图

例如从左到右译码器的输入为 0000、0000、0100、0000、0000、0000、1000、0000，第一片、第二片、第八片的译码器工作在灭零状态，故相应 3 位输入的"0"被熄灭，显示系统显示的是 400.08。

3.2.4 数据选择器和数据分配器

1. 数据选择器

数据选择器是指能把多个输入数据,根据地址控制信号,选择其中一个数据传送到输出端的逻辑电路。数据选择器的示意图如图 3.2.23 所示。

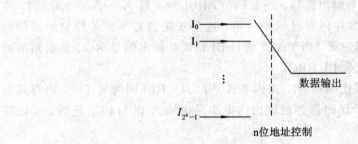

图 3.2.23 数据选择器示意图

输入端有 2^n 个数据源,则要求有 n 位地址码产生 2^n 个地址信号控制。地址码的不同取值组合对应选择不同的数据源送到公共数据输出端。如 4 选 1 选择数据器,需要 2 位地址码,8 选 1 数据选择器,需要 3 位地址码。

1) 4 选 1 数据选择器

图 3.2.24 是带有使能端的 4 选 1 数据选择器的逻辑电路图。

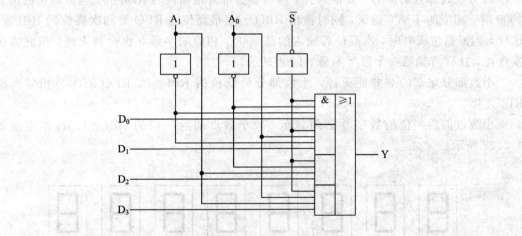

图 3.2.24 4 选 1 数据选择器的逻辑电路图

根据逻辑电路图可写出输出端的逻辑函数(使能端 $\overline{S}=0$)

$$Y = \overline{A_1}\,\overline{A_0}D_0 + \overline{A_1}A_0D_1 + A_1\overline{A_0}D_2 + A_1A_0D_3 \qquad (3.2.9)$$

根据逻辑函数和逻辑电路图可列出如表 3.2.11 所示的功能表。

$\overline{S}=1$ 时,电路禁止工作。$\overline{S}=0$ 时,由地址码选择输出是哪个数据。当地址码 $A_1A_0=$ 00 时,选中 D_0 输出;当 $A_1A_0=01$ 时,选中 D_1 输出;当 $A_1A_0=10$ 时,选中 D_2 输出;当 $A_1A_0=11$ 时,选中 D_3 输出。由此电路实现了 4 选 1 的逻辑功能。

同理,利用 3 位地址码可实现 8 选 1 数据选择功能,利用 4 位地址码可实现 16 选 1 数据选择功能，一般 n 位地址码可选输入数据数为 2^n 个。

表 3.2.11 4 选 1 数据选择器的功能表

输　　入							输出
使能	地址		数　　据				
$\overline{S}$	A_1	A_0	D_0	D_1	D_2	D_3	Y
1	×	×	×	×	×	×	0
0	0	0	D_0	×	×	×	D_0
0	0	1	×	D_1	×	×	D_1
0	1	0	×	×	D_2	×	D_2
0	1	1	×	×	×	D_3	D_3

2）集成电路数据选择器

74LS151 是一种典型的集成电路数据选择器，它有 3 个地址输入端 $A_2 A_1 A_0$，可选择 $D_0 \sim D_7$ 八个数据中的 1 个，具有两个互补输出端，同相输出端 Y 和反相输出端 $\overline{Y}$，其功能表如表 3.2.12 所示。

表 3.2.12 74LS151 的功能表

输　　入				输　　出	
使能	地址				
$\overline{S}$	A_2	A_1	A_0	Y	$\overline{Y}$
1	×	×	×	0	1
0	0	0	0	D_0	$\overline{D}_0$
0	0	0	1	D_1	$\overline{D}_1$
0	0	1	0	D_2	$\overline{D}_2$
0	0	1	1	D_3	$\overline{D}_3$
0	1	0	0	D_4	$\overline{D}_4$
0	1	0	1	D_5	$\overline{D}_5$
0	1	1	0	D_6	$\overline{D}_6$
0	1	1	1	D_7	$\overline{D}_7$

使能端低电平有效，当使能端为低电平时，输出 Y 的表达式为

$$Y = \overline{A}_2 \overline{A}_1 \overline{A}_0 D_0 + \overline{A}_2 \overline{A}_1 A_0 D_1 + \overline{A}_2 A_1 \overline{A}_0 D_2 + \overline{A}_2 A_1 A_0 D_3 + A_2 \overline{A}_1 \overline{A}_0 D_4$$
$$+ A_2 \overline{A}_1 A_0 D_5 + A_2 A_1 \overline{A}_0 D_6 + A_2 A_1 A_0 D_7 \tag{3.2.10}$$

当地址码 $A_2 A_1 A_0 = 000$ 时，$Y = D_0$，说明只有数据 D_0 传送到数据输出端。同理，在地址码取其他组合时，选择器会选择其他对应的数据传送到输出端，从而实现数据选择的功能。

可以把数据选择器的使能端作为地址码输入，将两片 74LS151 连接成一个 16 选 1 的数据选择器，以扩展数据选择器的通道数。

[例3.2.5] 试用 74LS151 扩展成 16 选 1 数据选择器。

[解] 74LS151 是 8 选 1 数据选择器，要扩展成 16 选 1 数据选择器，需要用两片集成电路工作。当地址码是 0000~0001 时，希望第一片工作，第一片数据输入端对应输入的是 $D_0 \sim D_7$；当地址码是 1000~1111，希望第二片工作，第二片的数据输入端对应输入的是 $D_8 \sim D_{15}$。当地址码最高位是 0 时，第一片工作；当地址码最高位是 1 时，第二片工作。只要把地址码最高位送到第一片，经过非门送到第二片，即可使两片接替工作。具体连接图和 74LS151 引脚分布图如图 3.2.25 所示。

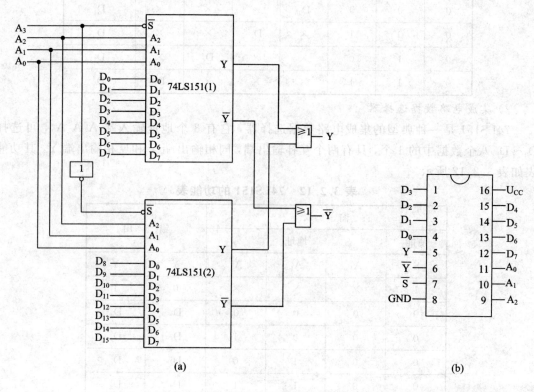

图 3.2.25 用两片 74LS151 扩展成 16 选 1 数选择器的电路连接图和 74LS151 的引脚图
(a) 扩展连接图；(b) 74LS151 引脚图

16 选 1 的数据选择器地址选择输入有 4 位 $A_3A_2A_1A_0$，其最高位 A_3 与一个 8 选 1 数据选择器的使能端 S 连接，经过一反相器后与另一个 8 选 1 数据选择器的使能端连接。低 3 位地址选择输入 $A_2A_1A_0$ 分别与两片 74LS151 的地址选择输入端相对应连接，两片的输出通过一个或门作为扩展后的输出端。如地址码 $A_3A_2A_1A_0=1100$ 时，$A_3=1$，第一片不工作，输出 0；$\overline{A_3}=0$，第二片工作，输出第二片的 D_4，第二片 D_4 端输入的数据是 D_{12}，所以输出的数据是 D_{12}。

2. 数据分配器

多路数据分配器的功能与数据选择器正好相反，它有一个数据源输入端和多个数据输出端，在地址信号的控制下，将一个源来的数据分配到某一个对应的输出端去。数据分配器的示意图如图 3.2.26 所示。

要分配 2^n 个通道，需要由 n 位地址码控制，地址码的不同取值组合控制数据通道的对应选通。如 4 路分配器需要由 2 位地址码控制，8 路分配器需要由 3 位地址码控制，等等。

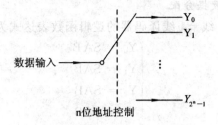

图 3.2.26　数据分配器示意图

1）4 路分配器

图 3.2.27 是一个 4 路分配器的逻辑电路图，根据逻辑电路图可写出逻辑函数表达式，即

$$\begin{cases} D_0 = \overline{A_1}\,\overline{A_0}D \\ D_1 = \overline{A_1}A_0 D \\ D_2 = A_1 \overline{A_0}D \\ D_3 = A_1 A_0 D \end{cases} \qquad (3.2.11)$$

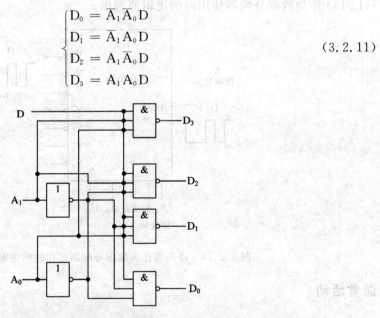

图 3.2.27　四路分配器逻辑电路图

根据函数表达式可列出 4 路分配的真值表，如表 3.2.13 所示。

表 3.2.13　4 路分配器的真值表

输入	地　　址		输　　出			
D	A_1	A_0	D_0	D_1	D_2	D_3
D	0	0	D	0	0	0
D	0	1	0	D	0	0
D	1	0	0	0	D	0
D	1	1	0	0	0	D

由函数表达式和真值表可看出：在地址码的控制下，该电路可将输入数据 D 分别传送

到 4 个数据输出端，它是一个 4 路分配器。

2）二进制译码器实现数据分配

前面讲到带使能端的 2 线－4 线译码器的逻辑函数表达式为

$$\begin{cases} Y_0 = S\overline{A}\,\overline{B} \\ Y_1 = S\overline{A}B \\ Y_2 = SA\overline{B} \\ Y_3 = SAB \end{cases} \tag{3.2.12}$$

当 AB＝00 时，$Y_0 = S$；AB＝01 时，$Y_1 = S$；AB＝10 时，$Y_2 = S$；AB＝11 时，$Y_3 = S$。

若将使能控制端作为数据输入端，A、B 作为地址输入端，Y_0、Y_1、Y_2、Y_3 作为数据输出端，则电路可实现 4 路分配器的功能。函数表达式与 4 路分配器的表达式是一致的。

同理，带使能端的 3 线－8 线译码器也可作为 8 路分配器使用。图 3.2.28 是用 74LS138 作为数据分配器使用时的逻辑原理图。

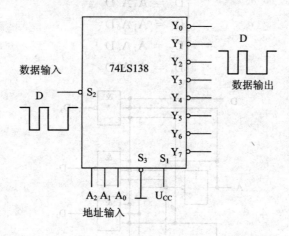

图 3.2.28　译码器作为数据分配器使用时的逻辑原理图

课堂活动

一、课堂提问和讨论

1. 在需要使用普通编码器的场合能否用优先编码器取代普通编码器？在需要使用优先编码器的场合能否用普通编码器取代优先编码器？

2. 数据选择器输入数据的位数和输入地址的位数之间应满足怎样的定量关系？

3. 如果用 4 位数值比较器比较两个 3 位的二进制数，可以有多少种接法？

二、学生演讲和演板

1. 串行进位加法器和超前进位加法器有何区别？它们各有什么优缺点？

2. 设计一个码制转换器，将余 3 码转换成 8421BCD 码。

三、课堂练习

1. 用二进制译码器实现下列逻辑函数，可用适当逻辑器件。

$$F_3(A, B, C, D) = \sum m(2, 4, 6, 8, 10, 14)$$

2. 设计一个 4 人多数表决器，只有多数同意才通过。要求用与非门实现允许反变量输入。

3.3　用中规模集成电路设计的组合逻辑电路

随着中规模集成组合逻辑电路的不断发展，使得许多功能的组合逻辑电路可直接使用中规模集成电路来实现。这不但可以缩小电路的体积、减少连线、降低成本、提高电路的可靠性，而且使电路的设计工作变得十分简便。目前使用较多的中规模集成电路有数据选择器、译码器和全加器等。

3.3.1　用数据选择器设计组合逻辑电路

1. 要设计电路的变量数与数据选择器的地址数目相等

在这种情况下，可在数据选择器的地址输入端输入函数的变量，在数据输入端输入 1 或 0，以控制与之对应的最小项在函数表达式中是否出现。数据输入端输入的是 1，对应的最小项出现；数据输入端输入的是 0，对应的最小项不出现。根据这一原则，从而可构成不同的功能的组合逻辑电路。

[**例 3.3.1**]　试用 8 选 1 数据选择器 74LS151 产生 3 变量逻辑函数

$$F_1 = C + \overline{A}B + AB + A\overline{B}C \tag{3.3.1}$$

[**解**]　74LS151 有 3 位地址输入（n=3），可产生任何形式的 4 位变量以下的逻辑函数，故可产生式（3.3.3）的 3 变量逻辑函数，设计步骤如下：

① 将逻辑函数变换成最小项表达式

$$F_1 = \overline{A}\,\overline{B}\,\overline{C} + \overline{A}\,\overline{B}C + A\overline{B}C + AB\overline{C} + ABC + \overline{A}BC \tag{3.3.2}$$

② 列出对应的 8 选 1 数据选择器的逻辑表达式

$$Y = \overline{A}_2\overline{A}_1\overline{A}_0 D_0 + \overline{A}_2\overline{A}_1 A_0 D_1 + \overline{A}_2 A_1 \overline{A}_0 D_2 + \overline{A}_2 A_1 A_0 D_3$$
$$+ A_2\overline{A}_1\overline{A}_0 D_4 + A_2\overline{A}_1 A_0 D_5 + A_2 A_1 \overline{A}_0 D_6 + A_2 A_1 A_0 D_7 \tag{3.3.3}$$

③ 确定 74LS151 的地址输入端和数据输入端的输入信号，使 Y＝F。

8 选 1 74LS151 有 3 个地址输入端 A_2、A_1、A_0，使 $A_2 = A$，$A_1 = B$，$A_0 = C$。由式（3.3.3）可知，逻辑函数 F 表达式中出现的最小项是 m_0、m_1、m_3、m_5、m_6、m_7。函数最小项表达式中出现的最小项对应的数据输入端输入 1，没有出现的最小项对应的数据输入端输入 0 的原则，逻辑函数 Y 表达式中对应的数据输入端应有：$D_2 = D_4 = 0$，$D_0 = D_1 = D_3 = D_5 = D_6 = D_7 = 1$。这样，就有 Y＝F，从而实现了由 8 选 1 数据选择器产生逻辑函数 F。

④ 画出电路连线图，如图 3.3.1 所示。当

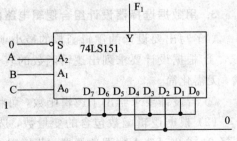

图 3.3.1　例 3.3.1 电路连接图

然，所有的使能端要置有效电平以选通，如图中的使能输入端接地（$\overline{S}=0$）。

2. 要设计电路的逻辑函数的变量数多于数据选择器的地址数目

在这种情况情况下，就要将逻辑函数的多余的变量分离出来，一般是分离排在后面的变量。

[**例 3.3.2**] 试用 4 选 1 数据选择器 74LS153 产生逻辑函数

$$F(A, B, C) = \sum m_i (i = 1, 2, 6, 7) \tag{3.3.4}$$

[**解**] （1）分离变量。要产生的逻辑函数是 3 变量的逻辑函数，而双 4 选 1 数据选择器 74LS151 每组各有 1 个独立的使能控制输入端，但整个集成电路只有 2 个公用的地址输入端，地址变量的最小项数无法与 3 变量的最小项数项对应。因此，需将逻辑函数中的一个变量分离出来，移送到数据输入端，即

$$\begin{aligned}
F(A, B, C) &= \sum m_i, \ i = 1, 2, 6, 7 \\
&= \bar{A}\bar{B}C + \bar{A}B\bar{C} + AB\bar{C} + ABC \\
&= \bar{A}\bar{B}(C) + \bar{A}B(\bar{C}) + A\bar{B}(0) + AB(\bar{C}+C) \\
&= \bar{A}\bar{B}(C) + \bar{A}B(\bar{C}) + A\bar{B}(0) + AB(1) \tag{3.3.5}
\end{aligned}$$

（2）列出对应的 4 选 1 数据选择器的逻辑表达式

$$Y = \bar{A}_1\bar{A}_0 D_0 + \bar{A}_1 A_0 D_1 + A_1\bar{A}_0 D_2 + A_1 A_0 D_3 \tag{3.3.6}$$

（3）确定 74LS151 的地址输入端和数据输入端的输入信号，使 Y＝F。

将式（3.2.3）与式（3.2.4）进行比较可知，只要使 $A_1 = A$、$A_0 = B$；$D_0 = C$、$D_1 = \bar{C}$、$D_2 = 0$、$D_3 = 1$，$Y = F$，就可以用 4 选 1 数据选择器 74LS151 产生逻辑函数 F。

（4）画出电路连线图，如图 3.3.2 所示。

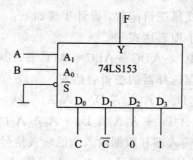

图 3.3.2　例 3.3.2 的电路连线图

3. 用数据选择器设计组合逻辑电路的步骤

（1）写出要设计的逻辑函数的最小项表达式。

① 根据设计要求列出逻辑函数的真值表，由真值表直接写出逻辑函数的最小项表达式，无需化简。

② 若设计要求给出了逻辑函数，可将逻辑函数表达式直接变换成最小项表达式。

（2）根据逻辑函数包含的变量数，选定数据选择器，一般含有 n 变量的逻辑函数，可选择 2^n 或 2^{n-1} 选 1 数据选择器。若规定使用的数据选择器不能达到设计要求，可将数据选择器扩展使用。

（3）列出所选数据选择器的输出函数表达式。

（4）将要设计的逻辑函数表达式和数据选择器的输出函数表达式进行对照比较，确定

地址输入端的输入信号和数据输入端的输入信号，使两函数对应相等。

（5）按照上一步中确定的输入信号连接电路画出电路连线图。

［例 3.3.3］ 选择合适的数据选择器，设计一个 4 变量不一致的组合逻辑电路。当它的 4 个输入信号 A、B、C、D 所有组合输入不一致时，输出 F 为 1；否则，输出为 0。

［解］ （1）根据题意可列出真值表，如表 3.3.1 所示。

表 3.3.1 例 3.3.3 的真值表

输	入			输出	输	入			输出
A	B	C	D	F	A	B	C	D	F
0	0	0	0	0	1	0	0	0	1
0	0	0	1	1	1	0	0	1	1
0	0	1	0	1	1	0	1	0	1
0	0	1	1	1	1	0	1	1	1
0	1	0	0	1	1	1	0	0	1
0	1	0	1	1	1	1	0	1	1
0	1	1	0	1	1	1	1	0	1
0	1	1	1	1	1	1	1	1	0

（2）根据真值表写出逻辑函数的最小项表达式，不需化简。

$$F = \overline{A}\,\overline{B}CD + \overline{A}\,B\overline{C}D + \overline{A}\,BC\overline{D} + \overline{A}BC\overline{D} + \overline{A}BCD + \overline{A}BC\overline{D} + \overline{A}BCD$$
$$+ AB\overline{C}\,\overline{D} + AB\overline{C}D + A\overline{B}C\overline{D} + A\overline{B}CD + ABC\overline{D} + AB\overline{C}D + ABC\overline{D} \quad (3.3.7)$$

（3）选择数据选择器。需要设计的逻辑函数是一个 4 变量的逻辑函数，可以选择有 4 个地址输入端的数据选择器来实现，也可以选择有 3 个地址输入端的数据选择器实现。

下面选择用有 3 个地址输入端的数据选择器 74LS151（8 选 1）来实现。

首先将逻辑函数的变量分离，因只能分离出 3 个地址变量，故剩余的 1 个变量拟作数据输入信号从数据输入端输入。

$$F = (\overline{A}\,\overline{B}\,\overline{C})D + (\overline{A}\,\overline{B}C)(\overline{D} + D) + (\overline{A}B\overline{C})(D + \overline{D}) + (\overline{A}BC)(D + \overline{D})$$
$$+ (A\overline{B}\,\overline{C})(\overline{D} + D) + (A\overline{B}C)(D + \overline{D}) + (AB\overline{C})(D + \overline{D}) + (ABC)\overline{D}$$
$$= (\overline{A}\,\overline{B}\,\overline{C})D + (\overline{A}\,\overline{B}C) \cdot 1 + (\overline{A}B\overline{C}) \cdot 1 + (\overline{A}BC) \cdot 1$$
$$+ (A\overline{B}\,\overline{C}) \cdot 1 + (A\overline{B}C) \cdot 1 + (AB\overline{C}) \cdot 1 + (ABC)\overline{D} \quad (3.3.8)$$

（4）列出所选数据选择器的输出函数：

$$Y = (\overline{A}_2\overline{A}_1\overline{A}_0)D_0 + (\overline{A}_2\overline{A}_1A_0)D_1$$
$$+ (\overline{A}_2A_1\overline{A}_0)D_2 + (\overline{A}_2A_1A_0)D_3$$
$$+ (A_2\overline{A}_1\overline{A}_0)D_4 + (A_2\overline{A}_1A_0)D_5$$
$$+ (A_2A_1\overline{A}_0)D_6 + (A_2A_1A_0)D_7 \quad (3.3.9)$$

（5）比较上面两式，确定地址输入端的输入信号和数据输入端的输入信号，使 $Y = F$，有 $A_2 = A$、$A_1 = B$、$A_0 = C$、$D_0 = D$、$D_1 = 1$、$D_2 = 1$、$D_3 = 1$、$D_4 = 1$、$D_5 = 1$、$D_6 = 1$、$D_7 = \overline{D}$。

（6）画出电路连线图，如图 3.3.3 所示。

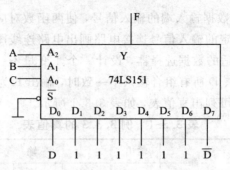

图 3.3.3　例 3.3.3 的电路连线图

3.3.2　用译码器设计组合逻辑电路

1. 用译码器设计组合逻辑电路的原理

由式(3.2.8)表述的 3 线－8 线译码器 74LS138 的输出函数也可表述为

$$\begin{cases} \overline{Y}_0 = \overline{\overline{A}_2 \overline{A}_1 \overline{A}_0} = \overline{m}_0 & \overline{Y}_4 = \overline{A_2 \overline{A}_1 \overline{A}_0} = \overline{m}_4 \\ \overline{Y}_1 = \overline{\overline{A}_2 \overline{A}_1 A_0} = \overline{m}_1 & \overline{Y}_5 = \overline{A_2 \overline{A}_1 A_0} = \overline{m}_5 \\ \overline{Y}_2 = \overline{\overline{A}_2 A_1 \overline{A}_0} = \overline{m}_2 & \overline{Y}_6 = \overline{A_2 A_1 \overline{A}_0} = \overline{m}_6 \\ \overline{Y}_3 = \overline{\overline{A}_2 A_1 A_0} = \overline{m}_3 & \overline{Y}_7 = \overline{A_2 A_1 A_0} = \overline{m}_7 \end{cases} \tag{3.3.10}$$

显然，译码器的每个输出端输出的是与之相对应的输入变量的最小项的反函数形式。该译码器产生了三变量函数的全部最小项。因此根据逻辑函数包含的最小项，将对应输出端通过门电路组合起来，就可以实现该逻辑函数。

［例 3.3.4］　用 3 线－8 线译码器实现逻辑函数

$$F = \overline{A}BC + AB\overline{C} + \overline{A}C \tag{3.3.11}$$

［解］　将函数变换成最小项表达式

$$\begin{aligned} F &= \overline{A}BC + AB\overline{C} + \overline{A}(B+\overline{B})C \\ &= \overline{A}BC + AB\overline{C} + \overline{A}BC + \overline{A}\overline{B}C \\ &= m_1 + m_3 + m_6 \\ &= \overline{\overline{m}_1 \overline{m}_3 \overline{m}_6} \end{aligned} \tag{3.3.12}$$

为此只需令译码器 74LS138 的输入信号 $A_2 = A$、$A_1 = B$、$A_0 = C$，将输出信号 $\overline{Y}_1$、$\overline{Y}_3$、$\overline{Y}_6$ 经过一个**与非门**相连接即可实现函数 F。即

$$F = \overline{\overline{m}_1 \overline{m}_3 \overline{m}_6} = \overline{\overline{Y}_1 \overline{Y}_3 \overline{Y}_6} \tag{3.3.13}$$

画出用译码器 74LS138 实现该逻辑函数的连线图，如图 3.3.4 所示。

2. 用译码器设计组合逻辑电路的步骤

从上面例子可归纳出用译码器设计组合逻辑电路的一般步骤为：

(1) 写出逻辑函数的最小项表达式，根据需要可变换成**与或**表达式。

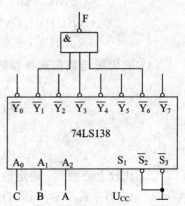

图 3.3.4　例 3.3.4 电路连接图

（2）根据函数包含的最小项选择合适的译码器，译码器的输入端数须和逻辑函数的变量数相等，且通常是选择二进制译码器，因为二进制译码器的输出端才能产生输入变量的所有最小项。

（3）确定译码器的输入变量，并用译码器的输出信号表示所要设计电路的逻辑函数。

（4）按照译码器的输出信号表示的设计电路的逻辑函数表达式，画出译码器的连线图。

[**例 3.3.5**]　使用译码器产生一组多输出函数：

$$
\begin{cases}
Z_1 = \overline{A}BC + BC \\
Z_2 = \overline{A}C + AB\overline{C} + A\overline{B}C \\
Z_3 = \overline{A}B\overline{C} + A\overline{B} \\
Z_4 = \overline{A}B\overline{C} + \overline{B}C + ABC
\end{cases}
\tag{3.3.14}
$$

[**解**]　（1）将这组多输出函数变换成最小项表达式

$$
\begin{cases}
Z_1 = \overline{A}\,\overline{B}C + \overline{A}BC + ABC = m_1 + m_3 + m_7 \\
Z_2 = \overline{A}\,\overline{B}C + \overline{A}BC + AB\overline{C} + A\overline{B}C = m_1 + m_3 + m_6 + m_7 \\
Z_3 = \overline{A}B\overline{C} + A\overline{B}\,\overline{C} + A\overline{B}C = m_2 + m_4 + m_6 \\
Z_4 = \overline{A}B\overline{C} + \overline{A}BC + A\overline{B}C + ABC = m_1 + m_2 + m_5 + m_7
\end{cases}
\tag{3.3.15}
$$

（2）因为每个函数都含有三个变量，所以选择 3 线 $-$ 8 线译码器 74LS138。令 $A_2 = A$、$A_1 = B$、$A_0 = C$，并且使使能端工作在有效电平状态，即 $S_1 = 1$、$\overline{S}_2 = 0$、$\overline{S}_3 = 0$。

（3）由 3 线 $-$ 8 线译码器 74LS138 输出函数表达式(3.3.10)可知，可以用译码器的输出表示这组函数

$$
\begin{cases}
Z_1 = \overline{\overline{m_1} + \overline{m_3} + \overline{m_7}} = \overline{\overline{m_1}\,\overline{m_3}\,\overline{m_7}} = \overline{\overline{Y}_1\,\overline{Y}_3\,\overline{Y}_7} \\
Z_2 = \overline{\overline{m_1} + \overline{m_3} + \overline{m_5} + \overline{m_6}} = \overline{\overline{m_1}\,\overline{m_3}\,\overline{m_5}\,\overline{m_6}} = \overline{\overline{Y}_1\,\overline{Y}_3\,\overline{Y}_5\,\overline{Y}_6} \\
Z_3 = \overline{\overline{m_2} + \overline{m_4} + \overline{m_5}} = \overline{\overline{m_2}\,\overline{m_4}\,\overline{m_5}} = \overline{\overline{Y}_2\,\overline{Y}_4\,\overline{Y}_5} \\
Z_4 = \overline{\overline{m_1} + \overline{m_2} + \overline{m_5} + \overline{m_7}} = \overline{\overline{m_1}\,\overline{m_2}\,\overline{m_5}\,\overline{m_7}} = \overline{\overline{Y}_1\,\overline{Y}_2\,\overline{Y}_5\,\overline{Y}_7}
\end{cases}
\tag{3.3.16}
$$

（4）根据式(3.3.16)和确定的译码器的输入信号，可画出用 74LS138 构成的多输出函数逻辑电路连线图，如图 3.3.5 所示。

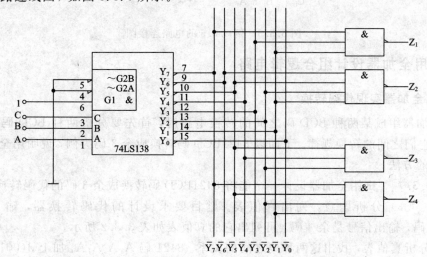

图 3.3.5　例 3.3.5 电路连线图

[例 3.3.6] 用译码器构成一个 1 位全加器。

[解] (1) 根据表 3.2.2 所示 1 位全加器的真值表，可写出全加器的和数 S_i 及进位信号 C_i 的逻辑函数最小项表达式

$$S_i = \overline{A_i}\,\overline{B_i}C_{i-1} + \overline{A_i}B_i\overline{C_{i-1}} + A_i\overline{B_i}\,\overline{C_{i-1}} + A_iB_iC_{i-1}$$
$$= m_1 + m_2 + m_4 + m_7$$
$$= \overline{\overline{m_1}\,\overline{m_2}\,\overline{m_4}\,\overline{m_7}} \tag{3.3.17}$$

$$C_i = \overline{A_i}B_iC_{i-1} + A_i\overline{B_i}C_{i-1} + A_iB_i\overline{C_{i-1}} + A_iB_iC_{i-1}$$
$$= m_3 + m_5 + m_6 + m_7$$
$$= \overline{\overline{m_3}\,\overline{m_5}\,\overline{m_6}\,\overline{m_7}} \tag{3.3.18}$$

(2) 用 3 线－8 线二进制译码器 74LS138 和两个与非门可构成 1 位全加器。令译码器的输入信号 $A_2 = A_i$、$A_1 = B_i$、$A_0 = C_{i-1}$，将译码器的输出信号送到与非门即可实现 1 位二进制数的全加功能。

$$S_i = \overline{\overline{Y_1}\,\overline{Y_2}\,\overline{Y_4}\,\overline{Y_7}} \qquad C_i = \overline{\overline{Y_3}\,\overline{Y_5}\,\overline{Y_6}\,\overline{Y_7}} \tag{3.3.19}$$

(3) 根据式(3.3.7)和确定的译码器输入端的信号，画出用 74LS138 构成的 1 位加器电路连线图，如图 3.3.6 所示。

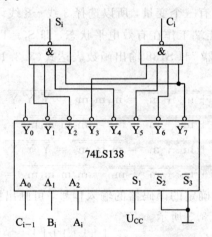

图 3.3.6 例 3.3.6 的电路连接图

3.3.3 用全加器设计组合逻辑电路

1. 用全加器实现代码转换

用全加器组成某两种 BCD 码之间的转换电路时，首先要分析两种 BCD 码之间的关系，找出它们之间的转换规律。下面以 8421BCD 码转换成余 3 码为例，说明用全加器实现代码转换的方法。

[例 3.3.7] 试用全加器设计一个能将 8421BCD 码转换成余 3 码的代码转换器。

[解] (1) 分析题意，列出真值表。题目要求设计的代码转换器，输入信号是 8421BCD 码，输出信号是余 3 码。可列出它的真值表如表 3.3.2 所示。

(2) 分析真值表，找出这两种码之间的关系。8421 码 $A_3A_2A_1A_0$ 加上 3(0011)就是相对应的余 3 码，即

$$Y_3 Y_2 Y_1 Y_0 = A_3 A_2 A_1 A_0 + 0011 \qquad (3.3.20)$$

(3) 选择 74LS283 4 位二进制全加器来实现表达式(3.3.8)的 4 位加法运算。在被加数端(A_i)输入 8421BCD 码 $A_3 A_2 A_1 A_0$，在加数端(B_i)输入 0011，在相邻低位进位端(C_{i-1})输入 0，则全加器的输出端本位和数(S_i)就是余三码，从而实现了将 8421BCD 码转换成余三码的逻辑功能。

表 3.3.2 例 3.3.7 真值表

输		入		输		出	
A_3	A_2	A_1	A_0	Y_3	Y_2	Y_1	Y_0
0	0	0	0	0	0	1	1
0	0	0	1	0	1	0	0
0	0	1	0	0	1	0	1
0	0	1	1	0	1	1	0
0	1	0	0	0	1	1	1
0	1	0	1	1	0	0	0
0	1	1	0	1	0	0	1
0	1	1	1	1	0	1	0
1	0	0	0	1	0	1	1
1	0	0	1	1	1	0	0

(4) 画出连线图，如图 3.3.7 所示。由例 3.3.7 可知，若某一逻辑函数的输出恰好等于输入代码表示的数值加上另外一个常量或是由用一组输入变量组成的代码时，使用全加器设计电路往往十分方便。

下面再举一例说明。

2. 用全加器实现二—十进制码加法

[例 3.3.8] 试用 4 位二进制全加器实现 8421BCD 码的加法运算。

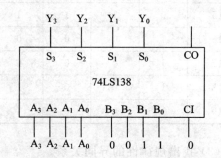

图 3.3.7 例 3.3.7 电路连线图

[解] (1) 分析题意。要设计的组合逻辑电路的输入是 8421BCD 码，要实现的逻辑功能是二—十进制加法(即相邻 4 码二进制之间逢十进一)。虽然 8421BCD 码由 4 位二进制代码组成，但由于两个 8421BCD 码表示的 1 位十进制数相加，和数只可能在 $0 \sim 19(9+9+1)$的范围内，式中 1 是低位来的进位信号。本位和的最大输出是 1001(即十进制数的 9)，超过 1001 就必须向高位进位。而 4 位二进制全加器的最大输出是 1111，超过 1111 才向高位进位。所以，不能直接用 4 位二进制全加器实现两个 8421BCD 码的加法。

(2) 为了找出它们之间的规律，并解决问题。表 3.3.3 列出了两个 4 位二进制数相加与两个 8421BCD 码相加的和数。

表 3.3.3 两个 4 位二进制数相加的和数与两个 8421BCD 码十进制数相加的和数对比表

十进制数	二进制相加的和数					8421BCD 码十进制数相加的和数				
D	C_0	S_3	S_2	S_1	S_0	K_0	B_3	B_2	B_1	B_0
0	0	0	0	0	0	0	0	0	0	0
1	0	0	0	0	1	0	0	0	0	1
2	0	0	0	1	0	0	0	0	1	0
3	0	0	0	1	1	0	0	0	1	1
4	0	0	1	0	0	0	0	1	0	0
5	0	0	1	0	1	0	0	1	0	1
6	0	0	1	1	0	0	0	1	1	0
7	0	0	1	1	1	0	0	1	1	1
8	0	1	0	0	0	0	1	0	0	0
9	0	1	0	0	1	0	1	0	0	1
10	0	1	0	1	0	1	0	0	0	0
11	0	1	0	1	1	1	0	0	0	1
12	0	1	1	0	0	1	0	0	1	0
13	0	1	1	0	1	1	0	0	1	1
14	0	1	1	1	0	1	0	1	0	0
15	0	1	1	1	1	1	0	1	0	1
16	1	0	0	0	0	1	0	1	1	0
17	1	0	0	0	1	1	0	1	1	1
18	1	0	0	1	0	1	1	0	0	0
19	1	0	0	1	1	1	1	0	0	1

（3）找出规律性的异同关系。

① 先找出进位之间的规律：

• 当两个 8421BCD 码十进制数相加的和数不大于 9 时，与两个 4 位二进制数相加的和数完全相同，并且都没有进位向高位的 $K_0 = C_0 = 0$；当两个和数达到 16 后都有向高位的进位 $K_0 = C_0 = 1$，即当二进制相加的和数是 $0 \sim 9$ 和 $16 \sim 19$ 时，进位可直接用二进制数相加的进位。

• 当和数是 $10 \sim 15$ 时，两个二进制数相加没有进位，而两个 8421BCD 码十进制数相加有进位。即当二进制相加的和数是 $10 \sim 15$，也就是 $S_3 S_2 S_1 S_0 = 1010 \sim 1111$ 时，要强迫使进位 $K_0 = 1$，图 3.3.8 画出了这种情况下控制信号 Y 的卡诺图，可得出 $Y = S_2 S_3 + S_1 S_3$。

综合这两种情况，可得出两个 8421BCD 码十进制数相加的进位。

$$K_0 = C_0 + Y = C_0 + S_2 S_3 + S_1 S_3 = \overline{\overline{C_0} \cdot \overline{S_2 S_3} \cdot \overline{S_1 S_3}}$$

② 找出和数的规律。当进位信号 $K_0 = 0$ 时，两个 8421BCD 码十进制数相加的和数和两个二进制数相加的和数是完全相同的，即 $B_3 B_2 B_1 B_0 = S_3 S_2 S_1 S_0$。当 $K_0 = 1$ 时，两个二进制数相加求得的和数需加 6（即 0110）才是两个 8421BCD 码十进制数相加的和数，即 $B_3 B_2 B_1 B_0 = S_3 S_2 S_1 S_0 + 0110$。因此，还需要一片 4 位二进制全加器来完成加6（0110）的修正。

③ 根据上述分析，要选用两片 4 位二进制全加器 74LS283，其电路连线如图 3.3.9 所示。

如果要实现两个 n 位 8421BCD 码十进制数相

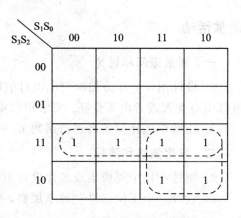

图 3.3.8 控制信号 Y 的卡诺图

加，可以用 n 个图 3.3.8 所示的电路来实现，但要将低位进位输出 CO 接到相邻高位的进位输入 CI。

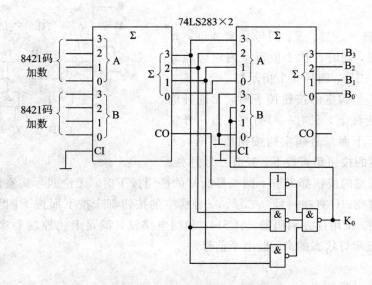

图 3.3.9 例 3.3.8 的电路连接图

从以上所讲的例题可以归纳出用中规模集成电路设计组合逻辑电路的一般方法：

① 根据给出的实际问题，进行逻辑抽象，确定对应的输入变量和输出变量。

② 列出逻辑函数的真值表，写出逻辑函数的最小项表达式。

③ 根据逻辑函数包含的变量数和逻辑功能，选择合适的集成电路器件。一般单输出函数应选择数据选择器，多输出函数应选择译码器。选择全加器进行设计的关键是要找出待设计的电路与全加器之间的规律。

④ 写出所选集成电路器件的输出函数表达式。若集成电路器件的部分功能就可以满足设计要求，这时就需要对有关的输入、输出信号作适当的处理；若一个集成电路器件不能满足设计要求，就需要对器件的功能进行扩展。例如要产生一个 4 变量的逻辑函数，规定选择用 3 线－8 线译码器来实现，这时就需要将两片 3 线－8 线译码器扩展成 4 线－16 线译码器才能实现这个 4 变量的函数。

⑤ 根据逻辑函数对比的结果，画出电路的连线图。

课堂活动

一、课堂提问和讨论

1. 设计用 3 个开关控制一个电灯的逻辑电路，要求改变任何一个开关的状态都能控制电灯由亮变灭或者由灭变亮。要求用数据选择器来实现。

2. 用数据选择器实现逻辑函数 $F_2 = ABC + BCD + BD + ACD$。

二、学生演讲和演板

1. 阐述利用中规模集成芯片设计组合逻辑电路的步骤。

2. 设计一个 1 位二进制数全加器，要求用 3 线—8 线数据选择器实现。

三、课堂练习

1. 根据图 3.3.10 所示 4 选 1 数据选择器实现的组合电路，写出输出 E 表达式并化成最简与或表达式。

2. 某医院有一、二、三、四号病室 4 间，每室设有呼叫按钮，同时在护士值班室内对应地装有一号、二号、三号、四号 4 个指示灯。

现要求当一号病室的按钮按下时，无论其他病室的按钮是否按下，只有一号灯亮；当一号病室没有按钮按下下面二号病室的按钮按下时，无论三、四号病室的按钮是否按下，只有二号灯亮；

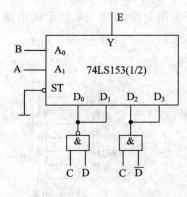

图 3.3.10

当一号、二号病室的按钮都未按下而三号病室的按钮按下时，无论四号病室的按钮是否按下，只有三号灯亮；只有在一号、二号、三号病室的按钮都未按下而按下四号病室的按钮时，四号灯才亮。试用优先编码器 74LS148 和门电路设计满足上述控制要求的逻辑电路，给出控制四个指示灯状态的高、低电平信号。

3.4　组合逻辑电路的分析与设计举例

下面通过两个综合应用例题，进一步说明在实际中如何分析与设计组合逻辑电路。

[**例 3.4.1**]　试为某一燃油锅炉设计一个报警逻辑电路。要求在燃油喷嘴处于开启状态时，如果锅炉水温或烟道温度过高则发出报警信号。要求：① 用**与非门**设计实现，并画出逻辑图；② 用译码器设计实现，并画出连线图。

[**解**]　（1）根据实际问题进行逻辑抽象，确定输入变量和输出变量，并进行逻辑赋值。设输入变量 A 为喷嘴的状态，开启为 1、关闭为 0；B 为锅炉水温，过高为 1、正常为 0；C 为烟道温度，过高为 1，正常为 0；F 为是否发出报警信号的输出变量，发出报警信号为 1，否则为 0。

（2）根据题意列出真值表，如表 3.4.1 所示。

表 3.4.1 例 3.4.1 真值表

输 入			输 出
A	B	C	F
0	0	0	0
0	0	1	0
0	1	0	0
0	1	1	0
1	0	0	0
1	0	1	1
1	1	0	1
1	1	1	1

(3) 根据真值表写出函数表达式，并变换成与非—与非形式。

$$F = A\overline{B}C + AB\overline{C} + ABC = AC + AB = \overline{\overline{AC}\ \overline{AB}} \tag{3.4.1}$$

由上式可画出逻辑图，如图 3.4.1(a)所示。

(4) 若用译码器来实现，因是三变量的逻辑函数，故选择 3 线－8 线集成译码器 74LS138，将上式变换成

$$F = A\overline{B}C + AB\overline{C} + ABC = m_5 + m_6 + m_7 = \overline{\overline{m_5}\ \overline{m_6}\ \overline{m_7}} \tag{3.4.2}$$

令译码器的输入 $A_2 = A$、$A_1 = B$、$A_0 = C$，将译码器的输出 Y_5、Y_6、Y_7 送入一个与非门，有

$$F = \overline{\overline{Y_5}\ \overline{Y_6}\ \overline{Y_7}} \tag{3.4.3}$$

根据式(3.4.1)和译码器 74LS138 输入端的输入情况，画出报警逻辑电路的连线图，如图 3.4.1(b)所示。

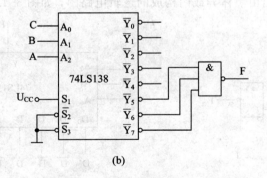

(b)

图 3.4.1 例 3.4.1 的逻辑图和连接图

(a) 用与非门设计；(b) 用 74LS138 设计

[**例 3.4.2**] 设计一个路灯控制电路，要求在四个不同的地方开关均能独立地开灯和关灯。

① 要求用门电路进行设计，并画出逻辑图；

② 要求用数据选择器设计实现，并画出连线图。

[解] （1）设输入变量 A、B、C、D 为 4 个不同地方的开关信号，向上拨为 1，向下拨为 0。路灯 F 为输出变量，亮为 1，灭为 0。

（2）假设初始状态，A＝B＝C＝D＝0，F＝0。在此基础上，只要有一个开关改变状态灯应亮，若再有一个开关改变状态，灯应灭……，依次类推，可列出灯与开关位置的真值表，如表 3.4.2 所示。

表 3.4.2　例 3.4.2 的真值表

输	入			输	出	输	入			输	出
A	B	C	D		F	A	B	C	D		F
0	0	0	0		0	1	0	0	0		1
0	0	0	1		1	1	0	0	1		0
0	0	1	0		1	1	0	1	0		0
0	0	1	1		0	1	0	1	1		1
0	1	0	0		1	1	1	0	0		0
0	1	0	1		0	1	1	0	1		1
0	1	1	0		0	1	1	1	0		1
0	1	1	1		1	1	1	1	1		0

（3）根据真值表，写出逻辑函数的表达式。

$$F = \overline{A}\,\overline{B}\,\overline{C}D + \overline{A}\,\overline{B}C\overline{D} + \overline{A}B\overline{C}\,\overline{D} + \overline{A}BCD + A\overline{B}\,\overline{C}\,\overline{D} + A\overline{B}CD + AB\overline{C}D + ABC\overline{D}$$
$$= \overline{A}\,\overline{B}(C \oplus D) + AB(C \oplus D) + \overline{A}B(\overline{C \oplus D}) + A\overline{B}(\overline{C \oplus D})$$
$$= (C \oplus D)(\overline{A \oplus B}) + (\overline{C \oplus D})(A \oplus B)$$
$$= (A \oplus B) \oplus (C \oplus D) \tag{3.4.4}$$

由式（3.4.4）可画出由黑体**异或**门构成的逻辑电路图，如图 3.4.2(a)所示。

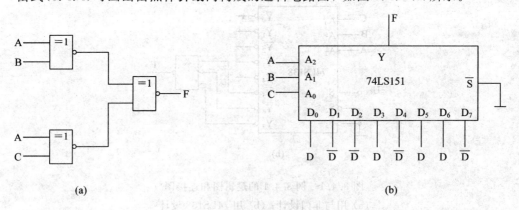

图 3.4.2　例 3.4.2 的逻辑图和连线图
（a）用门电路设计；（b）用 74LS151 设计

（4）若用数据选择器来实现，因要实现的是 4 变量逻辑函数，可以选择有 3 个地址输入端的 8 选 1 数据选择器 74LS151 来实现。列出所选数据选择器的输出函数

$$Y = (\overline{A}_2\overline{A}_1\overline{A}_0)D_0 + (\overline{A}_2\overline{A}_1 A_0)D_1 + (\overline{A}_2 A_1\overline{A}_0)D_2 + (\overline{A}_2 A_1 A_0)D_3$$
$$+ (A_2\overline{A}_1\overline{A}_0)D_4 + (A_2\overline{A}_1 A_0)D_5 + (A_2 A_1\overline{A}_0)D_6 + (A_2 A_1 A_0)D_7 \quad (3.4.5)$$

要实现的函数最小项表达式为

$$F = \overline{A}\,\overline{B}CD + \overline{A}BC\overline{D} + \overline{A}BC\overline{D} + \overline{A}BCD + A\overline{B}C\overline{D} + A\overline{B}CD + AB C\overline{D} = ABC\overline{D}$$
$$(3.4.6)$$

比较式(3.4.5)和式(3.4.6)，若要使 $Y = F$，令

$$A_2 = A,\ A_1 = B,\ A_0 = C$$
$$D_0 = D,\ D_1 = \overline{D},\ D_2 = \overline{D},\ D_3 = D,\ D_4 = \overline{D},\ D_5 = D,\ D_6 = D,\ D_7 = \overline{D}$$

即有 $F = Y$。

(6) 画出电路连线图，如图 3.4.2(b) 所示。

课堂活动

一、课堂提问和讨论

1. 用 4 线—16 线译码器能否取代 3 线—8 线译码器？如果可以取代，那么电路应如何连接？

2. 仿照全加器的设计方法，设计一个全减器。

二、学生演讲和演板

设计一个数值比较器，输入是两个 2 位二进制数 $A = A_1 A_0$、$B = B_1 B_0$，输出是两者的比较结果 Y_1($A = B$ 时其值为 1)、Y_2($A > B$ 时其值为 1)和 Y_3($A < B$ 时其值为 1)。

三、课堂练习

1. 用 3 线—8 线译码器 74LS138 和门电路设计 1 位二进制全减器电路。输入为被减、减数和来自低位的借位；输出为两数之差和向高位的借位信号。

2. 设计用 3 个开关控制一个电灯的逻辑电路，要求改变任何一个开关的状态都能控制电灯由亮变灭或者由灭变亮。要求用数据选择器来实现。

3.5 组合逻辑电路中的竞争冒险

前面讨论的组合电路都是在理想情况下进行的，都没有考虑门电路的传输时间对电路产生的影响。实际上，信号的变化都需要一定的传输延迟时间。因为信号在传输时，不同通路上门的数目不同，或者门电路平均传输延迟时间的差异，所以使信号从输入端经不同路径传输到输出端的时间有所不同，这种现象通常称为"竞争"。由于这个原因，可能会使逻辑电路产生错误的输出，即在输出端出现不应有的干扰脉冲，这种现象称为"冒险"。

3.5.1 产生竞争冒险的原因

由于数据信号在传输过程中需要时间，因此若干信号往往不可能同时到达某一逻辑器件，这一时间差往往导致瞬间的错误输出，这就是竞争和冒险产生的原因。例如图 3.5.1 所示，由于 $\overline{A}$ 经过了一个**非门**，因此到达同一**或门**时，理想情况下，输出 $Y = 1$；实际上由

于 $\overline{A}$ 较 A 晚一个非门的开关时间,故之后这一时间,输出 Y 将出现一个负脉冲(如图 3.5.2(b)),换句话说,如果 $Y = \overline{A} + A$,将会产生竞争和冒险。

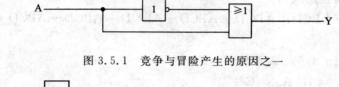

图 3.5.1 竞争与冒险产生的原因之一

(a)   (b)

图 3.5.2 竞争与冒险情况之一

(a) 理想情况;(b) 产生负脉冲情况

又如图 3.5.3 所示,由于同一原因到达**与门**时也将产生竞争与冒险,结果将产生一正脉冲,如图 3.5.4(b)所示。可见,如果 $Y = \overline{A}A$,也将会产生竞争冒险。

图 3.5.3 竞争与冒险产生情况之二

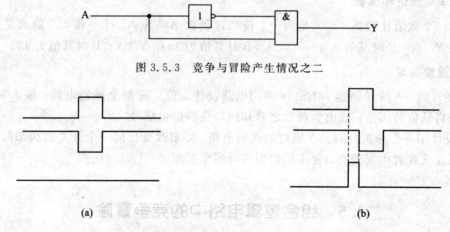

(a)   (b)

图 3.5.4 竞争与冒险情况之二

(a) 理想情况;(b) 产生正脉冲情况

综上所述,在组合逻辑电路中,由于信号通过门的级数不同,或是因为门电路传输延迟时间有差异,使得某些门的输入端出现了作用时刻不同的两个互补变化的信号,从而使电路的输出可能产生违背逻辑关系的干扰脉冲,这就是产生竞争冒险的重要原因之一。

3.5.2 消除竞争冒险的方法

1. 发现并消掉互补变量

例如,函数式 $F = (A+B)(\overline{A}+C)$,在 B=C=0 时,$F = A\overline{A}$。若直接根据这个逻辑表达式组成电路,则可能出现竞争冒险。可以将该式变换成 $F = AC + \overline{A}B + BC$,这样将消除 $A\overline{A}$ 项,根据这个表达式组成的逻辑电路就不会出现竞争冒险。

2. 引入选通脉冲或封锁脉冲

引入选通脉冲就是平时将有关的门封锁,使冒险脉冲不能通过,当冒险脉冲消失后通过选通脉冲将有关的门打开,允许电路输出。

引入封锁脉冲就是平时门是打开的,在输入信号变化时,引入封锁脉冲把可能产生的冒险脉冲抑制掉。

图 3.5.5 所示就是一个引入选通脉冲的例子。当 A 变化时,电路可能产生负的干扰脉冲。选通脉冲平时为 0,电路的输出恒为 1,与输入 A、B、C 无关,当有冒险脉冲来时,也不会影响电路的输出。当冒险脉冲过去后,选通脉冲才为 1,电路才有输出。这样就可以消除冒险脉冲对电路的影响。

若输出级是**或门**或**或非门**,则选通脉冲在冒险时是 1,若是**与门**或**与非门**则用 0。如上例用的就是 0。

引入封锁脉冲的方法与引入选通脉冲的方法类似,这里不再说明。

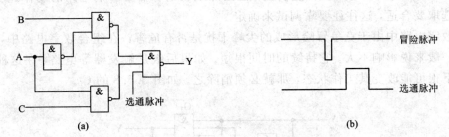

图 3.5.5　引入选通脉冲消除竞争

(a) 引入选通脉冲的逻辑电路;(b) 波形图

3. 修改逻辑设计增加冗余项

对于图 3.5.4(a)所示的逻辑电路,可以将逻辑函数变换成 $F_2 = AC + B\overline{C} = AC + B\overline{C} + AB$,式中增加了冗余项 AB,增加了冗余项的逻辑电路如图 3.5.7 所示。当 $A = B = 1$,没有增加冗余项时,C 跳变时出现了负的冒险脉冲,如图 3.5.6 所示;增加了冗余项后,C 跳变时,由于 $A = B = 1$,$AB = 1$,所以 $F = AC + B\overline{C} + AB = 1$,即增加冗余项后,在 $A = B = 1$ 时,输出恒为 1,消除了 C 跳变对输出的影响,从而消除了竞争冒险。

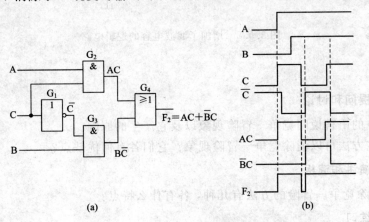

图 3.5.6　产生负脉冲跳变的竞争冒险

(a) 负脉冲竞争冒险电路;(b) 负脉冲竞争冒险波形

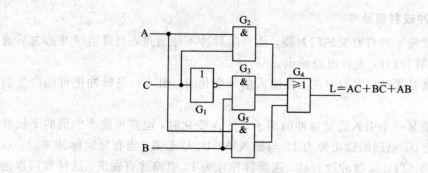

图 3.5.7 增加了冗余项 AB 的逻辑电路

4. 输出端并联滤波电容

在出现竞争冒险的部位与地之间加吸收电容器。加吸收电容器后，电路的时间常数加大，对窄的干扰脉冲，电路就不能响应。但是加吸收电容器要影响电路的动作速度，故电容量的选取要合适，这往往要靠调试来确定。

在数字电路中由于竞争冒险形成的尖峰干扰是否有危害？在组合数字电路中，这种尖峰干扰一般来说影响不大。它持续的时间很短。如果后级是触发器等电路，在这种尖峰干扰作用下很可能改变其工作状态，那就必须消除之。如图 3.5.8 的 C_f。

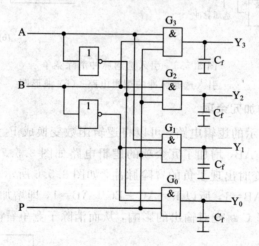

图 3.5.8 增加了滤波电容的逻辑电路

课堂活动

一、课堂提问和讨论

1. 用简单的语言说明竞争—冒险现象以及它产生的原因。

2. 有哪些方法可以消除竞争—冒险现象？它们各有何优缺点？

二、学生演讲和演板

试阐述消除竞争—冒险的方法有几种，各有什么特点？

三、课堂练习

什么叫竞争—冒险现象？当门电路的两个输入端同时向相反的逻辑状态转换（即一个

从 0 变成 1，另一个从 1 变成 0)时，输出端是否一定有干扰脉冲产生？

3.6　组合逻辑编码译码电路 Multisim 10 仿真

1. 译码器逻辑功能仿真实验

　　常用的译码器主要有二进制线译码器和显示译码器两类。二进制线译码器是将输入的代码转换成与之一一对应的有效信号，而显示译码器则是将表示数字、文字和符号的二进制编码通过译码器译出，并通过显示器件显示成十进制数字或其他符号，以便直观观察或读取，这类译码器译出的信号要能和具体显示器件配合，或能直接驱动显示器。

　　用 3 线—8 线译码器 74LS138D 设计一个路灯控制逻辑电路，要求在 A、B、C 三个不同的地方都能独立地控制路灯的开和关。

　　由于译码器的每一输出量都对应于一个输入变量的最小项，而一般逻辑函数都可以表示为一个最小项之和与或表达式，因此利用译码器和门电路的组合可以实现各种组合逻辑函数的设计。但要注意的是，使用集成译码器实现组合逻辑函数，必须选择代码输入端数与组合逻辑函数的变量数相同的译码器。

　　根据设计要求，设输入变量 A、B、C 为三个不同地方的开关信号，接通为 1，断开为 0；路灯 F 为输出变量，开亮为 1，关灭为 0；初始状态为 A=B=C=0、F=0，在此基础上，只要有一个开关改变状态，路灯的开关状态就会改变。据此，可列路灯与输入开关信号的真值表。

　　调出逻辑转换仪，在真值表区列出真值表并按下"由真值表转换为函数表达式"按钮，在控制面板底部逻辑函数表达式栏内即可获得所求的逻辑函数表达式，如图 3.6.1 所示。

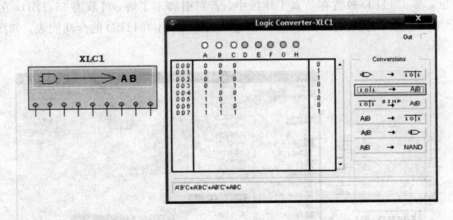

图 3.6.1　三地路灯控制电路真值表与逻辑函数表达式

　　3 线—8 线译码器 74138 有 3 个代码输入端 A_2、A_1、A_0，3 个使能控制输入端，只有当 $G_1=1$、$G_{2A'}=G_{2B}=0$ 时，译码器才处于工作状态。为此根据设计要求赋值：

$$A_2=A、A_1=B、A_0=C$$

　　由 3 线—8 线译码器 74138 工作状态时(输出低电平有效)的逻辑函数表达式：

$$Y_0 = \overline{\overline{A_2}\,\overline{A_1}\,\overline{A_0}} \quad Y_1 = \overline{\overline{A_2}\,\overline{A_1}\,A_0} \quad Y_2 = \overline{\overline{A_2}\,A_1\,\overline{A_0}} \quad Y_3 = \overline{\overline{A_2}\,A_1\,A_0}$$

$$Y_4 = \overline{A_2\,\overline{A_1}\,\overline{A_0}} \quad Y_5 = \overline{A_2\,\overline{A_1}\,A_0} \quad Y_6 = \overline{A_2\,A_1\,\overline{A_0}} \quad Y_7 = \overline{A_2\,A_1\,A_0}$$

可知要设计的路灯信号

$$F = \overline{Y_1} + \overline{Y_2} + \overline{Y_4} + \overline{Y_7} = \overline{Y_1\,Y_2\,Y_4\,Y_7}$$

放置 3 线—8 线译码器 74LS138D 在仿真工作区并搭建实验电路，如图 3.6.2 所示。

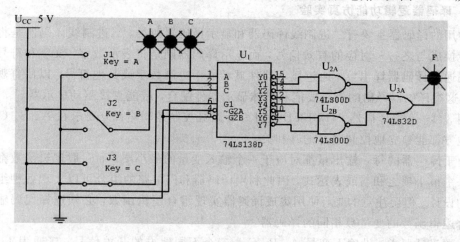

图 3.6.2　三控路灯仿真试验电路

2. 七段码显示译码器 4511BD 的逻辑功能仿真实验

使用快捷键"Ctrl＋W"，在调出放置元件对话框并在弹出的对话框中的"Group"栏中选择"CMOS"，"Family"栏中选取"CMOS_5 V"系列，并在"Component"栏目中找到"4511BD_5 V"并选中，这就是我们所需的七段码显示译码器，如图 3.6.3 所示。点击"OK"按钮，将 4511BD 放置在仿真工作区中。若对引脚不了解，可双击 4511BD，在弹出的属性对话框中点击右下角的"Info"（帮助信息）按钮，调出 4511BD 的全功能表，如图 3.6.4 所示。

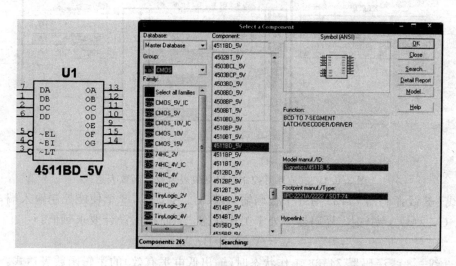

图 3.6.3　放置 4511BD 对话框

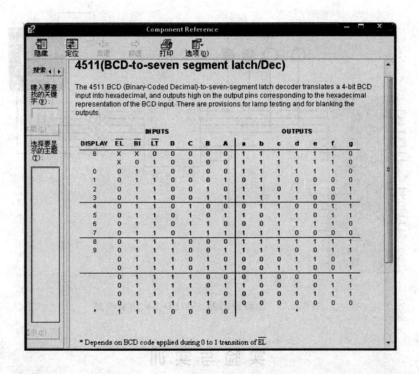

图 3.6.4　4511BD 功能表帮助信息

七段译码器 4511 输入信号的 4 位二进制代码由数字信号发生器产生，输出信号低电平有效连接到共阴极七段显示器上，为便于观测，输入、输出信号同时都接有逻辑探测器批示灯泡。按照使用要求，七段译码器工作时，应使 $LT=BI=1$，$EL=0$。双击数字信号发生器图标，在打开的控制面板上单击设置（SET）按钮，打开设置（SET）对话框，如图 3.6.5 所示，选择递增编码方式（Up Counter），再单击"Accept"按钮。

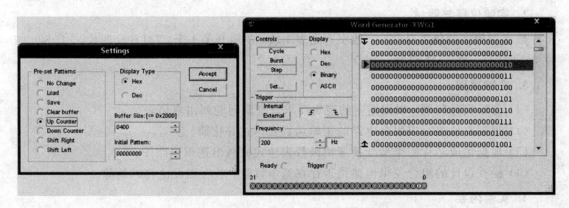

图 3.6.5　数字信号发生器的设置

在仿真工作区搭建仿真电路，如图 3.6.6 所示。打开仿真开关并观测逻辑指示灯和数码管的显示状态。还可以将数字信号发生器换成开关控制进行仿真。

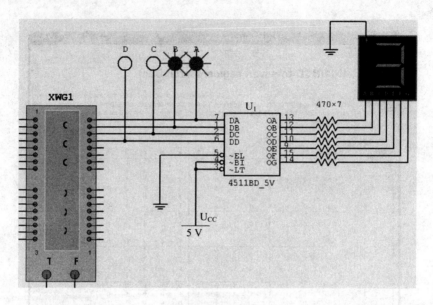

图 3.6.6　七段译码器 4511BD_5V 仿真电路

实 验 与 实 训

一、组合逻辑电路的设计与调试

1．实验目的

（1）掌握用门电路设计组合逻辑电路的方法。

（2）掌握组合逻辑电路的调试方法。

2．实验仪器与器材

数字逻辑实验仪 1 台（套），数字万用表 1 块，逻辑开关 1 个，74LS00 四片，74LS20 四片 74LS151 一片，74LS138 一片等。

3．实验原理

（1）分析实际问题，根据给定的逻辑要求及逻辑问题列出真值表。

（2）根据真值表写出组合电路的逻辑函数表达式并化简。

（3）根据集成芯片的类型变换逻辑函数表达式并画出逻辑电路图。

（4）检查设计的组合逻辑电路是否存在竞争冒险，若有则设法将其消除。

4．实验内容

（1）用与非门设计一个监视交通灯工作状态的逻辑电路。每组灯信号由红、黄、绿 3 种灯组成，用 R、Y、G 分别表示红、黄、绿 3 个灯的工作状态，并规定灯亮时为 1，不亮时为 0。正常工作情况下，任何时候必有 1 种灯亮，且只允许有 1 种灯亮，否则为故障。出现故障应自动报警，用 L 表示故障信号，正常工作时 L 为 0，发生故障时 L 为 1。画出实验电路图，并测试实际结果。

（2）设计一个 4 位数码的奇偶校验电路。奇校验电路的功能是判奇，即输入信号中 1 的个数为奇数时电路输出为 1，反之输出为 0。偶校验电路的功能是判偶，即输入信号中 1 的个数为偶数时电路输出为 0。同时具有判奇和判偶功能的电路称为奇偶检验电路，它有两个输出端，一个作判奇输出，另一个作判偶输出。画出实验电路图，并测试实验结果。

5. 实验步骤

（1）按要求进行设计并画出逻辑电路图。

（2）按电路图连接实验线路。

（3）测试实验结果，并列表整理实验数据。

（4）总结实验，得出结论。

（5）总结设计组合逻辑电路的一般方法。

（6）填写设计报告。

二、编码器和译码器应用电路的设计与调试

1. 实验目的

（1）熟悉集成编码器和集成译码器的性能和使用方法。

（2）学会用二进制译码器设计、实现组合逻辑电路的方法。

2. 实验仪器与器材

数字逻辑实验仪器 1 台，数字万用表 1 块，逻辑开关 1 个，74LS48 一片，74LS147 一片，74LS85 一片，74LS47 两片，74LS00 一片，共阴极数码管 1 个。

3. 实验原理

（1）编码、译码、显示测试电路如图 3.6.7 所示，该电路由 10 线－4 线编码器、字符译码器和字符显示器构成。

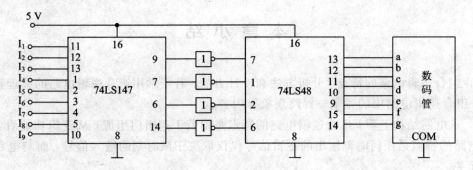

图 3.6.7　编码、译码、显示原理逻辑功能测试图

（2）3 位二进制译码器测试电路如图 3.6.8 所示，该电路由 8 线－3 线编码器、3 线－8 线译码器和 0－1 显示器构成。

（3）由于二进制译码器能产生输入变量的全部最小项，而任一组合函数总能表示成最小项之和的形式，所以利用二进制译码器和或门可实现任意组合逻辑电路。

4. 实验内容和步骤

（1）编码器、译码器和显示器组合功能测试：按照图 3.6.8 所示接好电路，依次在各输入端输入有效电平，观察并记录电路输入与输出的对应关系，以及当几个输入同时为有效电平时编码的优先级别关系。

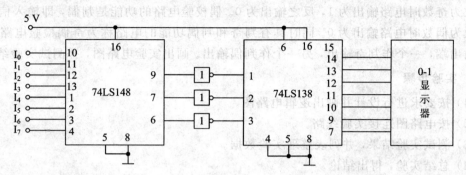

图 3.6.8　二进制译码器逻辑功能测试

（2）二进制译码器逻辑功能测试：按照图 3.6.8 所示接好电路，依次在各输入端输入有效电平，观察并记录电路输入与输出信号的对应关系。

（3）用 74LS138 和**与非门**实现下列组合逻辑函数：

① $Y_1(A, B, C) = \sum m_i (i = 0, 2, 3, 5, 6)$

② $Y_2(A, B, C) = \sum m_i (i = 1, 2, 3, 7)$

③ $Y_3 = AB + BC + CA$

④ $Y_4 = A + \overline{B}\overline{C}$

（4）用 74LS138 和**与非门**设计能实现下列功能的电路：

① 设计一个能判断 A、B 两数大小的比较电路，A、B 都是 1 位二进制数。

② 设计一个能将余 3 码转换为 8421 码的电路。

（5）填写设计报告。

本 章 小 结

1. 组合逻辑电路的特点、分析方法和设计方法，若干常用组合逻辑电路的原理和使用方法，组合逻辑电路中的竞争—冒险现象等内容。

2. 从电路结构上看，组合逻辑电路的特点是由若干逻辑门组成；从逻辑功能看，组合逻辑电路的特点是任何时刻输出的逻辑信号仅仅取决于该时刻的输入信号，而与电路原来状态无关。

3. 通过对常用逻辑部件的研究，掌握组合电路的特点及分析和设计组合逻辑电路的基本方法。

4. 根据给定的逻辑电路，找出电路输入信号与输出信号之间的逻辑关系。

5. 标准化的中规模集成器件包括编码器、译码器、数据选择器、加法器、数据比较器、BCD 与二进制代码转换器等。为了增加使用的灵活性，也为了便于功能扩展，在多数中规模集成的组合逻辑电路上都设置了附加的控制端（或称使能端、选通输入端、片选端、禁止端等）。

6. 首先要根据函数的变量数和功能要求，来选择合适的集成电路器件，再用函数式对照比较的方法,确定选用器件的输入变量、输出函数表达式,最后按要求来连接电路。

7. 竞争冒险是组合逻辑电路工作状态转换过程中经常出现的一种现象。当逻辑门有两个互补变化的信号输入时,其输出端就有可能产生过渡干扰脉冲。产生的原因主要是由于电路的延时时间不同使两个互补的信号到达输入端的时刻不一样导致的。

8. 常用的消除竞争冒险的方法有:引入选通脉冲或封锁脉冲、增加冗余项、输出端接滤波电容等。

习　题

3.1　已知函数 F 的真值表如题 3.1 表所示,试求它的卡诺图、最简逻辑代数式的**与非-与非式**和**或非-或非式**,并作出相应的逻辑图。

题 3.1 表

A	B	C	F
0	0	0	1
0	0	1	1
0	1	0	0
0	1	1	0
1	0	0	1
1	0	1	0
1	1	0	1
1	1	1	0

3.2　已知 $F = \overline{A}\,\overline{C} + \overline{A}D + \overline{B}\,\overline{C} + \overline{B}D$,试求出它的真值表、卡诺图,并求出它的**或与式**;作出它的**与或式**的逻辑图。

3.3　已知逻辑图如图 E3.3 所示,试求它的真值表、卡诺图和逻辑代数式。

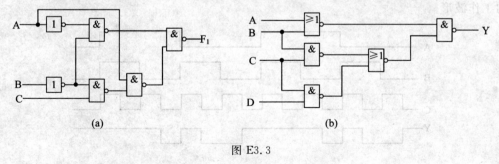

图 E3.3

3.4　试分析如图 E3.4 所示组合逻辑电路的逻辑功能。

3.5　设计一个码制转换器,将余 3 码转换成 8421BCD 码。

3.6　设计一个四人多数表决器,只有多数同意才能通过。要求用**与非门**实现允许反变量输入。

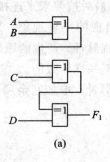

(a)

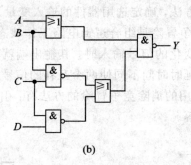

(b)

图 E3.4

3.7 设计一个一位二进制数全减器，要求用**异或**门和**与非**门实现。

3.8 用二进制译码器实现下列逻辑函数，可用适当逻辑器件。

(1) $F_1(A, B, C) = AB + BC$ (2) $F_2(A, B, C) = \sum m(1, 3, 5, 7)$

(3) $F_3(A, B, C, D) = \sum m(2, 4, 6, 8, 10, 14)$

3.9 用数据选择器实现下列逻辑函数。

(1) $F_1 = \overline{A}B\overline{C} + A\overline{B} + ABC$ (2) $F_2 = \overline{A}\,\overline{B}C + BCD + \overline{B}\,\overline{D} + ACD$

(3) $F_3 = \sum m(0, 2, 3, 7, 9)$

3.10 试为某水坝设计一个报警控制电路，设水位高度用 4 位二进制数提供。当水位上升到 8 米时，白指示灯亮，其余灯不亮；当水位上升到 10 米时，黄指示灯亮，其余灯不亮；当水位上升到 12 米时，红指示灯亮，其余灯不亮。试用门电路设计此报警控制电路。

3.11 电话室需要对 4 种电话编码控制，按紧急次序排列优先权由高到低是：火警电话、急救电话、工作电话、生活电话，分别编码为 11、10、01、00。试设计该编码电路。

3.12 分别设计出能实现下列代码转换功能的组合逻辑电路：

(1) 将 8421BCD 码转换成余 3 码；

(2) 将 2421BCD 码转换成 8421 码；

(3) 将余 3 码转换成共阳极 7 段数字显示器代码。

3.13 设计一个组合逻辑电路，使其输出信号与输入信号之间的关系满足图 E3.13 所示的工作波形。

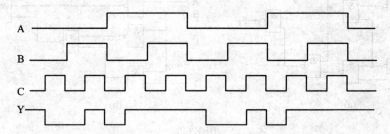

图 E3.13

3.14 仿照全加器设计过程，设计一个二进制 1 位全减器。（A—被减数、B—减数、C—低位借位、Y—差值、H—向高位借位）

(1) 要求用适当的门电路实现，并画出逻辑电路图；

（2）要求用两片 8 选 1 数据选择器来实现，可附加尽可能少的门电路，并画出电路连线图。

3.15 用二进制译码器实现下列逻辑函数，选择合适的电路，画出连线图。

（1）$Y_1(A, B, C) = \sum m_i (i = 2, 3, 6, 7)$

（2）$Y_2(A, B, C, D) = \sum m_i (i = 0, 2, 3, 6, 8, 11, 13)$

（3）$Y_3(A, B, C, D) = \sum m_i (i = 0, 1, 3, 5, 9, 12)$

3.16 试用数据选择器实现下列逻辑函数，画出连线图。

（1）$Y_1 = \overline{A}\overline{B}C + A\overline{B} + ABC$

（2）$Y_2 = AB\overline{C} + \overline{A}\,\overline{B}\overline{C}D + \overline{A}\,\overline{B}CD + AC\overline{D}$

（3）$Y_3(A, B, C) = \sum m_i (i = 2, 5, 6, 7)$

（4）$Y_4(A, B, C, D) = \sum m_i (i = 0, 2, 3, 7, 9)$

3.17 试用两个 4 位比较器实现三个 4 位二进制数 A、B 和 C 的比较判别电路，要求判别三个数是否相等，A 是否最大或是最小。

3.18 设题 3.18 表所给出的逻辑函数为 F，要求：

题 3.18 表

A	B	C	F	A	B	C	F
0	0	0	0	1	0	0	0
0	0	1	0	1	0	1	1
0	1	0	1	1	1	0	1
0	1	1	1	1	1	1	0

（1）写出输出函数逻辑表达式，用 3 输入的**与非门**实现，画出逻辑图，允许输入端有反变量输入。

（2）改用 4 选 1 数据选择器来实现，画出连线图，连线时可附加适当的门电路。

（3）若改用 3 线─8 线译码器来实现，画出连线图，连线时只能附加适当的门电路。

3.19 组合逻辑电路如图 E3.19 所示，设图中各个门电路的平均传输时间 t_{PD} 均相等。

（1）当 A＝B＝D＝0，C 由 0 跳变到 1 及由 1 跳变到 0 时，试分别画出不考虑传输时间和考虑传输时间两种情况下的 Y_1、Y_2 及 Y 端的相应波形。

（2）分析该逻辑电路在什么情况下可能会产生竞争冒险？冒险脉冲是负脉冲还是正脉冲？

（3）若有竞争冒险现象，试引入封锁脉冲消除。

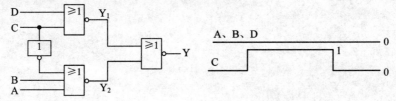

图 E3.19

3.20 试分析图 E3.20 电路中当 A、B、C、D 单独一个改变状态时，是否存在竞争—冒险现象？如果存在竞争—冒险现象，那么都发生在其他变量为何种取值的情况下？

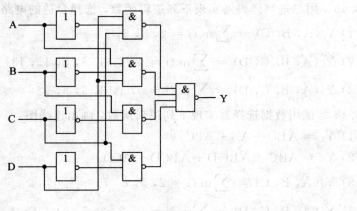

图 E3.20

第 4 章 触 发 器

学习要求及知识点

1. 学习要求

（1）要熟练掌握基本 RS 触发器、同步 RS 触发器和边沿触发器的电路特点及其工作原理。

（2）要熟练掌握基本 RS 触发器、同步 RS 触发器、边沿 D 触发器、边沿 JK 触发器、T 触发器、T′ 触发器的逻辑功能及其描述方法。

（3）要熟练掌握触发器间逻辑功能变换的方法。

（4）要了解触发器的应用。

2. 知识点

- 基本 RS 触发器的构成特点及其工作原理；
- 同步 RS 触发器的构成特点及其工作原理；
- 边沿触发器的构成特点及其工作原理；
- 触发器逻辑功能的转换；
- 触发器的应用。

在数字系统中，除需要进行逻辑运算和算术运算的组合逻辑电路外，还需要具有存储功能的基本逻辑单元电路。能够存储 1 位二值信号的基本逻辑单元电路统称为触发器，这包括了对脉冲电平敏感的锁存器和对脉冲边沿敏感的触发器（只是在作为触发信号的时钟脉冲上升沿或下降沿的变化瞬间才能改变状态）。组合逻辑电路与基本存储单元电路（触发器）相结合即可构成时序逻辑电路。触发器有两个输出状态稳定且逻辑关系互补（0 和 1）的输出端，常用 Q 和 $\overline{Q}$ 表示。其输出状态为，一是能自行保持稳定，有两个稳定状态，用以表示逻辑 0 和 1，或二进制数的 0 和 1；二是在触发信号的作用下，可以置成 1 或 0 状态，且在触发信号消失后，已置换的状态可长期稳定保持，具有记忆功能。

根据逻辑功能的不同，触发器可分为 RS 触发器、D 触发器、JK 触发器、T 触发器、T′ 触发器等；根据触发方式的不同，触发器可分为电平触发器、边沿触发器等；根据电路结构的不同，触发器可分为基本 RS 触发器、同步 RS 触发器、边沿触发器等。

4.1　基本 RS 触发器

基本 RS 触发器也称 RS 锁存器，是各类触发器的基本组成部分，也可单独作为一个记忆元件来使用。同一逻辑功能的触发器可以用不同结构的逻辑电路实现,同一基本电路结构也可以构成不同逻辑功能的触发器。对于某种特定的电路结构,只不过是可能更易于实现某一逻辑功能而已。基本 RS 触发器可由**或非门**构成,也可由**与非门**构成。下面介绍的由**与非门**构成的基本 RS 触发器,是常用的基本逻辑电路之一。

1. 电路结构

由两个与非门 G_1、G_2 的输入端和输出端交叉连接,构成的基本 RS 触发器逻辑电路及逻辑符号如图 4.1.1 所示。其中,图 4.1.1(a)中所示的 $\overline{S}_D$ 和 $\overline{R}_D$ 为输入信号,它们上方的逻辑非符号和图 4.1.1(b)中所示的小圆圈表示低电平有效;Q 和 $\overline{Q}$ 为输出信号,在触发器处于稳定状态时,它们的逻辑状态相反,并且定义 $Q=1$、$\overline{Q}=0$ 为触发器(锁存器)的 1 状态,$Q=0$、$\overline{Q}=1$ 为触发器(锁存器)的 0 状态;触发器输入信号变化前的原状态(也称初态或现态)用 Q^n 表示,触发器输入信号变化后的新状态(也称次态)用 Q^{n+1} 表示。$\overline{S}_D$ 为置位或置 1 输入端,$\overline{R}_D$ 为复位或置 0 输入端。

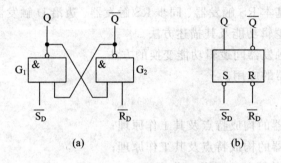

图 4.1.1　基本 RS 触发器
(a) 逻辑电路;(b) 逻辑符号

2. 工作原理

由图 4.1.1(a)所示逻辑电路,并根据与非门的逻辑关系,讨论基本 RS 触发器的工作原理。

(1) 当 $\overline{S}_D=0$、$\overline{R}_D=1$ 时,输入信号 $\overline{S}_D$ 有效,G_1 输出高电平,G_2 输出低电平,不论 $Q^n(\overline{Q}^n)$ 为何种状态(1 或 0),都有 $Q^{n+1}=1$、$\overline{Q}^{n+1}=0$,触发器置 1。

(2) 当 $\overline{S}_D=1$、$\overline{R}_D=0$ 时,输入信号 $\overline{R}_D$ 有效,G_2 输出高电平,G_1 输出低电平,不论 $Q^n(\overline{Q}^n)$ 为何种状态(1 或 0),都有 $Q^{n+1}=0$、$\overline{Q}^{n+1}=1$,触发器置 0。

(3) 当 $\overline{S}_D=\overline{R}_D=1$ 时,输入信号 $\overline{S}_D$、$\overline{R}_D$ 均无效,触发器的状态由原状态确定,保持不变。

(4) 当 $\overline{S}_D=\overline{R}_D=0$ 时,$Q^{n+1}=\overline{Q}^{n+1}=1$,触发器既不是 1 状态,也不是 0 状态。在输入信号 $\overline{S}_D$、$\overline{R}_D$ 二者同时由 0 变为 1 时,将无法判定触发器将置于何种状态,亦即触发器处于不定状态。因此,正常工作时输入信号应遵守 $\overline{S}_D+\overline{R}_D=1$ 的约束条件,亦即不允许输入 $\overline{S}_D=\overline{R}_D=0$ 的信号。

3. 特性表、特性方程和波形图

描述触发器次态 Q^{n+1} 与输入信号及原态 Q^n 之间逻辑关系的表格称为触发器的特性表,描述这种逻辑关系的逻辑表达式称为触发器的特性方程。

由与非门构成的基本 RS 触发器的特性表如表 4.1.1 所示。

表 4.1.1 由与非门构成的基本 RS 触发器的特性表

$\bar{S}_D$	$\bar{R}_D$	Q^n	Q^{n+1}	功能说明
0	1	0 1	1	触发器置 1
1	0	0 1	0	触发器置 0
1	1	0 1	0 1	触发器保持原状态不变
0	0	0 1	× ×	触发器状态不定(不允许)

根据表 4.1.1 可画出基本 RS 触发器的卡诺图,如图 4.1.2 所示。表达触发器次态 Q^{n+1} 与 $\bar{S}_D$、$\bar{R}_D$ 及初态 Q^n 之间逻辑关系的表达式,称为触发器的特性方程。由此,由图 4.1.2 可得基本 RS 触发器的特性方程,如式(4.1.1)和式(4.1.2)所列。图 4.1.1(a)所示基本 RS 触发器的工作波形图如图 4.1.3 所示,这种波形图又称为时序图。

$$\begin{cases} Q^{n+1} = S_D + \bar{R}_D Q^n \\ \bar{S}_D + \bar{R}_D = 1(约束条件) \end{cases} \tag{4.1.1}$$

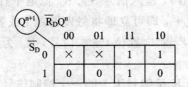

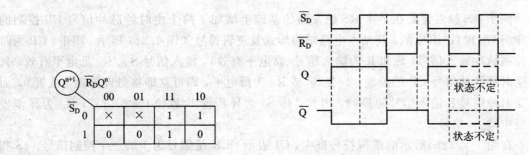

图 4.1.2 基本 RS 触发器的卡诺图   图 4.1.3 基本 RS 触发器的工作波形图

如图 4.1.3 中虚线部分所示,当 $\bar{S}_D = \bar{R}_D = 0$ 时,触发器处于不定状态,直到下一次输入信号 $\bar{S}_D$、$\bar{R}_D$ 不同时,输出 Q 和 $\bar{Q}$ 才有确定的状态。

基本 RS 触发器除采用**与非门**构成外,也可采用**或非门**构成。基本 RS 触发器是构成其他各种触发器的基础。基本 RS 触发器电路简单,但抗干扰能力差,而且输入信号 S 和 R 存在约束条件。基本 RS 触发器除可采用单个门电路构成外,还有集成的基本 RS 触发器可供选择。典型集成芯片有 TTL 的四基本 RS 锁存器 74LS279 和 CMOS 的四基本 RS 触发器 CC4044 和 CC4043。

课堂活动

一、课堂提问和讨论

1. 根据电路结构和工作特点的不同,触发器可以分为哪些类型?各有什么特点?
2. 什么是置位和复位?

二、学生演讲和演板

在什么工作情况下基本 RS 触发器有不定状态？为什么？

三、课堂练习

查找资料，熟悉四基本 SR 锁存器 74LS279、四基本 RS 触发器 CC4044 和 CC4043 功能及引脚分布。

4.2 同步触发器

4.2.1 同步 RS 触发器

工程上，除要求逻辑电路的输出状态受输入信号的控制外，还要求触发电路按一定的节拍，与数字系统中其他的电路同步翻转变化。因此，常在触发电路中加入一个时钟信号 CP，只是在时钟信号 CP 变为有效电平后，触发器的状态才能发生变化，故此称为电平触发器。具有时钟脉冲控制的触发器又称为时钟触发器，亦称为同步触发器（钟控触发器），时钟控制（同步控制）信号常用 CLK(Clock) 表示。

1. 电路结构

同步 RS 触发器是在基本 RS 触发器的基础上增加了两个由时钟脉冲信号 CP 控制的与非门 G_3 和 G_4 组成的，其基本电路结构形式及逻辑符号如图 4.2.1 所示。图中，CP 为时钟控制脉冲输入信号，S 和 R 为输入信号（高电平有效），输入信号 $\overline{S_D}$、$\overline{R_D}$ 低电平有效，且不受时钟脉冲信号 CP 的控制，只要 $\overline{S_D}$ 或 $\overline{R_D}$ 为低电平，即可立即将触发器置 1 或置 0，而不受时钟信号和输入信号的控制。因此，称 $\overline{S_D}$ 为异步置 1（置位）输入信号，$\overline{R_D}$ 为异步置 0（复位）输入信号。

在图 4.2.1(b) 所示的逻辑符号框中，C1 表示 CLK 是编号为 1 的一个控制信号。1S 和 1R 表示受 C1 控制的两个输入信号，只有在 C1 为有效电平（C1=1）时，1S 和 1R 才能起作用。框图外部的信号输入端处没有小圆圈（有小圆圈，则表示低电平有效），表示该输入信号为高电平有效。例如，图中的 CP、S、R 输入信号均为高电平有效。

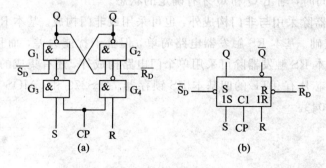

图 4.2.1 同步 RS 触发器基本电路及逻辑符号

(a) 基本电路；(b) 逻辑符号

2. 工作原理

在 $\overline{S}_D = \overline{R}_D = 1$ 的前提下（下同），当 CP 为 0 时，G_3、G_4 的输出始终为 1，被封锁；R、S 输入信号无效，不会影响触发器的状态，触发器的输出 Q 和 $\overline{Q}$ 将保持原状态不变，即 $Q^{n+1} = Q^n$。此时，称同步 RS 触发器被禁止。

当 CP 为 1 时，G_3、G_4 被解除封锁，R、S 端的输入信号才能被变换、传送到构成基本 RS 触发器的 G_1、G_2 的输入端，与触发器的原有状态 Q^n 共同确定触发器的次态 Q^{n+1}。此时，有同步 RS 触发器的特性表，如表 4.2.1 所示。

表 4.2.1 同步 RS 触发器的特性表（CP＝1、$\overline{S}_D = \overline{R}_D = 1$）

S	R	Q^n	Q^{n+1}	功 能 说 明
0	1	0 1	0 0	触发器置 0
1	0	0 1	1 1	触发器置 1
0	0	0 1	0 1	触发器保持原状态不变
1	1	0 1	× ×	触发器状态不定（不允许）

如表 4.2.1 所示，当 S＝R＝1 时，同步 RS 触发器的输出状态不定，为避免这种情况出现，应使 RS＝0（约束条件）。

3. 特性方程、状态转换图和驱动表

在 CP＝1、$\overline{S}_D = \overline{R}_D = 1$ 的前提下，根据表 4.2.1 可画出同步 RS 触发器的卡诺图，如图 4.2.2 所示。由图 4.2.2 可得同步 RS 触发器的特性方程，如式（4.2.1）所列。

当 CP＝1、$\overline{S}_D = \overline{R}_D = 1$ 时，有

Q^{n+1}＼RQ^n				
S	00	01	11	10
0	0	1	0	0
1	1	1	×	×

图 4.2.2 同步 RS 触发器的卡诺图

$$\begin{cases} Q^{n+1} = S + \overline{R} \cdot Q^n \\ RS = 0 \text{（约束条件）} \end{cases} \tag{4.2.1}$$

上式表示触发器由输入信号控制，从一个状态变化到另一个状态或保持原状态不变等逻辑功能的图形，称为触发器的状态转换图。

根据表 4.2.1 画出同步 RS 触发器的状态转换图，如图 4.2.3 所示。图中以两个圆圈（内标有 0 或 1）分别代表触发器的 0 状态或 1 状态，用箭头表示状态转换的方向，同时在箭头的旁边标注了状态转换得条件。

根据触发器的现态 Q^n 和次态 Q^{n+1} 的取值来确定输入信号取值的关系表，称为触发器的驱动表，又称激励表；根据这种逻辑关系确定的触发器输入信号的逻辑表达式，称为触发器的驱动方程。

根据同步 RS 触发器的特性，可列出同步 RS 触发器的驱动表，如表 4.2.2 所示。

表 4.2.2 同步 RS 触发器的驱动表

Q^n	Q^{n+1}	R	S
0	0	×	0
0	1	0	1
1	0	1	0
1	1	0	×

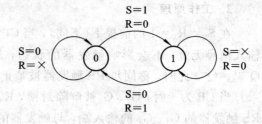

图 4.2.3 同步 RS 触发器的状态转换图

4. 同步 RS 触发器的动作特点

根据上述分析、讨论可知,同步 RS 触发器具有以下动作特点:

(1) 只有当时钟控制(同步控制)信号 CP 变为有效电平时,触发器才能接受输入信号,并按照输入信号将触发器的输出置成相应的状态。

(2) 在 CP=1 的全部时间里,S 和 R 状态的全部变化都可引起输出状态的改变。在 CP=0 以后的时间里,触发器保持的是时钟控制信号 CP 从 1 回到 0 以前瞬间的状态。

(3) 异步置 1(置位)输入信号 $\overline{S}_D$ 和异步置 0(复位)输入信号 $\overline{R}_D$ 不受时钟脉冲信号 CP 的控制,只要 $\overline{S}_D$ 或 $\overline{R}_D$ 为有效低电平,即可立即直接将触发器置 1 或置 0。

根据上述分析、讨论可知,同步 RS 触发器(电平触发器)在 CP=1 期间,如果 S 和 R 的状态多次发生变化,那么触发器输出的状态也将多次发生翻转,这就降低了触发器的抗干扰能力。

4.2.2 同步 D 触发器

1. 电路结构

为避免同步 RS 触发器同时出现 S 和 R 都为 1 的不允许状态,可在 S 和 R 之间接入非门 G_5,如图 4.2.4 所示。这种经变换后只有一个输入信号 D(高电平有效)的同步触发器称为同步 D 触发器,是能将数据存入或取出的单元电路。

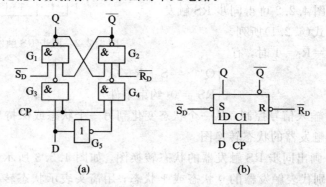

图 4.2.4 同步 D 触发器逻辑电路及逻辑符号

(a) 逻辑电路;(b) 逻辑符号

2. 逻辑功能

在 $\overline{S}_D = \overline{R}_D = 1$ 的前提下(下同),当 CP 为 0 时,G_3、G_4 的输出始终为 1,被封锁;输入信号 D 无效,不会影响触发器的状态,触发器的输出 Q 和 $\overline{Q}$ 将保持原状态不变,即

$Q^{n+1} = Q^n$。

当 CP 为 1 时，G_3、G_4 被解除封锁，输入信号 D（和 $\bar{D}$）被变换、传送到构成基本 RS 触发器的 G_1、G_2 的输入端，与触发器的原有状态 Q^n 共同确定触发器的次态 Q^{n+1}。此时，有同步 D 触发器的特性表，如表 4.2.3 所示。

表 4.2.3　同步 D 触发器的特性表（CP＝1、$\bar{S}_D＝\bar{R}_D＝1$）

D	Q^n	Q^{n+1}	功　能　说　明
0	0	0	触发器置 0，和输入信号 D 的状态相同
0	1	0	触发器置 0，和输入信号 D 的状态相同
1	0	1	触发器置 1，和输入信号 D 的状态相同
1	1	1	触发器置 1，和输入信号 D 的状态相同

在 CP＝1、$\bar{S}_D＝\bar{R}_D＝1$ 的前提下，根据表 4.2.3 可画出同步 D 触发器的卡诺图，如图 4.2.5 所示。在 CP＝1、$\bar{S}_D＝\bar{R}_D＝1$ 的情况下，有同步 D 触发器的特性方程

$$Q^{n+1} = D \tag{4.2.2}$$

在 CP＝1、$\bar{S}_D＝\bar{R}_D＝1$ 的前提下，根据表 4.2.3 可画出同步 D 触发器的状态转换图，如图 4.2.6 所示。

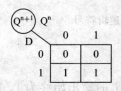

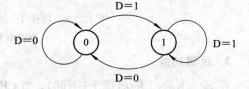

图 4.2.5　同步 D 触发器的卡诺图　　　　　　图 4.2.6　同步 D 触发器的状态转换图

同样，在 CP＝1、$\bar{S}_D＝\bar{R}_D＝1$ 的前提下，根据表 4.2.3 可画出同步 D 触发器的工作波形图（又称为时序图），如图 4.2.7 所示。根据表 4.2.3 有同步 D 触发器的驱动表，如表 4.2.4 所示。

表 4.2.4　同步 D 触发器的驱动表

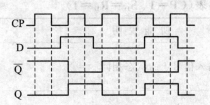

图 4.2.7　同步 D 触发器的波形图

Q^n	Q^{n+1}	D
0	0	0
0	1	1
1	0	0
1	1	1

3. 同步 D 触发器的动作特点

根据上述分析、讨论可知，在 $\bar{S}_D＝\bar{R}_D＝1$ 的前提下，同步 D 触发器具有以下的动作特点：

（1）在 CP＝0 时，触发器保持原状态不变。

（2）在 CP＝1 的全部时间里，D 状态的变化可引起输出状态的改变。在 CP 从 1 回到 0

以后的时间里，触发器保持的是 CP 从 1 回到 0 以前瞬间的状态。

（3）根据上述分析、讨论可知，同步 D 触发器（电平触发器）在 CP＝1 期间，如果 D 的状态多次发生变化，那么触发器输出的状态也将多次发生翻转，这种现象称为触发器的空翻。

4.2.3 同步 JK 触发器

1. 电路结构

为避免同步 RS 触发器同时出现 S＝R＝1 的不允许状态，也可将触发器的输出信号 Q 和 $\overline{Q}$ 反馈到触发器的输入端。这样，G_3、G_4 的输出就不会同时为 0 了，从而避免了出现输出逻辑状态不定的情况，如图 4.2.8 所示。这种经变换构成的同步触发器称为同步 JK 触发器。

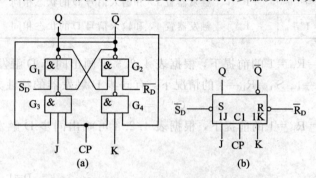

图 4.2.8　同步 JK 触发器逻辑电路及逻辑符号

(a) 逻辑电路；(b) 逻辑符号

2. 逻辑功能

在 $\overline{S_D}＝\overline{R_D}＝1$ 的前提下（下同），当 CP 为 0 时，G_3、G_4 的输出始终为 1，被封锁；输入信号 J 和 K 无效，不会影响触发器的状态，触发器的输出 Q 和 $\overline{Q}$ 将保持原状态不变，即 $Q^{n+1}＝Q^n$。

当 CP 为 1 时，G_3、G_4 被解除封锁，输入信号 J 和 K 被变换、传送到构成基本 RS 触发器的 G_1、G_2 的输入端，与触发器的原有状态 Q^n 和 $\overline{Q}^n$ 共同确定触发器的次态 Q^{n+1}。此时，有同步 JK 触发器的特性表，如表 4.2.5 所示。

表 4.2.5　同步 JK 触发器的特性表（CP＝1、$\overline{S_D}＝\overline{R_D}＝1$）

J	K	Q^n	Q^{n+1}	功 能 说 明
0	1	0 1	0	触发器置 0，和输入信号 J 的状态相同
1	0	0 1	1	触发器置 1，和输入信号 J 的状态相同
0	0	0 1	0 1	触发器保持原状态不变
1	1	0 1	1 0	每输入一个时钟脉冲，输出状态翻转一次，$Q^{n+1}＝\overline{Q}^n$

在 $CP=1$、$\overline{S}_D=\overline{R}_D=1$ 的前提下，根据表 4.2.5 可画出同步 JK 触发器的卡诺图，如图 4.2.9 所示，在 $CP=1$、$\overline{S}_D=\overline{R}_D=1$ 的情况下，有同步 JK 触发器的特性方程

$$Q^{n+1} = J\overline{Q}^n + \overline{K}Q^n \qquad\qquad (4.2.3)$$

在 $CP=1$、$\overline{S}_D=\overline{R}_D=1$ 的前提下，根据表 4.2.5 可画出同步 JK 触发器的状态转换图，如图 4.2.10 所示。根据表 4.2.5 有同步 JK 触发器的驱动表，如表 4.2.6 所示。

同样，在 $CP=1$、$\overline{S}_D=\overline{R}_D=1$ 的前提下，根据表 4.2.5 或式 (4.2.3) 可画出同步 JK 触发器的工作波形图（又称为时序图），如图 4.2.11 所示。

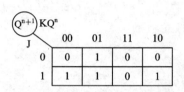

图 4.2.9　同步 JK 触发器的卡诺图

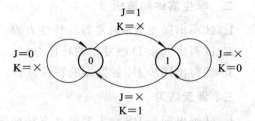

图 4.2.10　同步 JK 触发器的状态转换图

表 4.2.6　同步 JK 触发器的驱动表

Q^n	Q^{n+1}	J	K
0	0	0	×
0	1	1	×
1	0	×	1
1	1	×	0

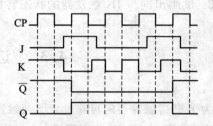

图 4.2.11　同步 JK 触发器的波形图

3. 同步 JK 触发器的动作特点

根据上述分析、讨论可知，在 $\overline{S}_D=\overline{R}_D=1$ 的前提下，同步 JK 触发器具有以下的动作特点：

(1) 在 $CP=0$ 时，触发器保持原状态不变。

(2) 在 $CP=1$ 时，若 $J\neq K$，则 $Q^{n+1}=J$；若 $J=K=0$，则 $Q^{n+1}=Q^n$；若 $J=K=1$，则 $Q^{n+1}=\overline{Q}^n$。

(3) 在 $CP=1$ 的全部时间里，J 和 K 状态的变化可引起输出状态的改变。在 CP 从 1 回到 0 以后的时间里，触发器保持的是 CP 从 1 回到 0 以前瞬间的状态。

(4) 根据上述分析、讨论可知，同步 JK 触发器（电平触发器）在 $CP=1$ 期间，如果 J 和 K 的状态多次发生变化，那么触发器输出的状态也将多次发生翻转，同样会发生触发器的空翻。

综上所述，同步触发器（电平触发器）由于存在空翻现象，所以只能用于数据锁存，而不能用作计数、移位寄存和数据存储等。

课堂活动

一、课堂提问和讨论

1. 同步 RS 触发器在电路结构上有什么特点？
2. 同步 RS 触发器有什么约束条件？
3. 同步 D 触发器和同步 JK 触发器是否存在约束条件？为什么？
4. 什么是空翻现象？同步 D 触发器和同步 JK 触发器是否存在空翻现象？为什么？

二、学生演讲和演板

1. 试写出同步 RS 触发器的特性方程。
2. 试写出同步 D 触发器的特性方程。
3. 试写出同步 JK 触发器的特性方程。

三、课堂练习

1. 试画出同步 RS 触发器的状态转换图。
2. 试画出同步 D 触发器的状态转换图。
3. 试画出同步 JK 触发器的状态转换图。

4.3　边沿触发器

为了提高触发器的可靠性，增强触发器的抗干扰能力，设计了边沿触发器。边沿触发器的次态仅取决于 CP 的下降沿（或上升沿）到达时刻输入信号状态的边沿触发器。而在 CP 的下降沿（或上升沿）到达时刻之前和之后的其他时间内，边沿触发器的次态不会发生变化，从而消除了空翻，提高了触发器的工作可靠性和抗干扰能力。工程上常用的边沿触发器主要有边沿 D 触发器、边沿 JK 触发器、T 触发器、T′触发器等。

4.3.1　边沿 D 触发器

1. 逻辑功能

边沿 D 触发器的触发方式与同步 D 触发器不同，为时钟脉冲边沿触发，但其逻辑功能与同步 D 触发器相同，即边沿 D 触发器的特性表、特性方程、驱动表、状态转换图都与同步 D 触发器相同。边沿 D 触发器的次态，仅在 CP 的下降沿（或上升沿）到达时刻才会发生变化。边沿 D 触发器的逻辑符号如图 4.3.1 所示。

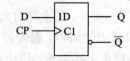

图 4.3.1　边沿 D 触发器的逻辑符号

图中，D 为信号输入端；框内的"＞"符号及与其对应的时钟脉冲信号输入端没有小圆圈，表示该触发器是由时钟脉冲上升沿触发的边沿触发器（若与其对应的时钟脉冲信号输入端有小圆圈，则表示该触发器是由时钟脉冲信号的下降沿触发的）。由此，有边沿 D 触发器的特性方程

$$Q^{n+1} = D \quad （CP 上升沿到达时刻有效）\tag{4.3.1}$$

同理，边沿 D 触发器的特性表如表 4.3.1 所示。表中，"↑"表示是边沿触发方式，且为上升沿触发(若逻辑符号对应时钟脉冲信号的输入端有小圆圈，则表示该边沿触发器是由时钟脉冲信号的下降沿触发，应该用"↓"来表示)；"×"表示有效边沿触发时刻以外的无效信号。

表 4.3.1　 边沿 D 触发器的特性表

CP	D	Q^n	Q^{n+1}
×	×	×	Q^n
↑	0	0	0
↑	0	1	0
↑	1	0	1
↑	1	1	1

下面以一个边沿 D 触发器的工作波形为例，来说明边沿 D 触发器的工作情况。

[**例 4.3.1**] 图 4.3.2 所示为一个边沿 D 触发器(上升沿触发)的时钟脉冲信号 CP 和输入信号 D 的波形，试画出触发器输出的 Q 和 $\overline{Q}$ 的波形。设触发器的初始状态为 Q＝0。

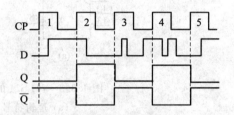

图 4.3.2　 边沿 D 触发器的输入、输出波形

[**解**] 第 1 个 CP 上升沿到达时刻，D＝0，所以直到第 2 个 CP 上升沿到达之前，Q＝0。

第 2 个 CP 上升沿到达时刻，D＝1，所以直到第 3 个 CP 上升沿到达之前，Q＝1。

第 3 个 CP 上升沿到达时刻，D＝0，所以直到第 4 个 CP 上升沿到达之前，Q＝0。

第 4 个 CP 上升沿到达时刻，D＝1，所以直到第 5 个 CP 上升沿到达之前，Q＝1。

第 5 个 CP 上升沿到达时刻，D＝0，所以直到第 6 个 CP 上升沿到达之前，Q＝0。

通过上述分析、讨论可知，边沿 D 触发器具有以下的动作特点：

(1) 边沿 D 触发器是时钟脉冲信号 CP 上升沿(或下降沿)触发的边沿触发器。

(2) 边沿 D 触发器的次态，仅取决于 CP 上升沿(或下降沿)到达时刻输入信号 D 的逻辑状态，而在这以前或以后，输入信号 D 的变化对触发器输出的状态没有影响。

(3) 根据上述分析、讨论可知，如果输入信号 D 的变化恰好发生在 CP 上升沿(或下降沿)到达的时刻，则边沿 D 触发器的次态，取决于 CP 上升沿(或下降沿)到达时刻之前瞬间输入信号 D 的状态。

2. 集成边沿 D 触发器 74LS74 简介

常用的集成边沿 D 触发器产品较多，如 74H74(T2074)、74S74(T3074)、74LS74(T4074)、CC4013 等，它们都是双 D 触发器，功能大致相同，均设有直接置 1 端($\overline{S}_D$ 端)和直接置 0 端($\overline{R}_D$ 端)。74LS74 是一双列直插 14 脚的 TTL 双边沿 D 触发器，其功能表和外引线排列图，分别如表 4.3.2 和图 4.3.3 所示。

表 4.3.2　74LS74 的功能表

$\overline{S}_D$	$\overline{R}_D$	CP	D	Q^{n+1}	$\overline{Q}^{n+1}$	功 能 说 明
0	0	×	×	不定	不定	触发器状态不定(不允许)
0	1	×	×	1	0	触发器异步置 1
1	0	×	×	0	1	触发器异步置 0
1	1	↑	0	0	0	触发器置 0
1	1	↑	1	1	1	触发器置 1

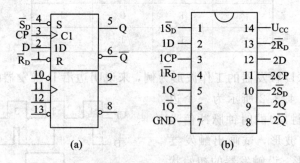

图 4.3.3　74LS74 的逻辑符号和引脚排列图
(a) 逻辑符号；(b) 引脚排列图

4.3.2　边沿 JK 触发器

1. 逻辑功能

边沿 JK 触发器的逻辑符号如图 4.3.4 所示。

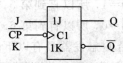

图 4.3.4　边沿 JK 触发器的逻辑符号

图中，J、K 为信号输入端；框内的"＞"符号及与其对应的时钟脉冲信号输入端有小圆圈，表示该触发器是由时钟脉冲下降沿触发的边沿触发器(若与其对应的时钟脉冲信号输入端没有小圆圈，则表示该触发器是由时钟脉冲信号的上升沿触发的)。边沿 JK 触发器的触发方式与同步 JK 触发器不同，为时钟脉冲边沿触发，但其逻辑功能与同步 JK 触发器相同，即边沿 JK 触发器的特性表、特性方程、驱动表、状态转换图都与同步 JK 触发器相同。由此，有边沿 JK 触发器的特性方程

$$Q^{n+1} = J\overline{Q}^n + \overline{K}Q^n \quad (CP 下降沿到达时刻有效) \tag{4.3.2}$$

同理，有边沿 JK 触发器的特性表，如表 4.3.3 所示。表中，"↓"表示是边沿触发方式，且为上升沿触发(若逻辑符号对应时钟脉冲信号的输入端没有小圆圈，则表示该边沿触发器

是由时钟脉冲信号的上升沿触发的，用符号"↑"来表示）；符号"×"表示有效边沿触发时刻以外的无效信号。

表 4.3.3　边沿 JK 触发器的特性表

CP	J	K	Q^n	Q^{n+1}	功 能 说 明
×	×	×	×	Q^n	无效触发，触发器状态不变
↓	0	1	0 1	0	触发器置 0，和输入信号 J 的状态相同
↓	1	0	0 1	1	触发器置 1，和输入信号 J 的状态相同
↓	0	0	0 1	0 1	触发器保持原状态不变，$Q^{n+1}=Q^n$
↓	1	1	0 1	1 0	每输入一个时钟脉冲，输出状态翻转一次，$Q^{n+1}=\overline{Q^n}$

下面以一个边沿 JK 触发器的工作波形为例，说明边沿 JK 触发器的工作情况。

［例 4.3.2］　图 4.3.5 所示为一个边沿 JK 触发器（下降沿触发）的时钟脉冲信号 CP 和输入信号 J、K 的波形，试画出触发器输出 Q 的波形。设触发器的初始状态为 Q＝0。

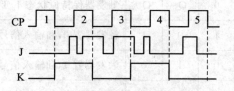

图 4.3.5　边沿 JK 触发器的输入波形

［解］　第 1 个 CP 下降沿到达时刻（及之前的瞬间），J＝K＝0，所以直到第 2 个 CP 上升沿到达之前，触发器保持原状态不变，Q＝0。

第 2 个 CP 下降沿到达时刻（及之前的瞬间），J＝K＝1，所以直到第 3 个 CP 上升沿到达之前，触发器的状态发生翻转，触发器置 1，Q＝1。

第 3 个 CP 下降沿到达时刻（及之前的瞬间），J≠K，J＝1，K＝0，所以直到第 4 个 CP 上升沿到达之前，Q＝J＝1。

第 4 个 CP 下降沿到达时刻（及之前的瞬间），J≠K，J＝0，K＝1，所以直到第 5 个 CP 上升沿到达之前，Q＝J＝0。

第 5 个 CP 下降沿到达时刻，J＝K＝0，所以直到第 6 个 CP 下降沿到达之前，触发器保持原状态不变，Q＝0。

通过上述分析、讨论可知，边沿 JK 触发器具有以下的动作特点：

（1）边沿 JK 触发器是时钟脉冲信号 CP 下降沿（或上升沿）触发的边沿触发器。

（2）边沿 JK 触发器的次态仅取决于 CP 下降沿（或上升沿）到达时刻输入信号 J、K 的逻辑状态，而在这以前或以后，输入信号 J、K 的变化对触发器输出的状态没有影响。

（3）根据上述分析、讨论可知，如果输入信号 J、K 的变化恰好发生在 CP 下降沿（或上升沿）到达的时刻，则边沿 JK 触发器的次态，取决于 CP 下降沿（或上升沿）到达时刻之前瞬间输入信号 J、K 的状态。

（4）当 CP 下降沿（或上升沿）到达时刻，若输入信号 $J \neq K$，$Q^{n+1} = J$；若输入信号 $J = K = 0$，触发器工作在保持状态，$Q^{n+1} = Q^n$；若输入信号 $J = K = 1$，触发器工作在计数状态，每输入一个 CP 下降沿（或上升沿），触发器的状态翻转一次，$Q^{n+1} = \overline{Q}^n$。

2. 集成边沿 JK 触发器 74LS112 简介

常用的集成边沿 JK 触发器产品较多，如 74H112（T20112）、74S112（T30112）、74LS112（T40112）等，它们都是双 D 触发器、功能大致相同、均设有直接置 1 端（$\overline{S}_D$ 端）和直接置 0 端（$\overline{R}_D$ 端）。74LS112 是一双列直排 16 脚的 TTL 双边沿 JK 触发器，其功能表和外引线排列图，分别如表 4.3.4 和图 4.3.6 所示。

表 4.3.4　74LS112 的功能表

$\overline{S}_D$	$\overline{R}_D$	CP	J	K	Q^{n+1}	$\overline{Q}^{n+1}$	功能说明
0	0	×	×	×	不定	不定	触发器状态不定（不允许）
0	1	×	×	×	1	0	触发器异步置 1
1	0	×	×	×	0	1	触发器异步置 0
1	1	↓	0	0	Q^n	$\overline{Q}^n$	触发器保持原状态不变，$Q^{n+1} = Q^n$
1	1	↓	0	1	0	1	触发器置 0，和输入信号 J 的状态相同
1	1	↓	1	0	1	0	触发器置 1，和输入信号 J 的状态相同
1	1	↓	1	1	$\overline{Q}^n$	Q^n	触发器工作在计数状态，$Q^{n+1} = \overline{Q}^n$

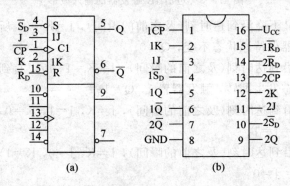

图 4.3.6　74LS112 的逻辑符号和引脚排列图
(a) 逻辑符号；(b) 引脚图

4.3.3　T 触发器和 T′ 触发器

1. T 触发器和 T′ 触发器

在工程中，需要有这样一种逻辑功能的触发器，当输入信号（控制信号）$T = 1$ 时，每来一个时钟信号 CP，它的状态就翻转一次；而当输入信号（控制信号）$T = 0$ 时，时钟信号 CP 到达时，它的状态保持不变。具备这种逻辑功能的触发器称为 T 触发器。T 触发器的特性表如表 4.3.5 所示。

表 4.3.5 T 触发器的特性表

T	Q^n	Q^{n+1}	功 能 说 明
0	0	0	触发器保持原状态不变，$Q^{n+1}=Q^n$
	1	1	
1	0	1	触发器工作在计数状态，$Q^{n+1}=\overline{Q}^n$
	1	0	

由表 4.3.5 有 T 触发器的特性方程

$$Q^{n+1} = T\overline{Q}^n + \overline{T}Q^n \tag{4.3.3}$$

T 触发器的状态转换图和逻辑符号（下降沿触发）如图 4.3.7 所示。

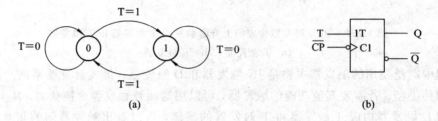

(a)   (b)

图 4.3.7 T 触发器的状态转换图和逻辑符号（下降沿触发）

(a) 状态转换图；(b) 逻辑符号

T′触发器是指每输入一个时钟信号 CP，状态就翻转一次的触发器，即只具备翻转功能的 T 触发器。T′触发器的特性方程为

$$Q^{n+1} = \overline{Q}^n \tag{4.3.4}$$

2. 由 JK 触发器构成 T 触发器和 T′触发器

在计数器中经常要用到 T 触发器和 T′触发器，但集成触发器系列产品中并没有这两种类型的产品，它们一般是由 JK 触发器或 D 触发器构成的。实际上，只要将 JK 触发器的两个输入端连在一起作为输入信号 T 端，就构成了 T 触发器。

将 T 代入 JK 触发器特性方程中的 J 和 K，便可得到 T 触发器的特性方程

$$Q^{n+1} = J\overline{Q}^n + \overline{K}Q^n = T\overline{Q}^n + \overline{T}Q^n \tag{4.3.5}$$

将 JK 触发器的两个输入端连在一起并接高电平 1 作为输入信号 T′端，就构成了 T′触发器。

由 JK 触发器构成的下降沿触发的 T 触发器和 T′触发器如图 4.3.8 所示。

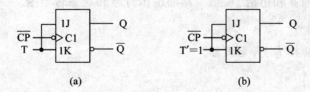

(a)   (b)

图 4.3.8 由 JK 触发器构成的下降沿触发的 T 触发器和 T′触发器

(a) T 触发器；(b) T′触发器

3. 由 D 触发器构成 T 触发器和 T′触发器

T 触发器的特性方程为 $Q^{n+1}=T\overline{Q}^n+\overline{T}Q^n$，D 触发器的特性方程为 $Q^{n+1}=D$，令这两

个特性方程相等,由此有

$$Q^{n+1} = D = T\overline{Q}^n + \overline{T}Q^n = T \oplus Q^n \qquad (4.3.6)$$

根据式(4.3.6)有由 D 触发器构成的上升沿触发的 T 触发器和 T′触发器,如图 4.3.9 所示。

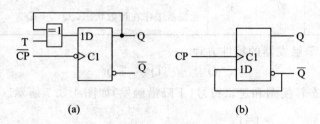

图 4.3.9 由 D 触发器构成的上升沿触发的 T 触发器和 T′触发器

(a) T 触发器;(b) T′触发器

工程中广泛使用的触发器主要是 JK 触发器和 D 触发器,集成触发器系列产品中主要也是这两种类型。若需要其他功能的触发器,可以用这两种触发器变换获得。从上述用 JK 触发器和 D 触发器构成 T 触发器和 T′触发器的案例,可以看出触发器间的相互转换,大约有以下几个步骤:

(1) 写出已有触发器的特性方程;

(2) 写出待求触发器的特性方程;

(3) 比较两个特性方程的,求出转换逻辑,写出已知触发器输入信号对应的逻辑表达式(驱动方程);

(4) 画出逻辑电路图。

课堂活动

一、课堂提问和讨论

1. 边沿触发器有什么特点?

2. 写出 T 触发器和 T′触发器的特性方程。

3. 说明边沿触发器能消除“空翻”的原因。

二、学生演讲和演板

画出边沿 D 触发器和边沿 JK 触发器的逻辑符号和状态转换图。

三、课堂练习

试将 D 触发器转换为 JK 触发器。

4.4 触发器应用举例

1. 消振开关

机械开关在状态转换时会产生抖动,从而在电子线路中产生错误的信号,如图 4.4.1

（a）、（b）所示。为消除因开关抖动而产生的错误信号，可采用基本 RS 触发器构成去开关抖动电路，如图 4.4.1（c）所示。当开关 S 从位置 2 拨向位置 1 时，$\overline{S}_D=0$、$\overline{R}_D=1$，触发器置 1。由于开关的瞬间抖动，$\overline{S}_D$ 还会接通高电平 1，但此时 $\overline{R}_D=1$、$\overline{S}_D=1$，触发器将保持原状态不变，电路保持原态，并不会产生图 4.4.1（b）所示的抖动（接通抖动）。当开关从断开位置 1 拨向接通位置 2 时，$\overline{R}_D=0$，$\overline{S}_D=1$，触发器置 0。由于开关的瞬间抖动，$\overline{R}_D$ 还会接通高电平 1，但此时 $\overline{S}_D=1$、$\overline{R}_D=1$，触发器将保持原状态不变，电路保持原态，并不会产生图 4.4.1（b）所示的抖动（断开抖动）。因此，虽然开关会抖动，但 RS 触发器输出的电压波形不会产生抖动。由基本 RS 触发器构成的去开关抖动电路的输出波形如图 4.4.1（d）所示。

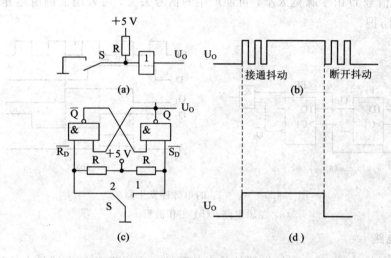

图 4.4.1　采用基本 RS 触发器构成的去抖动开关电路
（a）普通开关电路；（b）抖动波形；（c）去抖动开关电路；（d）去抖动后的波形

2. 异步脉冲同步化电路

在数字系统中，为防止由于输入信号脉宽太窄，不能覆盖边沿触发脉冲到达时刻，可能产生的信号丢失，并与时钟信号同步，常采用如图 4.4.2 所示的异步脉冲同步化电路。图中，FF_1、FF_2 为具有异步置 1 端（$\overline{S}_D$ 端）上升沿触发的 D 触发器。利用 FF_1 的异步置 1 功能，使输入信号 D 直接将 FF_1 置位，这样，即使输入信号 D 脉宽较窄也不易产生丢失。同时，由于同步时钟脉冲信号的作用，实现了输入信号与整个系统的同步，当然延迟了一个时钟周期。

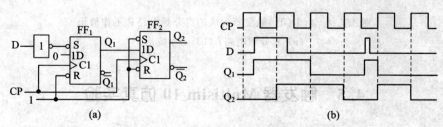

图 4.4.2　异步脉冲同步化电路
（a）逻辑电路；（b）工作波形

3．单脉冲发生器

单脉冲发生器可将一个任意宽度的输入脉冲信号转换为一个具有确定宽度的单个脉冲信号，在许多数字系统中，都将单脉冲发生器用作调测信号源。

一种输出脉宽 t_W 等于一个时钟周期 T_C 的单脉冲发生器，如图 4.4.3 所示。图中，设 FF_1、FF_2 的起始状态为 0，当脉宽足够大的控制信号 D（大于时钟周期 T_C，以确保触发）由 0 变为 1 后，在随后时钟信号 CP 的上升沿将使 Q_1 变为 1，而下一个时钟信号 CP 的上升沿将使 $\overline{Q}_2$ 变为 0，从而在与门的输出一个确定宽度（$t_W = T_C$）的单个脉冲信号 Y。这里，控制信号 D 的宽度不影响输出脉冲信号 Y 的宽度，因为 $\overline{Q}_2$ 变为 0 后，输出的与门就被封闭了。

若顾及控制信号 D 由于脉宽太窄，可能产生的信号丢失，可采用上例所述异步脉冲同步化电路，加以防护。

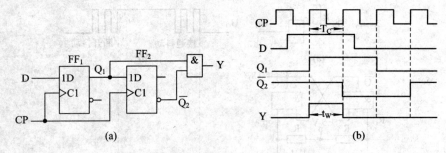

图 4.4.3　$t_W = T_C$ 的单脉冲发生器

（a）逻辑电路；（b）工作波形

4．二分频电路

每输入一个时钟信号 CP，T' 触发器的状态就翻转一次，即 T' 触发器具有计数的功能。因此，可以用一个 T' 触发器构成一级二分频电路。图 4.4.4(a) 所示为用一个 $D(T')$ 触发器构成的一级二分频电路，图 4.4.4(b) 所示为该二分频电路的工作波形。由图 4.4.4(b) 可以看出，输出信号 Q 的周期是输入时钟信号 CP 的两倍，即实现了对输入时钟信号 CP 的二分频。因此，图 4.4.4(a) 所示的电路是一个二分频电路。

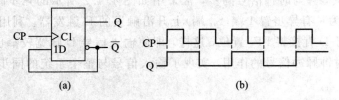

图 4.4.4　由 $D(T')$ 触发器构成的二分频电路和工作波形

（a）二分频电路；（b）工作波形

4.5　触发器 Multisim 10 仿真实验

1．任务

（1）试将 D 触发器和门电路转换、制作为 JK 触发器。

（2）验证 JK 触发器的逻辑功能。

2. 仿真内容

（1）理论分析。由式（4.3.1）知边沿 D 触发器的特性方程为 $Q^{n+1}=D$（CP 上升沿到达时刻有效）；由式（4.3.2）知边沿 JK 触发器的特性方程为 $Q^{n+1}=J\overline{Q}^n+\overline{K}Q^n$（CP 下降沿到达时刻有效）。令

$$Q^{n+1}=D=J\overline{Q}^n+\overline{K}Q^n \text{（CP 上升沿到达时刻有效）} \tag{4.5.1}$$

式中，

$$D=J\overline{Q}^n+\overline{K}Q^n \text{（CP 上升沿到达时刻有效）} \tag{4.5.2}$$

即为待转换的 D 触发器的驱动方程，由此可得用 D 触发器和门电路转换、制作的 JK 触发器，其电路特性应符合如式（4.3.2）所列 JK 触发器的特性方程，如图 4.5.1 所示。图中，U_{1A} 为非门（六反相器 74LS04N），U_{2A}、U_{3B} 为与门（四 2 输入与门 74LS08N），U_{4A} 为或门（四 2 输入或门 74LS32N），FF_{1A} 为上升沿触发的 D 触发器（双上升沿 D 触发器 74LS74N），FF_{2A} 为下降沿触发的 JK 触发器（双下降沿 JK 触发器 74LS112N）。

（2）在 Multisim 10 实验工作区，按图 4.5.1 所示搭建仿真实验电路。

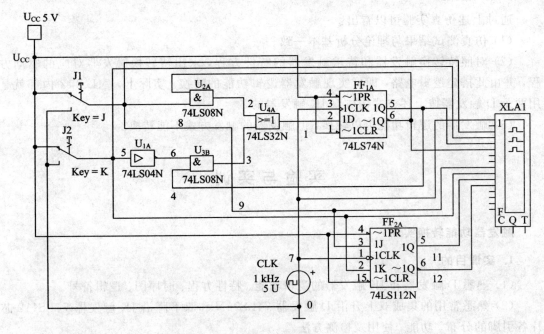

图 4.5.1 用 D 触发器和门电路转换、制作 JK 触发器的仿真测试电路

（3）仿真测试。在 Multisim 10 实验工作区，双击逻辑分析仪图标，打开逻辑分析仪表面。当 J＝K＝1 时，可以看到用 D 触发器和门电路转换、制作的，上升沿触发的 JK 触发器工作在计数状态时输出的电压波形，如图 4.5.2 所示。

作为比照对象，在图 4.5.1 所示电路中，放置了一个下降沿触发的 JK 触发器 FF_{2A}（74 LS112N），与用 D 触发器 FF_{1A}（74LS74N）和门电路转换、制作的，上升沿触发的 JK 触发器同步工作。从图中可以明显地看到，两者都工作在计数状态，但用 FF_{1A} 等构成的 JK 触发器是由时钟脉冲的上升沿触发的，而 $FF_2 A$ JK 触发器是由时钟脉冲的下降沿触发的；两者的输出都与时钟脉冲信号具有二分频的关系。

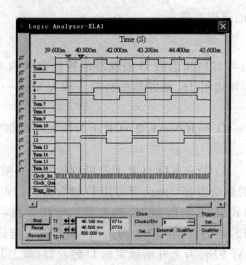

图 4.5.2 仿真测试波形

3. 分析讨论

通过上述仿真实验可以看出：

（1）仿真测试结果与理论分析基本一致。

（2）对照待转换触发器和待求触发器的特性方程，求出待转换触发器对应的驱动方程，并由此搭建逻辑电路，即可实现触发器逻辑功能的转换。实际上，74LS112 内部就是用两个 D 触发器按上述方式构成双 JK 触发器的。

（3）触发器的逻辑功能可以转换，但触发器的触发方式不能转换。

实 验 与 实 训

触发器功能转换实训

1. 实训目的

（1）熟悉 D 触发器和 JK 触发器的逻辑功能、特性方程、时序图、逻辑符号。

（2）熟悉常用的集成双上升沿 D 触发器 74LS74N 和双下降沿 JK 触发器 74LS112 芯片各引脚的分布、功能、使用及检测方法。

（3）掌握不同功能触发器之间的相互转换的一般方法。

2. 实训设备与器材

（1）数字电子技术综合实验台 1 台套，脉冲信号发生器 1 台，双踪示波器 1 台。

（2）集成电路芯片六反相器 74LS04N、四 2 输入与门 74LS08N、四 2 输入或门 74LS32N、双上升沿 D 触发器 74LS74N、双下降沿 JK 触发器 74LS112N 各一片。

3. 实训内容

（1）按表 4.5.1 所列内容，参照图 4.5.1 所示电路，画出检测 D 触发器 74LS74 逻辑功能的实验电路，据此，在数字电子技术综合实验台上连接实验电路，检测双上升沿 D 触发器 74LS74N 逻辑功能，并将检测结果填入表 4.5.1 中。

（2）按表 4.5.2 所列内容，参照图 4.5.1 所示电路，画出检测 JK 触发器 74LS112 逻辑功能的实验电路，据此，在数字电子技术综合实验台上连接实验电路，检测双下降沿 JK 触发器 74LS112 逻辑功能，并将检测结果填入表 4.5.2 中。

（3）按图 4.5.1 所示，画出实验电路，据此，在数字电子技术综合实验台上连接用 D 触发器和门电路转换、制作的，上升沿触发的 JK 触发器的实验电路。对转换、制作的 JK 触发器进行逻辑功能检测，并将检测结果填入表 4.5.3 中。

表 4.5.1

$\overline{S}_D$	$\overline{R}_D$	CP	D	Q^{n+1}	$\overline{Q}^{n+1}$	功能说明
0	0	×	×			
0	1	×	×			
1	0	×	×			
1	1	↑	0			
1	1	↑	1			

表 4.5.2

$\overline{S}_D$	$\overline{R}_D$	CP	J	K	Q^{n+1}	$\overline{Q}^{n+1}$	功能说明
0	0	×	×	×			
0	1	×	×	×			
1	0	×	×	×			
1	1	↓	0	0			
1	1	↓	0	1			
1	1	↓	1	0			
1	1	↓	1	1			

表 4.5.3

$\overline{S}_D$	$\overline{R}_D$	CP	J	K	Q^{n+1}	$\overline{Q}^{n+1}$	功能说明
0	0	×	×	×			
0	1	×	×	×			
1	0	×	×	×			
1	1	↑	0	0			
1	1	↑	0	1			
1	1	↑	1	0			
1	1	↑	1	1			

（4）分析、讨论实训的检测结果，说明边沿触发器的触发特点，并完成书面的实训总结报告。

本 章 小 结

1. 触发器是数字系统中的基本逻辑单元。触发器是一种能记忆(或存储)1 位二值信息 0 和 1 的电路,具有两种稳定互补的输出状态,在外信号作用下,两种稳定状态可以相互转换。

2. 触发器按逻辑功能分类有 RS 触发器、D 触发器、JK 触发器、T 触发器和 T′ 触发器等。同一种逻辑功能的触发器可以有各种不同的电路结构形式和不同的制造工艺。每一种逻辑功能的触发器都可以通过增加门电路和适当的外部连线转换为其他功能的触发器。

3. 触发器输出的次态与原态及输入信号之间的逻辑关系称为触发器的逻辑功能。描述触发器逻辑功能的方法主要有特性表、特性方程、状态转换图、时序图等。它们之间可相互转换。

4. 典型触发器的特性方程。

(1) 基本 RS 触发器(由两个**与非门**构成):

$$\begin{cases} Q^{n+1} = S_D + \overline{R}_D Q^n \\ \overline{S}_D + \overline{R}_D = 1 \text{(约束条件)} \end{cases}$$

(2) 同步的 RS 触发器($CP=1$、$\overline{S}_D = \overline{R}_D = 1$ 时):

$$\begin{cases} Q^{n+1} = S + \overline{R} \cdot Q^n \\ SR = 0 \text{(约束条件)} \end{cases}$$

(3) 边沿 D 触发器:

$$Q^{n+1} = D \quad (\text{CP 上升沿到达时刻有效})$$

(4) 边沿 JK 触发器:

$$Q^{n+1} = J\overline{Q}^n + \overline{K}Q^n \quad (\text{CP 下降沿到达时刻有效})$$

(5) 边沿 T 触发器:

$$Q^{n+1} = T\overline{Q}^n + \overline{T}Q^n$$

(6) 边沿 T′ 触发器:

$$Q^{n+1} = \overline{Q}^n$$

5. 集成边沿 D 触发器和边沿 JK 触发器是工程中常用的两种集成电路。

习 题

4.1 由与非门构成的基本 RS 触发器的输入信号波形如图 E4.1 所示,试画出输出 Q 和 $\overline{Q}$ 的波形。设触发器初始状态为 $Q = 0$。

4.2 同步 RS 触发器的输入信号波形如图 E4.2 所示,试画出输出 Q 和 $\overline{Q}$ 的波形。设触发器初始状态为 $Q = 0$。

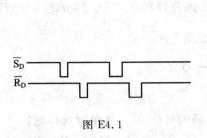

图 E4.1

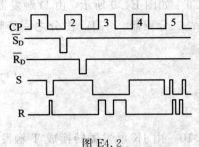

图 E4.2

4.3 边沿 D 触发器（CP 上升沿触发）的输入信号波形如图 E4.3 所示，试画出输出 Q 和 $\overline{Q}$ 的波形。设触发器初始状态为 Q＝0。

4.4 边沿 JK 触发器（CP 下降沿触发）的输入信号波形如图 E4.4 所示，试画出输出 Q 和 $\overline{Q}$ 的波形。设触发器初始状态为 Q＝0。

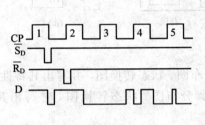

图 E4.3

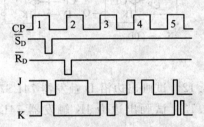

图 E4.4

4.5 边沿 T 触发器（CP 上升沿触发）的输入信号波形如图 E4.5 所示，试画出输出 Q 的波形。设触发器初始状态为 Q＝0。

4.6 边沿 T′ 触发器（CP 下降沿触发）的输入信号波形如图 E4.6 所示，试画出输出 Q 的波形。设触发器初始状态为 Q＝0。

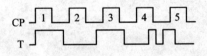

图 E4.5

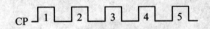

图 E4.6

4.7 欲使 JK 触发器的状态由 0 变成 1，则必须（   ）。（单项选择题）

A. J＝0   B. K＝0   C. J＝1   D. K＝1

4.8 设图 E4.8 所示各边沿触发器的初始状态为 Q＝0，试对应输入信号 CP，画出输出 Q 的波形。

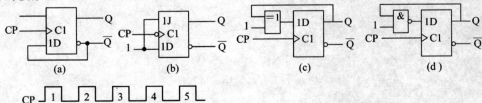

图 E4.8

4.9　如图 E4.9 所示，由 D 触发器构成的电路是（　　）。（单项选择题）

A. 二分频器　　　B. 二分之一分频器　　　C. 四分频器　　　　D. 四分之一分频器

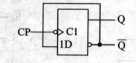

图 E4.9

4.10　由 JK 触发器转换成 T 触发器，连接正确的是（　　）。（单项选择题）

A. $J = \bar{K} = T$　　　B. $K = T$　　　　　　C. $J = T$　　　　D. $J = K = T$

4.11　如图 E4.11 所示，由 JK 触发器转换成 D 触发器，连接正确的是（　　）。（单项选择题）

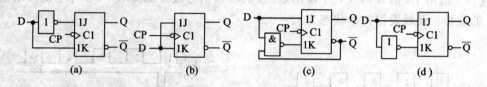

图 E4.11

4.12　试画出边沿 D 触发器 74LS74 的引脚分布图、状态转换图，并写出其特性方程。

4.13　试画出边沿 JK 触发器 74LS112 的引脚分布图、状态转换图，并写出其特性方程。

4.14　试将边沿 JK 触发器转换成边沿 T 触发器。

4.15　试将边沿 JK 触发器转换成边沿 T' 触发器。

4.16　试将边沿 JK 触发器转换成边沿 D 触发器。

第 5 章　　时序逻辑电路

学习要求及知识点

1. 学习要求

(1) 要掌握时序逻辑电路的概念及其与组合逻辑电路的区别。

(2) 要掌握同步时序逻辑电路的分析方法。

(3) 要掌握同步时序逻辑电路的设计方法。

(4) 要掌握一些常用的时序逻辑电路及其应用。

2. 知识点

- 时序逻辑电路在逻辑功能和电路结构上的特点；
- 时序逻辑电路与组合逻辑电路的区别；
- 时序逻辑电路的描述方法；
- 同步时序逻辑电路的分析方法；
- 寄存器及移位寄存器电路；
- 计数器电路；
- 集成计数器的应用；
- 同步时序逻辑电路的设计方法；
- 如何用 Multisim 仿真软件分析设计时序逻辑电路。

5.1　时序逻辑电路概述

5.1.1　时序逻辑电路的概念

　　逻辑电路可分为组合逻辑电路与时序逻辑电路。经过第 3 章组合逻辑电路的学习，从功能上看，组合逻辑电路的输出与电路原状态无关，仅取决于当时的输入。而本章所介绍的时序逻辑电路的输出不仅与当时的输入有关，还与原来的状态有关，更通俗地说，就是还与先前的输入有关。所以从结构上看，组合逻辑电路仅由若干逻辑门电路组成，没有存储单元，一组输入即得到一组相应的输出，因而无记忆功能；在时序逻辑电路中，除了包含反映当前输入状态的组合逻辑电路外，还包含能够反映先前输入状态的存储电路，因而具有记忆功能。记忆电路可以是触发器，也可以是延时电路，其他记忆元件较少采用。

时序逻辑电路原理框图如图 5.1.1 所示。图中，组合逻辑电路的外(部)输出 $Z_1 \cdots Z_j$ 是整个时序逻辑电路的输出，而内部逻辑输出 $D_1 \cdots D_m$ 则作为记忆电路的输入，$X_1 \cdots X_i$ 是组合逻辑电路的外(部)输入，$Q_1 \cdots Q_n$ 是组合逻辑电路的内(部)输入，也是记忆电路的输出。

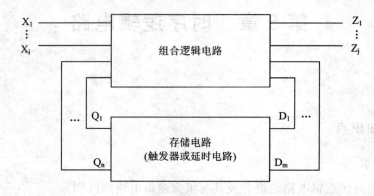

图 5.1.1　时序逻辑电路原理框图

由图 5.1.1 可写出其逻辑函数式

$$Z_i = f_i(X_1, X_2, \cdots, X_n, Q_1, Q_2, \cdots, Q_n)(i = 1, \cdots, j) \tag{5.1.1}$$

$$D_k = g_k(X_1, X_2, \cdots, X_n, Q_1, Q_2, \cdots, Q_n)(k = 1, \cdots, m) \tag{5.1.2}$$

式(5.1.1)称为输出函数，式(5.1.2)称为控制函数或激励函数。

从图 5.1.1 可以看出时序逻辑电路在结构上有两个特点：

(1) 在一般情况下，电路包含有组合逻辑电路和存储电路两部分；

(2) 组合逻辑电路至少有一个输出反馈到存储电路的输入端，而存储电路的输出中至少有一个是组合逻辑电路的输入，与当前的其他外输入共同决定电路当前的输出。

为了能更好地理解时序逻辑电路的特点，我们通过日常生活中的一些实例来进一步说明。例如公交车上的自动售票装置就是一个典型的时序逻辑问题。自动售票装置要根据乘客当前所投钱币的面值和累计所投金额来决定投币是否完成以及产生清零信号。其中乘客当前所投钱币即时序逻辑电路的"输入信号"，投币是否完成的提示音以及清零信号则是该电路的"输出信号"，而投币不一定是一次完成的，往往要投几枚钱币才能达到所需金额。很明显，在控制电路中必须具备存储电路，用于记忆先前累计投币金额，这种记忆单元的反馈信号称为"激励信号"。我们将当前累计所投金额定义为一个状态，称之为"现态"，而将下一次的累计金额定义为另一个状态，称之为"次态"。若所投钱币未达到所需金额，电路提示请继续投币，每投币一次电路状态改变一次，若达到所需金额，电路输出投币完成的提示音，将所累计金额清零返回最初状态，准备接受下一位乘客的投币。整个投币过程就是一个电路状态转换的过程。

上面例子中所提到的输入信号、输出信号、激励信号以及现态、次态和电路状态转换的关系就是本章所研究的主要内容。

可以看出，"状态"在时序逻辑电路中是一个很重要的概念，时序逻辑电路的"状态"分为内部状态和外部状态，内部状态是指存储电路的输出状态 $Q_1 \cdots Q_n$；而外部状态是指整个时序逻辑电路的输出状态 $Z_1 \cdots Z_j$。以后所讨论的时序电路的状态一般是指内部状态，即存储电路的状态。

5.1.2　时序逻辑电路分类

　　根据存储电路中的触发器动作特点的不同，时序逻辑电路可分为同步时序逻辑电路和异步时序逻辑电路两大类。在同步时序逻辑电路中，各触发器单元的时钟输入端有一个统一的时钟脉冲，各存储单元状态的转换都是在同一时钟信号的操作下同时进行的，并且时钟脉冲间隔不能过短，只有在前一时钟脉冲所引起的电路响应完全结束之后，也就是电路已进入新的稳态之后，下一个时钟才能到来，否则会发生逻辑混乱。而在异步时序逻辑电路中，各触发器的时钟输入端没有统一的时钟信号，各存储单元状态的改变不是同时发生的；或者电路中没有时钟脉冲，如由两个**与非**门构成的基本 RS 触发器，如图 5.1.2 所示。在实际应用中，大多数时序逻辑电路都属于同步时序逻辑电路，而且某些异步时序电路的局部单元也可看做是同步时序逻辑电路，因此本章将主要讨论同步时序逻辑电路的分析和设计方法。

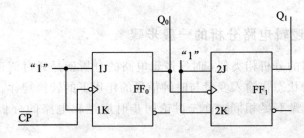

图 5.1.2　异步时序逻辑电路模型

　　根据输出信号的特点，又可将时序逻辑电路分为米利（Mealy）型和穆尔（Moore）型两种。所谓米利型电路，是指电路的输出状态不仅与存储电路的状态有关，还与当前的外输入信号有关，如图 5.1.3(a)所示，其输出函数可用式(5.1.1)表示。而穆尔型电路是指电路的输出状态仅与存储电路的状态有关而与外输入信号无关，或者没有外输入信号，如图 5.1.3(b)所示，其输出函数可用式(5.1.3)表示。

$$Z_i = f_i(Q_1, Q_2, \cdots, Q_n)(i = 1, \cdots, j) \tag{5.1.3}$$

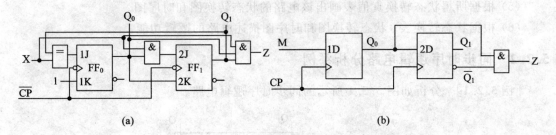

(a)　　　　　　　　　　　　　　　　　　　(b)

图 5.1.3　同步时序逻辑电路模型

（a）米利型；（b）穆尔型

　　时序逻辑电路并非都具备如图 5.1.1 所示的完整形式。例如，有些时序逻辑电路中没有组合逻辑电路部分，而有些时序电路则没有输入变量，但它们在逻辑功能上仍具有时序逻辑电路的基本特征。

课堂活动

一、课堂提问和讨论

1. 组合逻辑电路和时序逻辑电路在逻辑功能和电路结构上有何区别？
2. 同步时序电路和异步时序电路有什么不同？
3. 米利型和穆尔型电路在结构上有何区别？

二、学生演讲和演板

试画出时序逻辑电路的结构框图。

5.2　时序逻辑电路分析

5.2.1　同步时序逻辑电路分析的一般步骤

与组合逻辑电路的分析相类似，时序逻辑电路的分析就是通过阅读逻辑电路图，找出电路的状态和输出的状态在输入变量与时钟信号的作用下的转换规律，并分析它们的逻辑功能。具体的分析步骤不尽相同，首先讨论同步时序逻辑电路的分析方法，其一般步骤如下：

（1）分析电路的组成。

（2）根据所给出的逻辑图写出每个触发器的驱动方程（存储电路中各触发器输入信号的函数式，又叫激励函数）；根据所给出的逻辑图写出整个时序逻辑电路的各输出方程（各外输出函数），组成输出方程组。

（3）将所得到的驱动方程代入相应触发器的特性方程，求得每个触发器的次态方程。而由这些次态方程可得到整个时序电路的次态方程组。

（4）根据所得次态方程组和输出方程组，列出同步时序逻辑电路的状态转换真值表。

（5）根据所得状态转换真值表画出该电路的状态转换图和时序图。

（6）根据状态转换表、状态转换图和时序图描述电路的逻辑功能。

5.2.2　同步时序逻辑电路分析举例

［例 5.2.1］　分析如图 5.2.1 所示的同步时序逻辑电路。

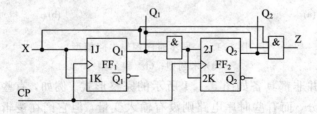

图 5.2.1　例 5.2.1 同步时序逻辑电路

［解］　（1）分析电路组成。组合逻辑部分是一个与门，存储电路是两级 JK 触发器，有

一个外输入 X 和一个外输出 Z。

（2）根据所给出的逻辑电路图写出驱动方程和外输出方程。

驱动方程：

$$\begin{cases} J_1 = K_1 = X \\ J_2 = K_2 = XQ_1 \end{cases} \tag{5.2.1}$$

外输出方程：

$$Z = XQ_2Q_1 \tag{5.2.2}$$

（3）将所得到的驱动方程代入相应触发器的特性方程，求得每个触发器的次态方程。

JK 触发器的特性方程：

$$Q^{n+1} = J\overline{Q} + \overline{K}Q$$

将式（5.2.1）代入上式得次态方程组：

$$\begin{cases} Q_1^{n+1} = J_1\overline{Q}_1 + \overline{K}_1Q_1 = X \oplus Q_1 \\ Q_2^{n+1} = J_2\overline{Q}_2 + \overline{K}_2Q_2 = XQ_1 \oplus Q_2 \end{cases} \tag{5.2.3}$$

（4）根据所得次态方程组（式（5.2.3））和外输出方程（式（5.2.2）），列出状态转换真值表。

若将任何一组输入变量以及电路初始状态（任意现态）的取值代入次态方程和外输出方程，即可算出电路的次态及输出值，以得到的次态作为新的初始状态，和此时的外输入变量取值再次代入次态方程和输出方程进行计算，又可得到一组新的次态和输出值，如此继续，将全部的现态逐一代入方程并将计算结果列成真值表的形式，这就是状态转换真值表。

该电路有一个外输入 X 和一个外输出 Z，两个状态变量 Q_2 和 Q_1（内输入），所以该电路有 8 种输入组合，根据式（5.2.3）和式（5.2.2）可求出每一种组合的输出 Z 和次态 Q_1^{n+1}、Q_2^{n+1} 的值。例 5.2.1 的状态转换真值表如表 5.2.1 所示。

表 5.2.1　例 5.2.1 的状态转换真值表

输入	现　　态		次　　态		输出
X	Q_2	Q_1	Q_2^{n+1}	Q_1^{n+1}	Z
0	0	0	0	0	0
0	0	1	0	1	0
0	1	0	1	0	0
0	1	1	1	1	0
1	0	0	0	1	0
1	0	1	1	0	0
1	1	0	1	1	0
1	1	1	0	0	1

（5）状态转换真值表虽然可以描述电路的状态转换和逻辑功能，但是不够直观，为了以更加形象的方式显示出电路的逻辑功能，可根据状态转换真值表画出该电路的状态转换

图。将计数器状态转换表用图形的方式来描述，这种图形称为状态图。在状态图中，圆圈及圈内的字母或数字表示电路的各个状态，连线及箭头表示状态转换方向（由现态到次态），当箭头的起点和终点都在同一个圆圈上时，则表示状态不变。标在连线一侧的数表示状态转换前输入信号的取值和输出值。通常将输入信号的取值写在斜线以上，输出值写在斜线以下。由于存储电路由两个触发器构成，所以电路的状态组合有四种，可假设电路现态 Q_2Q_1 为 00、01、10 和 11，画出状态转换图如图 5.2.2 所示。

设电路的初始状态 $Q_2Q_1=00$，根据状态转换表和状态转换图画出该电路在一系列 CP 脉冲作用下的时序图，如图 5.2.3 所示。

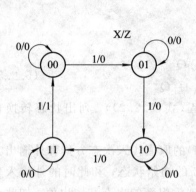

图 5.2.2 例 5.2.1 状态转换图

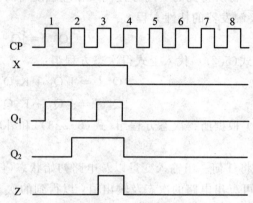

图 5.2.3 例 5.2.1 时序图

（6）描述电路逻辑功能。从状态转换真值表、状态转换图和时序图可以看出，当 X=0 时，电路状态保持不变，而当 X=1 时，电路状态在 CP 脉冲的作用下按照 00→01→10→11 →00 的循环转换，并且每四个 CP 脉冲作用后，即计数到 11 时，Z 输出一个进位脉冲。由此可知该电路是一个可控的模 4 二进制加法计数器。

［例 5.2.2］ 已知如图 5.2.4 所示的同步时序逻辑电路，请分析其逻辑功能。

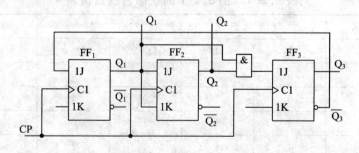

图 5.2.4 例 5.2.2 同步时序逻辑电路

［解］ （1）分析电路组成。该电路无外输入和外输出，存储电路由三级 JK 触发器构成。

（2）根据所给出的逻辑电路图写出驱动方程：

$$\begin{cases} J_1 = \overline{Q_3}, K_1 = 1 \\ J_2 = K_2 = Q_1 \\ J_3 = Q_2Q_1, K_3 = 1 \end{cases} \qquad (5.2.4)$$

（3）将所得到的驱动方程代入相应触发器的特性方程，求得次态方程组：

JK 触发器的特性方程：

$$Q^{n+1} = J\overline{Q} + \overline{K}Q$$

将式（5.2.4）代入上式得次态方程组：

$$
\begin{cases}
Q_1^{n+1} = J_1\overline{Q}_1 + \overline{K}_1 Q_1 = \overline{Q}_3\overline{Q}_1 \\
Q_2^{n+1} = J_2\overline{Q}_2 + \overline{K}_2 Q_2 = Q_1 \oplus Q_2 \\
Q_3^{n+1} = J_3\overline{Q}_3 + \overline{K}_3 Q_3 = \overline{Q}_3 Q_2 Q_1
\end{cases}
\tag{5.2.5}
$$

（4）根据所得次态方程组（式（5.2.5））和输出方程（式（5.2.4）），列出状态转换真值表，如表 5.2.2 所示。

表 5.2.2　例 5.2.2 的状态转换真值表

现　态			次　态		
Q_3	Q_2	Q_1	Q_3^{n+1}	Q_2^{n+1}	Q_1^{n+1}
0	0	0	0	0	1
0	0	1	0	1	0
0	1	0	0	1	1
0	1	1	1	0	0
1	0	0	0	0	0
1	0	1	0	1	0
1	1	0	0	1	0
1	1	1	0	0	0

（5）根据状态转换真值表画出该电路的状态转换图。该存储电路由三个触发器构成，所以电路的状态组合有 8 种，可假设电路现态 $Q_3Q_2Q_1$ 为 000、001、010、011、100、101、110、111，其状态转换图如图 5.2.5 所示。

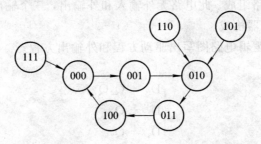

图 5.2.5　例 5.2.2 状态转换图

设电路的初始状态 $Q_3Q_2Q_1 = 000$，画出该电路的时序图，如图 5.2.6 所示。

（6）描述电路逻辑功能。从状态转换真值表、状态转换图和时序图可以看出，三个触发器共 8 个状态，其中有 5 个状态是有效状态，构成有效循环，另三个状态是无效状态（偏

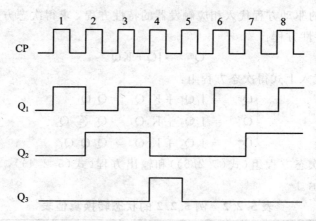

图 5.2.6 例 5.2.2 时序图

离态)。电路状态在 CP 脉冲的作用下按照 000→001→010→011→100→000 的循环转换，所以它是一个五进制同步加法计数器。

判断能否自启动的方法是：当电源开始加电或者工作中遇到外界干扰情况进入无效状态 110、111、101 时，在经过一个 CP 脉冲后可以进入有效循环，例如无效状态 111 在经过一个 CP 脉冲后转换成有效状态 000，从而进入有效循环。这种能够通过 CP 脉冲从无效状态自动进入有效状态的电路称其具有自启动能力，反之则无自启动能力。综上所述，该电路是一个可自启动的五进制同步加法计数器。

[**例 5.2.3**] 已知图 5.2.7 所示的同步时序逻辑电路，试分析其逻辑功能。

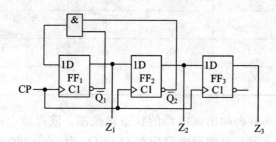

图 5.2.7 例 5.2.3 同步时序逻辑电路

[**解**] （1）分析电路组成。此电路无外输入和外输出，三个输出由触发器的状态提供，存储电路由三级 D 触发器构成。

（2）根据所给出的逻辑电路图写出驱动方程和外输出方程。

驱动方程：

$$\begin{cases} D_1 = \overline{Q}_2 \overline{Q}_1 \\ D_2 = Q_1 \\ D_3 = Q_2 \end{cases} \qquad (5.2.6)$$

外输出方程：

$$\begin{cases} Z_1 = Q_1^{n+1} \\ Z_2 = Q_2^{n+1} \\ Z_3 = Q_3^{n+1} \end{cases} \qquad (5.2.7)$$

（3）将所得到的驱动方程代入相应触发器的特性方程，得到次态方程组：

D 触发器的特性方程：

$$Q^{n+1} = D$$

将式（5.2.6）代入上式得次态方程组：

$$\begin{cases} Q_1^{n+1} = D_1 = \overline{Q}_2\overline{Q}_1 \\ Q_2^{n+1} = D_2 = Q_1 \\ Q_3^{n+1} = D_3 = Q_2 \end{cases} \tag{5.2.8}$$

（4）列状态转换真值表，如表 5.2.3 所示。

表 5.2.3 例 5.2.3 的状态转换真值表

现 态			次 态		
Q_3	Q_2	Q_1	Q_3^{n+1}	Q_2^{n+1}	Q_1^{n+1}
0	0	0	0	0	1
0	0	1	0	1	0
0	1	0	1	0	0
0	1	1	1	1	0
1	0	0	0	0	1
1	0	1	0	1	0
1	1	0	1	0	0
1	1	1	1	1	0

（5）画状态转换图和时序图。由表 5.2.3 画出电路状态转换图（见图 5.2.8）和时序图（见图 5.2.9）。

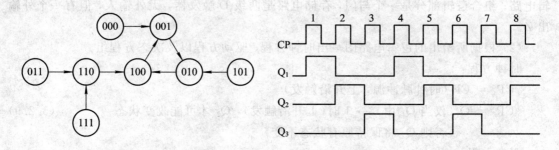

图 5.2.8 例 5.2.3 状态转换图　　　　　图 5.2.9 例 5.2.3 时序图

（6）描述电路逻辑功能。从状态转换图可见，001、010、100 这三个状态形成了闭合回路，在电路正常工作时，电路状态总是按照回路中的箭头方向循环变化的，这三个状态为有效状态，其余的五个状态为无效状态（偏离态）。

从该电路的状态转换真值表和状态转换图不太容易直接看出此电路的逻辑功能，而由它的时序图可见，这个电路在正常工作时，各触发器的输出端轮流出现一个脉冲信号，其脉冲宽度为一个 CP 周期，即 $1T_{CP}$，循环周期为 $3T_{CP}$；这个动作可以看做是在 CP 脉冲作用下，电路把宽度为 $1T_{CP}$ 的脉冲依次分配给 Q_0、Q_1、Q_2 各端，所以该电路的功能为脉冲分配器或节拍脉冲产生器。由状态转换图可知，若此电路由于某种原因进入无效状态时，在 CP 脉冲作用后，电路能自动回到有效序列，所以此电路具有自启动能力。

5.2.3　异步时序逻辑电路分析

异步时序逻辑电路与同步时序逻辑电路的分析方法基本相同。在异步时序逻辑电路中，由于没有统一的时钟脉冲，分析时必须注意，触发器只有在加到其 CP 端上的信号有效时，才有可能改变状态。CP 信号无效或没有 CP 信号时，触发器都将保持原有状态不变。因此，在考虑各触发器状态转换时，除考虑驱动信号的情况外，还必须考虑其 CP 端的情况，即根据各触发器的时钟信号 CP 的逻辑表达式及触发方式，确定各 CP 端是否有触发信号作用（对于由上升沿触发的触发器而言，当其 CP 端的信号由 0 变为 1 时，有触发信号作用；对于由下降沿触发的触发器而言，当其 CP 端的信号由 1 变为 0 时，有触发信号作用）。有触发信号作用的触发器能改变状态，无触发信号作用的触发器则保持原有的状态不变。

由此可见异步时序逻辑电路的分析步骤要比同步时序逻辑电路复杂。下面我们通过一个异步时序逻辑电路的例题，来说明异步时序逻辑电路的分析方法。

[**例 5.2.4**]　已知如图 5.2.10 所示的异步时序逻辑电路，试分析其逻辑功能。

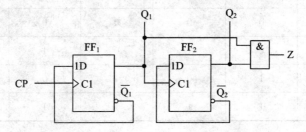

图 5.2.10　例 5.2.4 异步时序逻辑电路

[**解**]　（1）分析电路组成。在此电路中，CP_2 未与时钟脉冲源 CP 相连，属异步时序逻辑电路；组合逻辑部分是一个**与**门，存储电路是两级 D 触发器，无外输入，但有一个外输出 Z。

（2）根据所给出的逻辑电路图写出时钟方程、驱动方程以及次态方程组。

时钟方程：

$$\begin{cases} CP_1 = CP\text{（时钟脉冲源，上升沿触发）} \\ CP_2 = Q_1\text{（仅当 } Q_1 \text{ 由 } 0 \to 1 \text{ 时（上升沿触发），} Q_2 \text{ 才可能改变状态} \\ \qquad \text{否则 } Q_2 \text{ 将保持原有状态不变）} \end{cases} \tag{5.2.9}$$

驱动方程：

$$\begin{cases} D_1 = \overline{Q_1} \\ D_2 = \overline{Q_2} \end{cases} \tag{5.2.10}$$

输出方程：

$$Z = Q_2 Q_1$$

（3）各触发器的次态方程组：

$$\begin{cases} Q_1^{n+1} = D_1 = \overline{Q_1} \\ Q_2^{n+1} = D_2 = \overline{Q_2} \end{cases} \tag{5.2.11}$$

（4）状态转换真值表如表 5.2.4 所示。

表 5.2.4　例 5.2.4 的状态转换真值表

时钟脉冲		现 态		次 态		输出
CP_2	CP_1	Q_2	Q_1	Q_2^{n+1}	Q_1^{n+1}	Z
↑	↑	0	0	1	1	0
	↑	0	1	0	0	0
↑	↑	1	0	0	1	0
	↑	1	1	1	0	1

（5）状态图和时序图。状态转换图如图 5.2.11 所示，时序图如图 5.2.12 所示。

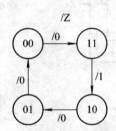

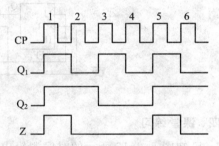

图 5.2.11　例 5.2.4 状态转换图　　　　图 5.2.12　例 5.2.4 时序图

（6）描述电路逻辑功能。由状态图和时序图可知，电路状态在 CP 脉冲的作用下按照 00→11→10→01→00 的循环转换，并且每四个 CP 脉冲作用后，即计数到 11 时，Z 输出一个借位脉冲。故知此电路是一个异步四进制减法计数器，Z 是借位信号；也可把该电路看做一个序列信号发生器。四个 CP 周期为输出序列脉冲信号 Z 的重复周期。

课堂活动

一、课堂提问和讨论

1. 如何理解时序电路中的现态和次态，它们之间有何关系？
2. 如何理解时序电路分析中出现的驱动方程、特性方程和次态方程？
3. 同步时序逻辑电路和异步时序逻辑电路在分析方法上有什么不同？
4. 如何判断时序电路的状态中哪些是有效状态？哪些是无效状态？

二、学生演讲和演板

1. 已知图 5.2.13 所示的时序逻辑电路，请写出其驱动方程和次态方程。
2. 已知图 5.2.14 所示的时序逻辑电路，请分析其逻辑功能，写出其驱动方程、次态方程和输出方程，列出状态转换真值表并画出状态转换图。

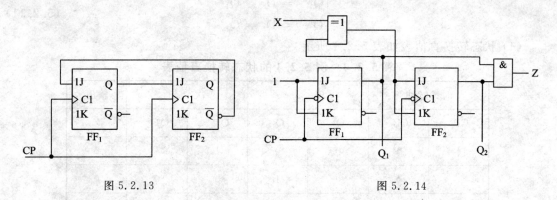

图 5.2.13　　　　　　　　　　图 5.2.14

三、小组活动

分小组讨论，如何判断一个时序逻辑电路是否具有自启动能力？并判断图 5.2.15 所示时序电路能否自启动。

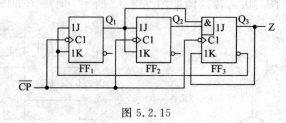

图 5.2.15

四、课堂练习

1. 已知图 5.2.16 所示的时序逻辑电路，请分析其逻辑功能，写出其驱动方程、次态方程和输出方程，列出状态转换真值表并画出状态转换图。

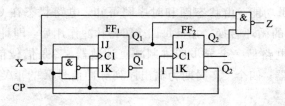

图 5.2.16

2. 已知图 5.2.17 所示的时序逻辑电路，请分析其逻辑功能，写出其驱动方程、次态方程和输出方程，列出状态转换真值表并画出状态转换图，检查电路能否自启动。

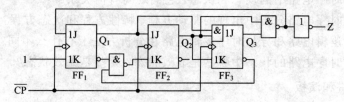

图 5.2.17

3. 已知图 5.2.18 所示的时序逻辑电路，请分析其逻辑功能，写出其驱动方程、次态方程和输出方程，列出状态转换真值表并画出状态转换图，检查电路能否自启动。

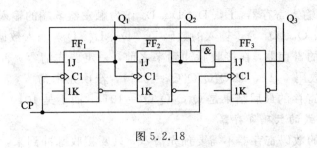

图 5.2.18

5.3 典型时序逻辑电路

5.3.1 寄存器

在计算机和很多数字电路中，常常需要暂时存放一些二值数码，而寄存器（Register）就是用来存放二值数据、指令和代码的逻辑部件的。用一个触发器组成的寄存器可以寄存一位二进制代码，用 N 个触发器组成的寄存器就可以存放 N 位二进制数码，这也是寄存器存入数码的基本原理。寄存器不同于存储器，它容量小，存放时间短，只适合于暂时存放一些中间处理结果；而存储器容量大，存放时间长，常用于存放最终结果。

寄存器可以分为数码寄存器和移位寄存器。

1. 数码寄存器

数码寄存器只具有接收数码和清除原数码的功能，按照接收数码方式的不同，可分为双拍接收和单拍接收两种类型。

1）双拍接收方式

（1）电路组成。图 5.3.1 所示为由基本 RS 触发器和**与非门**组成的 4 位数码寄存器，D_3、D_2、D_1、D_0 依次为 4 位数码输入端，Q_3、Q_2、Q_1、Q_0 为对应的 4 个输出端，还有一个清零端，一个接收控制端。

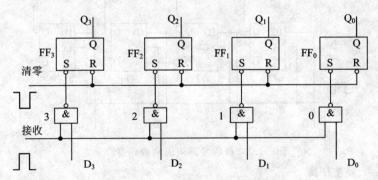

图 5.3.1 双拍接受方式的数码寄存器

（2）工作过程。第一拍：清零。用一个负脉冲（清零脉冲或复位脉冲）接入基本 RS 触发器的 $\overline{R}$ 端，所有的触发器置 0，也称复位到 0 状态。

第二拍：寄存数码。用一个正脉冲（接收脉冲或存数脉冲）将所有的**与非门**开启，则数

码 D_3、D_2、D_1、D_0 输入寄存器，$\overline{D_3}$、$\overline{D_2}$、$\overline{D_1}$、$\overline{D_0}$ 作为触发器 $\overline{S}$ 端的输入信号，而此时 $\overline{R}$ 端为高电平，Q_3、Q_2、Q_1、Q_0 等于输入的数码 D_3、D_2、D_1、D_0，输入数据存入寄存器。

双拍接收方式的寄存器，在接收脉冲到来之前，一定要先清零，否则很容易出错。例如，寄存器已存放数码 0011，即 $Q_3Q_2Q_1Q_0=0011$，若预先未清零，直接将 $D_3D_2D_1D_0=1010$ 存入寄存器，寄存的最后结果是 $Q_3Q_2Q_1Q_0=1011$，而不是 1010，出现错误。

2）单拍接收方式的数码寄存器

单拍接收方式的数码寄存器不需要预先清零，只要接收脉冲到来，就可以将输入数据存入寄存器，一拍就能完成寄存的过程。

如图 5.3.2 所示，这种寄存器由四个相同的单元组成，每个单元由一个基本 RS 触发器及相应的控制门组成，不难分析出每个单元就是一个 D 锁存器。接收控制端就是 D 锁存器的时钟脉冲端 CP，CP 为高电平有效。

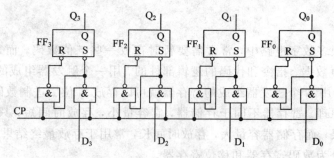

图 5.3.2　单拍数码寄存器

D 锁存器的特性方程为 $Q^{n+1}=D$（当 CP 的时钟脉冲到来时），因此当接收脉冲到来时，$Q_3^{n+1}Q_2^{n+1}Q_1^{n+1}Q_0^{n+1}=D_3D_2D_1D_0$，寄存器接收输入数码。

上面所述都是由电平触发方式的触发器组成的具有锁存功能的数码寄存器，在控制信号 CP 的有效电平期间都能寄存数码，因此不可避免出现空翻现象。为了克服空翻现象，我们还可以用主从 RS、D、JK 等触发器组成数码寄存器，这种寄存器在时钟脉 CP 的上升沿或下降沿接收数码。图 5.3.3 为 D 触发器构成的数码寄存器。

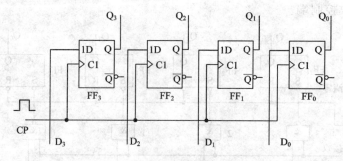

图 5.3.3　D 触发器构成的数码寄存器

3）中规模集成寄存器

中规模集成寄存器常见的有集成 4 位寄存器、集成 6 位寄存器、集成 8 位寄存器三种，一般都具有清零、接收、寄存和输出等四种功能。也有一些器件为了实际需要，简化电路为只有清零或禁止功能。图 5.3.4(a)就是集成 4 位寄存器 74LS175 的逻辑电路图，它具有清零端，并且有互补输出端，图(b)是它的引脚图。74LS175 的功能如表 5.3.1 所示。

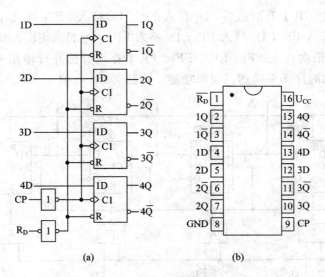

图 5.3.4　74LS175 逻辑图和引脚图

（a）逻辑图；（b）引脚图

表 5.3.1　74LS175 的功能表

输　入						输　出			
$\overline{R_D}$	CP	1D	2D	3D	4D	1Q	2Q	3Q	4Q
0	×	×	×	×	×	0	0	0	0
1	↑	1D	2D	3D	4D	1D	2D	3D	4D
1	1	×	×	×	×	保　持			
1	0	×	×	×	×	保　持			

2. 移位寄存器

上一小节介绍的寄存器只有寄存二值数据或代码的功能。有时为了处理数据，需要将寄存器中的各位数据在移位控制信号作用下，依次向高位或向低位移动 1 位。将具有移位功能的寄存器称为移位寄存器。

1）单向移位寄存器

仅具有左移或右移功能的移位寄存器叫单向移位寄存器。按照移位的方向不同可以分为左移和右移两种。一般把数据由低位向高位移动的寄存器称为右移寄存器，反之称为左移寄存器。按照数据写入和读出方式的不同，可以将这种寄存器分为串行输入—串行输出、串行输入—并行输出、并行输入—串行输出、并行输入—并行输出四种工作模式。一般通用性较强的集成移位寄存器都具有这四种工作模式。

（1）串行输入—串行输出/并行输出的单向移位寄存器。图 5.3.5 所示的寄存器由四个 D 触发器组成，每个触发器的 Q 端依次与下一个触发器的 D 端相连。因此 $Q_0^{n+1}=D$，$Q_1^{n+1}=Q_0^n$，$Q_2^{n+1}=Q_1^n$，$Q_3^{n+1}=Q_2^n$，只有第一个触发器接收输入数码。现将数码 $D_3 D_2 D_1 D_0$（1101）从高位串行输入，具体过程是：当第一个时钟上升沿过后，$Q_0^{n+1}=D_3=1$，FF_0 存入 1；第二个 CP 上升沿过后，$Q_0^{n+1}=D_2=1$，FF_0 存入 1，同时由于 $Q_1^{n+1}=Q_0^n=1$，D_3 挤入

FF_1；同理，第三个 CP 上升沿过后，D_1 存入 FF_0，D_2 挤入 FF_1，D_3 挤入 FF_2；第四个 CP 上升沿过后，D_0 存入 FF_0，D_1 挤入 FF_1，D_2 挤入 FF_2，D_3 挤入 FF_3。串行输入完毕，数据 $D_3 D_2 D_1 D_0 = 1101$ 依次存入 FF_3、FF_2、FF_1、FF_0，存入数据并行输出 $Q_3 Q_2 Q_1 Q_0 = 1101$。也可以用功能表和时序图来描述其逻辑功能，见表 5.3.2 和图 5.3.6。

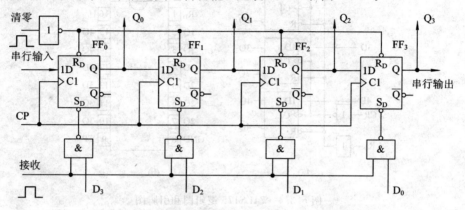

图 5.3.5　单向移位串/并行输入—串/并行输出寄存器逻辑图

表 5.3.2　右移寄存器状态表

CP	D_i	触发器状态			
		Q_0	Q_1	Q_2	Q_3
1	D_3 1	D_3 1	—	—	—
2	D_2 1	D_2 1	D_3 1	—	—
3	D_1 0	D_1 0	D_2 1	D_3 1	—
4	D_0 1	D_0 1	D_1 0	D_2 1	D_3 1

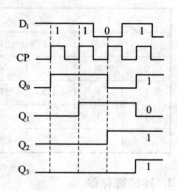

图 5.3.6　右移寄存器时序图

这种寄存器也可以串行输出。只需要再输入四个 CP 脉冲，四个数码便从 FF_3 的 Q 端串行输出。同理，我们可以做成左移的移位寄存器。

（2）串行/并行输入—串行/并行输出的单向移位寄存器。如图 5.3.5 所示为右移串行/并行输入—串行/并行输出单向移位寄存器。

并行输入的工作原理与串行输入的工作原理基本相同，只是选用了 D 触发器的 $\bar{S}_D$ 端（置位端）作为并行输入的输入端，$\bar{R}_D$（置零端）作为清零端。$\bar{S}_D$、$\bar{R}_D$ 具有优先功能，因此并行输入优先于串行输入。

2）双向移位寄存器

数据既可以左移又可以右移的寄存器称为双向移位寄存器，图 5.3.7 所示为一个基本的双向移位寄存器逻辑图。其中控制信号 S 和**与或非门**单元构成了一个二选一数据选择器，当右移信号到来 S=1 时，四个**与或非门**左边的**与门**开启，右边的**与门**关闭。右移输入数码 D_{SR} 取反以后，再经**与或非门**取反，再从 FF_0 的 D 端输入（相当于右移输入数码 D_{SR} 直接从 D 端输入）。FF_0 的 $\bar{Q}$ 端经过**与或非门**加到 FF_1 的 D 端（相当于 Q_0 直接从 FF_1 的 D

端输入），以此类推。因此，每输入一个移位脉冲，数码右移一位。

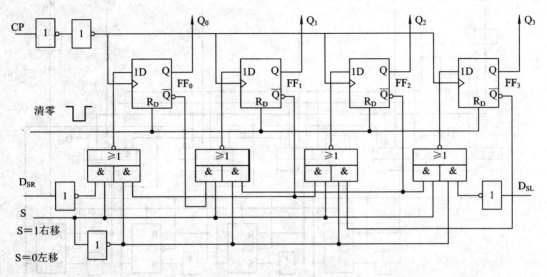

图 5.3.7　双向移位寄存器逻辑图

当 S＝0 时，所有的**与或非门**的右边的**与门**开启，左边的**与门**关闭，左移数码 D_{SL} 经非门取反，再经**与或非门**取反从 FF_3 的 D 端输入，再有 FF_3 的 $\overline{Q}$ 经**与或非门**取反，从 FF_2 的 D 端输入，以此类推，每经一个移位脉冲，数码左移一位。因此当控制信号 S＝1 时，数码右移；S＝0 时，数码左移，现双向移位。

3）中规模集成双向移位寄存器

集成移位寄存器的种类很多，比较典型的是 74194 或 CC40194，它们为 4 位双向通用移位寄存器，两者可以互换使用，其引脚排列图如图 5.3.8 所示，其逻辑图如图 5.3.9 所示。

图中 $\overline{R_D}$ 为异步清零端，D_{SL}、D_{SR} 分别为左移、右移串行数据输入端，S_1、S_0 为工作方式选择端，A、B、C、D 为并行数据输入端，$Q_A \sim Q_D$ 为数据输出端。其逻辑功能如表 5.3.2 所示。

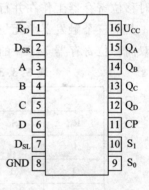

图 5.3.8　74194 引脚图

我们以第二位触发器 FF_1 为例，分析在 S_1、S_0 取值不同时移位寄存器的工作状态。

当 $S_1＝S_0＝0$ 时，最左端的**与或非门**输出低电平，使得所有触发器的 CP 端都恒为低电平，所以各触发器状态保持不变，因此移位寄存器工作在保持状态。

当 $S_1＝0$，$S_0＝1$ 时，**与或非门**单元中最左边的**与门**开启，其他**与门**被锁，最左端的输入信号 Q_A 被选中，使触发器 FF_1 的输入端 $S＝Q_A$、$R＝\overline{Q_A}$，当 CP 到达时 FF_1 被置成 $Q_B^{n+1}＝Q_A$，此时移位寄存器工作在右移状态。

当 $S_1＝1$，$S_0＝0$ 时，**与或非门**单元中最右边的**与门**开启，其他**与门**被锁，最右端的输入信号 Q_C 被选中，使触发器 FF_1 的输入端 $S＝Q_C$、$R＝\overline{Q_C}$，当 CP 到达时 FF_1 被置成 $Q_B^{n+1}＝Q_C$，此时移位寄存器工作在左移状态。

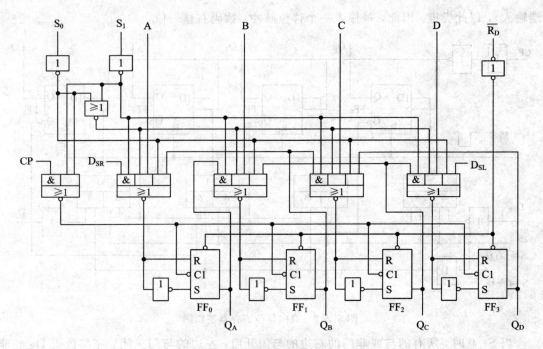

图 5.3.9　双向移位寄存器 74194 逻辑图

当 $S_1 = S_0 = 1$ 时，**与或非门单元中中间的与门开启**，其他与门被锁，中间与门的输入信号 B 被选中，使触发器 FF_1 的输入端 $S = B$、$R = \bar{B}$，当 CP 到达时 FF_1 被置成 $Q_B^{n+1} = B$，此时移位寄存器工作在并行置数状态。

其他三个触发器单元与 FF_1 的工作原理基本一致，不再讨论。根据以上分析可得出 4 位双向移位寄存器 74194 的逻辑功能表，如表 5.3.3 所示。

表 5.3.3　4 位双向移位寄存器 74194 的逻辑功能表

输　　入			输　　出			
$\bar{R}_D$	S_1	S_0	Q_D	Q_C	Q_B	Q_A
0	×	×	异步清零			
1	0	0	保持状态			
1	0	1	右移，$Q_A^{n+1} = D_{SR}$，$Q_B^{n+1} = Q_0^n$，…			
1	1	0	左移，$Q_D^{n+1} = D_{SL}$，$Q_C^{n+1} = Q_3^n$，…			
1	1	1	并行置数状态			

5.3.2　计数器

在数字系统中计数器是最常用的时序逻辑电路。顾名思义，计数器的基本功能当然是计数，即记录输入脉冲的个数。除此之外，计数器还可用于分频、定时、产生节拍脉冲和进行数字运算等。

计数器的种类非常多。若按计数器中的各触发器单元状态更新情况的不同可分为同步、异步计数器。同步计数器中各个触发器受同一时钟脉冲——输入计数脉冲的控制，因此各触发器状态的更新是同步的；异步计数器中的输入记数脉冲只控制其中的某几个触发器，而有的触发器是以低位的进位信号作为时钟控制信号的，各个触发器状态的更新不是同步的。

按计数容量的不同，计数器可以分为二进制、十进制、N 进制计数器。二进制计数器采用"逢二进一"的计数方式，若计数器由 n 个触发器组成，则该计数器的最大容量为 2^n，计数循环状态数 $M = 2^n$，称为模数，也叫计数容量。由于二进制计数器的模为 2^n，因此也称为模 2^n 计数器。若计数器只用了 2^n 个计数状态中的 a 种形成计数循环则称为模 a 计数器，属于非模 2^n 计数器。十进制计数器就是非模 2^n 计数器，它采用"逢十进一"的计数方式，可以选用 2^n 个状态中任意十个形成计数循环，也称模 10 计数器。N 进制计数器是采用"逢 N 进一"的计数方式，它是在计数长度 2^n 中任意选出 N 个状态形成的计数循环。

若按计数过程中数值增减的情况的不同，计数器可分为加法、减法和可逆计数器等。随着脉冲的输入作递增计数的叫加法计数器，进行递减计数的叫减法计数器，而可增可减的称可逆计数器。

1. 同步二进制计数器

1）同步二进制加法计数器

（1）电路组成。为了便于初学者理解，我们从简单的 4 位计数器开始分析。同步 4 位二进制加法计数器如图 5.3.10 所示，由四个 JK 触发器接成的 T 触发器组成，各个触发器均受同一时钟脉冲 CP 的控制。触发器 FF_0、FF_1、FF_2、FF_3 的输出端从低位到高位组成一个四位二进制数码 $Q_3 Q_2 Q_1 Q_0$。

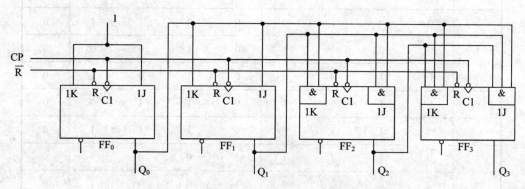

图 5.3.10　同步二进制计数器逻辑图

（2）工作原理。由于 J_0、K_0 悬空，$T_0 = J_0 = K_0 = 1$，所以触发器 FF_0 为 T' 触发器，CP 每作用一次，FF_0 翻转一次。FF_0 的现态又作为 FF_1 次态的输入，$J_1 = K_1 = Q_0$，当 CP 到来时，若 FF_0 的上一个状态为 0，FF_1 则翻转，否则保持原态。同时 FF_0、FF_1 的现态作为 FF_2 次态的输入，$T_2 = J_2 = K_2 = Q_0 Q_1$，因此只有当 FF_0、FF_1 的上一个状态均为 1 时，FF_2 才翻转，只要有一个为 0，FF_2 仍保持原态。同理可知，$T_i = J_i = K_i = Q_{i-1} \cdot Q_{i-2} \cdots Q_1 \cdot Q_0$，只有当低位均为 1 时，$T_i = 1$，触发器翻转；反之则保持不变。而二进制加法的运算规律是：在一个多位的二进制数的末位加上 1，若其中第 i 位（任意一位）以下各位都为 1 时，则第 i 位状态改变（由 0 变 1 或由 1 变 0）；反之，若第 i 位以下各位有一个不是 1 时，第 i 位保持不变。但最低位的状态每次加 1 都会改变。

根据以上所述，发现该计数器正好符合二进制加法计数规律。具体如下：设触发器初始状态为 0000，当第一个 CP 到来时，FF_0 触发翻转，$Q_0 = 1$，由于第一个 CP 到来前瞬间 $Q_0 = 0$，使得 $J_1 = K_1 = 0$、$J_2 = K_2 = 0$、$J_3 = K_3 = 0$，所以 FF_1、FF_2、FF_3 保持 0 态，计数器为 0001 态。当第二个 CP 到来时，FF_0 翻转，$Q_0 = 0$，由于第二个 CP 到来时 $J_1 = K_1 = 1$，$J_2 = K_2 = 0$，$J_3 = K_3 = 0$，所以 FF_1 也发生翻转，FF_2 保持，计数器为 0010 态。当第三个 CP 到来时，FF_0 翻转，由于第三个 CP 到来时，$J_1 = K_1 = 0$，$J_2 = K_2 = 0$，因此 FF_1 和 FF_2 都保持，计数器为 0011 态。当第四个 CP 到来之时，FF_0 翻转，而 FF_1 和 FF_2 的低位都为 1，使得 $J_1 = K_1 = 1$，$J_2 = K_2 = 1$，$J_3 = K_3 = 0$，所以 FF_1 和 FF_2 都发生翻转，计数器变为 0100 态。第五个 CP 到来……直到第 16 个 CP 到来，计数器回到 0000 状态，并且产生一个进位输出信号 $C = Q_3 Q_2 Q_1 Q_0$。以此类推，可以得到一个计数循环的 16 个状态，状态转换表如表 5.3.4 所示。通过状态转换表可知，这是一个按二进制计数规律递增的计数器，计数长度 $M = 2^n (n = 4)$，是一个模 16 计数器，也是一个十六进制计数器，但由于它属于模 2^n 计数器，所以我们称之为模 16 的二进制计数器。

表 5.3.4　模 16 二进制计数器状态转换表

序号	现 态				次 态				输出
CP	Q_3	Q_2	Q_1	Q_0	Q_3^{n+1}	Q_2^{n+1}	Q_1^{n+1}	Q_0^{n+1}	CO
1	0	0	0	0	0	0	0	1	0
2	0	0	0	1	0	0	1	0	0
3	0	0	1	0	0	0	1	1	0
4	0	0	1	1	0	1	0	0	0
5	0	1	0	0	0	1	0	1	0
6	0	1	0	1	0	1	1	0	0
7	0	1	1	0	0	1	1	1	0
8	0	1	1	1	1	0	0	0	0
9	1	0	0	0	1	0	0	1	0
10	1	0	0	1	1	0	1	0	0
11	1	0	1	0	1	0	1	1	0
12	1	0	1	1	1	1	0	0	0
13	1	1	0	0	1	1	0	1	0
14	1	1	0	1	1	1	1	0	0
15	1	1	1	0	1	1	1	1	0
16	1	1	1	1	0	0	0	0	1

根据以上分析可很快得到此电路的状态转换图和时序图，见图 5.3.11 和图 5.3.12。

由时序图可以看出，若计数 CP 脉冲的频率为 f_0，则 Q_3、Q_2、Q_1 和 Q_0 端的输出脉冲的频率将依次为 $\frac{1}{16}f_0$、$\frac{1}{8}f_0$、$\frac{1}{4}f_0$ 和 $\frac{1}{2}f_0$，这就是计数器的分频功能，所以也称它为分频器。

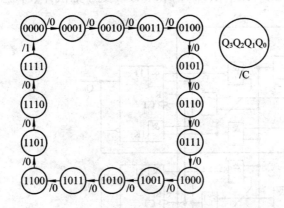

图 5.3.11　4 位二进制加法计数器状态转换图

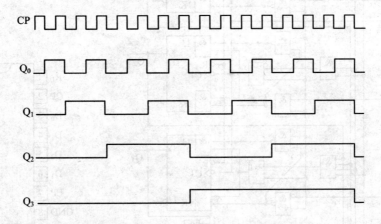

图 5.3.12　4 位二进制加法计数器时序图

（3）集成 4 位同步二进制加法计数器。在实际使用的计数器芯片中，经常需要附加一些控制电路以增加电路的功能和灵活性。图 5.3.13 所示为中规模集成 4 位同步二进制加法计数器 74161 的逻辑图和引脚图。该电路除了具有二进制加法计数功能外，还具有预置数、保持状态和异步清零等附加功能。其中，$\overline{R}_D$ 为异步清零端，CO 为进位输出端，$\overline{LD}$ 为同步预置数使能端，$D_3 \sim D_0$ 为同步并行数据输入端，EP 和 ET 为工作状态控制端。

其功能具体如下：

① 异步清零。当 $\overline{R}_D = 0$ 时，所有触发器同时被清零，因此不管其他输入端的状态如何（包括时钟信号 CP），计数器输出将被直接置零，称为异步（与 CP 无关）清零。

② 同步并行预置数。在 $\overline{R}_D = 1$ 的条件下，当 $\overline{LD} = 0$ 且有时钟脉冲 CP 的上升沿作用时，四个**或**门输出始终为 1，因此，$D_3 \sim D_0$ 输入端的数据将分别被 $Q_3 \sim Q_0$ 所接收。由于这个置数操作要与 CP 上升沿同步且 $D_3 \sim D_0$ 的数据随着 CP 上升沿到来同时置入计数器，所以称为同步并行置数。

③ 保持。在 $\overline{R}_D = \overline{LD} = 1$ 的条件下，当 $ET \cdot EP = 0$，即两个计数使能端中有 0 时，不管有无 CP 脉冲作用，计数器都将保持原有状态不变（停止计数）。需要说明的是，当 EP =

0，ET＝1 时，进位输出 CO 也保持不变；而当 ET＝0 时，不管 EP 状态如何，进位输出 CO＝0。

④ 计数。当 $\overline{R}_D＝\overline{LD}＝EP＝ET＝1$ 时，74161 处于加法计数状态。

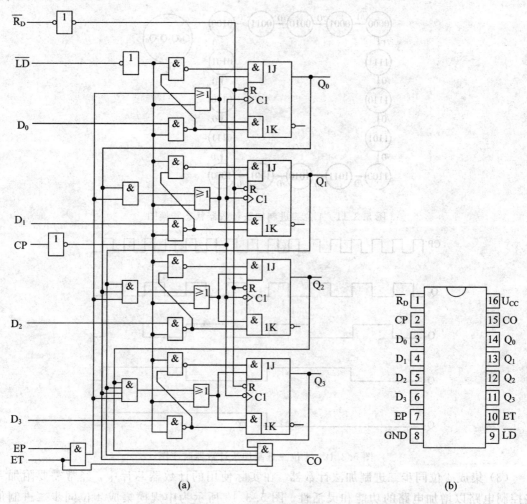

图 5.3.13　集成 4 位同步二进制加法计数器 74161 逻辑图和引脚图

(a) 逻辑图；(b) 引脚图

综上所述，列出表 5.3.5 所示的 74161 功能表，其时序图如图 5.3.14 所示。

表 5.3.5　74161 功能表

清零	预置	使能		时钟	并行预置数据输入				输出			
$\overline{R}_D$	$\overline{LD}$	EP	ET	CP	D_0	D_1	D_2	D_3	Q_0	Q_1	Q_2	Q_3
0	×	×	×	×	×	×	×	×	0	0	0	0
1	0	×	×	↑	A	B	C	D	A	B	C	D
1	1	0	×	×	×	×	×	×	保持			
1	1	×	0	×	×	×	×	×	保持(C=0)			
1	1	1	1	↑	×	×	×	×	计数			

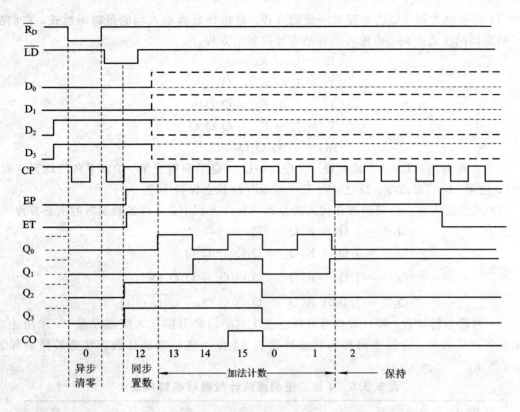

图 5.3.14　集成 4 位同步二进制加法计数器 74161 时序图

与 74161 的异步置零方式不同，还有一些同步计数器（如 74LS162、74LS163）采用的是同步置零的方式。在同步置零的计数器电路中，$\overline{R_D}$ 为低电平时，计数器不会立刻清零，而要等下一个 CP 到达时才能将触发器置零，而异步电路中的 $\overline{R_D}$ 不受 CP 控制。

2）同步二进制减法计数器

二进制减法运算的规律与加法运算类似：一个多位的二进制数减 1 时，若其中第 i 位以下各位均为 0 时，则第 i 位状态改变（由 0 变 1 或由 1 变 0），反之保持不变，而最低位每次减 1 状态都会改变。4 位同步二进制递减计数器逻辑图如图 5.3.15 所示，电路结构与加法计数器类似，其中四个 JK 触发器的 J、K 端均接在一起构成 T 触发器。下面我们用同步计数器的一般分析方法来分析它的工作原理及逻辑功能。

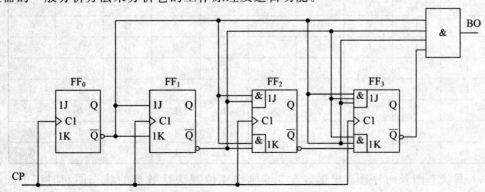

图 5.3.15　4 位二进制减法计数器逻辑图

（1）写驱动方程。驱动方程又叫激励方程，是指计数器输入端的逻辑函数式，它们决定了触发器的次态去向。由图可知各触发器的驱动方程：

$$\begin{cases} T_0 = J_0 = K_0 = 1 \\ T_1 = J_1 = K_1 = \overline{Q}_0 \\ T_2 = J_2 = K_2 = \overline{Q}_0\overline{Q}_1 \\ T_3 = J_3 = K_3 = \overline{Q}_0\overline{Q}_1\overline{Q}_2 \\ BO = \overline{Q}_0\overline{Q}_1\overline{Q}_2\overline{Q}_3 \end{cases}$$

由上式可看出，$T_i = J_i = K_i = \overline{Q}_{i-1} \cdot \overline{Q}_{i-2} \cdots \overline{Q}_1 \cdot \overline{Q}_0$，只有当第 i 位以下各位均为 0 时，$T_i = 1$，使第 i 位状态改变；反之，则 $T_i = 0$，第 i 位状态保持不变。

（2）求次态方程。将驱动方程代入触发器的特性方程中，可得各触发器的次态方程：

$$\begin{cases} Q_0^{n+1} = J_0\overline{Q}_0 + \overline{K}_0 Q_0 = \overline{Q}_0 \\ Q_1^{n+1} = J_1\overline{Q}_1 + \overline{K}_1 Q_1 = \overline{Q}_0\overline{Q}_1 + Q_0 Q_1 \\ Q_2^{n+1} = J_2\overline{Q}_2 + \overline{K}_2 Q_2 = \overline{Q}_0\overline{Q}_1\overline{Q}_2 + \overline{\overline{Q}_0\overline{Q}_1} Q_2 \\ Q_3^{n+1} = J_3\overline{Q}_3 + \overline{K}_3 Q_3 = \overline{Q}_0\overline{Q}_1\overline{Q}_2\overline{Q}_3 + \overline{\overline{Q}_0\overline{Q}_1\overline{Q}_2} Q_3 \end{cases}$$

（3）列状态转换表。将计数器所有现态依次列举出来分别代入次态方程中，求出相应的次态并列成表格，这种表格称为状态转换表。4 位二进制减法计数器状态转换表如表 5.3.6 所示。

表 5.3.6　4 位二进制减法计数器状态转换表

序号	现 态				次 态				输出
CP	Q_3	Q_2	Q_1	Q_0	Q_3^{n+1}	Q_2^{n+1}	Q_1^{n+1}	Q_0^{n+1}	BO
1	0	0	0	0	1	1	1	1	1
2	0	0	0	1	0	0	0	0	0
3	0	0	1	0	0	0	0	1	0
4	0	0	1	1	0	0	1	0	0
5	0	1	0	0	0	0	1	1	0
6	0	1	0	1	0	1	0	0	0
7	0	1	1	0	0	1	0	1	0
8	0	1	1	1	0	1	1	0	0
9	1	0	0	0	0	1	1	1	0
10	1	0	0	1	1	0	0	0	0
11	1	0	1	0	1	0	0	1	0
12	1	0	1	1	1	0	1	0	0
13	1	1	0	0	1	0	1	1	0
14	1	1	0	1	1	1	0	0	0
15	1	1	1	0	1	1	0	1	0
16	1	1	1	1	1	1	1	0	0

（4）画状态图及时序图。根据表 5.3.6 画出 4 位减法计数器的状态图和时序图，如图 5.3.16 和图 5.3.17 所示。

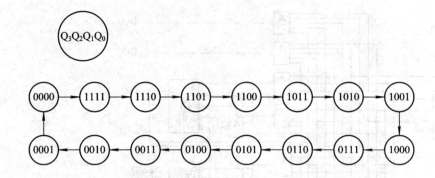

图 5.3.16 4 位减法计数器状态图

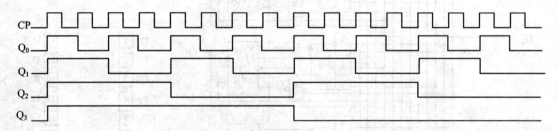

图 5.3.17 4 位减法计数器时序图

（5）功能描述。从状态图中可以看出，该计数器电路的逻辑功能与二进制减法计数的运算规律一致，它用了 $2^4 = 16$ 的所有状态形成计数循环。计数器从 1111→1110→1101→···→0000，记录了 16 个 CP 脉冲数后，完成了一个计数循环，并向高位借一位，又重新开始新一轮的计数循环，它是一个模 16 二进制减法计数器。

3）集成同步二进制可逆计数器

为了方便运算，我们经常要求计数器既能实现加法计数也能实现减法计数，这就构成了加/减法计数器，又称可逆计数器。

加/减法计数规律的区别在于 T_i 不同。加法计数时，$T_i = Q_{i-1} \cdot Q_{i-2} \cdots Q_1 \cdot Q_0$，而减法计数时，$T_i = \overline{Q}_{i-1} \cdot \overline{Q}_{i-2} \cdots \overline{Q}_1 \cdot \overline{Q}_0$，欲将图 5.3.10 所示的二进制加法计数器与图 5.3.13 所示的二进制减法计数器合并在一起，只需通过一根加/减计数控制端或者通过双时钟控制予以选择就构成了二进制可逆计数器。74LS193 为 4 位双时钟同步二进制可逆计数器，其逻辑图与引脚图如图 5.3.18 所示，功能表如表 5.3.7 所示。

该计数器具有双时钟 CP_U 和 CP_D，并具有异步清零端 R 和异步预置数端 $\overline{LD}$，R 高电平有效，$\overline{LD}$ 低电平有效。当清零端 R 为高电平时，计数器直接清零。与 74161 的同步预置数不同，74LS193 采用的是异步预置数方式，当 R 为低电平，且置数端 $\overline{LD}$ 为低电平时，电路处于预置数状态，数据输入端的数据 D_0、D_1、D_2、D_3 立刻被直接送入计数器中，而不受 CP 的控制。若 R 为低电平且 $\overline{LD}$ 为高电平，则执行计数功能。执行加法计数时，减法计数时钟端 CP_D 接高电平，计数脉冲由加法计数时钟端 CP_U 输入，执行减法计数时，加法计数时钟端 CP_U 接高电平，计数脉冲由减法计数时钟端 CP_D 端输入。

与 74161 的同步预置数不同，74LS193 采用的是异步预置数方式。

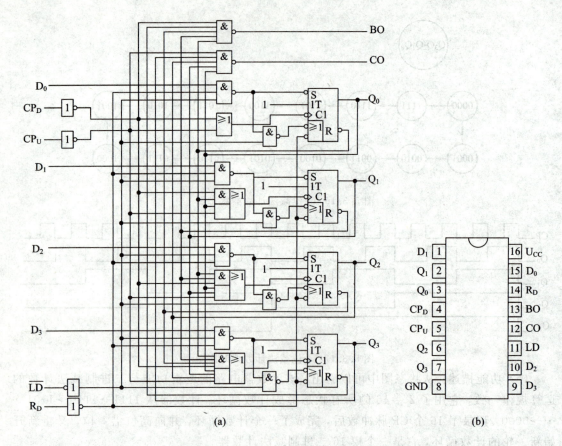

图 5.3.18　双时钟同步二进制可逆计数器 74LS193 的逻辑图和引脚图

(a) 逻辑图；(b) 引脚图

表 5.3.7　双时钟同步二进制可逆计数器 74LS193 功能表

输　　　入								输　　出			
R	$\overline{LD}$	CP_U	CP_D	D_0	D_1	D_2	D_3	Q_0	Q_1	Q_2	Q_3
1	×	×	×	×	×	×	×	0	0	0	0
0	0	×	×	A	B	C	D	A	B	C	D
0	1	↑	1	×	×	×	×	加法计数			
0	1	1	↑	×	×	×	×	减法计数			

2. 同步十进制计数器

N 个触发器构成的时序电路最多有 2^N 种状态，而一个十进制计数器有 10 个状态，那么至少要 4 个触发器才能组合而成。4 个触发器组成的计数器共有 $2^4 = 16$ 个二进制组合编码（0000～1111），我们可以从中任意选出 10 个作为一个计数循环的状态，选法不同其相应的十进制计数器的电路结构也各不相同。这里介绍使用较多的 8421BCD 码的十进制计数器。

1）同步十进制加法计数器

(1) 电路组成。图 5.3.19 所示的十进制计数器是由四个 JK 触发器和两个进位门组成的，四个触发器受同一个 CP 控制，其中 CO 是向高位进位的输出信号。

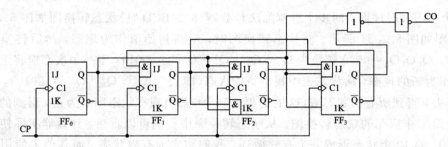

图 5.3.19　4 位同步十进制加法计数器的逻辑图

（2）工作原理。

① 驱动方程：

$$\begin{cases} J_0 = K_0 = 1 \\ J_1 = Q_0 \overline{Q}_3 ，K_1 = Q_0 \\ J_2 = K_2 = Q_0 Q_1 \\ J_3 = Q_0 Q_1 Q_2 ，K_3 = Q_0 \end{cases}$$

② 输出方程：

$$CO = Q_0 Q_3$$

③ 次态方程：

$$\begin{cases} Q_0^{n+1} = J_0 \overline{Q}_0 + \overline{K}_0 Q_0 = \overline{Q}_0 \\ Q_1^{n+1} = J_1 \overline{Q}_1 + \overline{K}_1 Q_1 = Q_0 \overline{Q}_1 \overline{Q}_3 + \overline{Q}_0 Q_1 \\ Q_2^{n+1} = J_2 \overline{Q}_2 + \overline{K}_2 Q_2 = Q_0 Q_1 \overline{Q}_2 + \overline{Q_0 Q_1} Q_2 \\ Q_3^{n+1} = J_3 \overline{Q}_3 + \overline{K}_3 Q_3 = Q_0 Q_1 Q_2 \overline{Q}_3 + \overline{Q}_0 Q_3 \end{cases}$$

④ 同步十进制加法计数器状态转换表见表 5.3.8。

表 5.3.8　同步十进制加法计数器状态转换表

序号	现　　态				次　　态				输出
CP	Q_3	Q_2	Q_1	Q_0	Q_3^{n+1}	Q_2^{n+1}	Q_1^{n+1}	Q_0^{n+1}	CO
1	0	0	0	0	0	0	0	1	0
2	0	0	0	1	0	0	1	0	0
3	0	0	1	0	0	0	1	1	0
4	0	0	1	1	0	1	0	0	0
5	0	1	0	0	0	1	0	1	0
6	0	1	0	1	0	1	1	0	0
7	0	1	1	0	0	1	1	1	0
8	0	1	1	1	1	0	0	0	0
9	1	0	0	0	1	0	0	1	0
10	1	0	0	1	0	0	0	0	1
11	1	0	1	0	1	0	1	1	0
12	1	0	1	1	0	1	0	0	1
13	1	1	0	0	1	1	0	1	0
14	1	1	0	1	0	1	0	0	1
15	1	1	1	0	1	1	1	1	0
16	1	1	1	1	0	0	0	0	1

⑤ 状态图和时序图。同步十进制加法计数器(8421BCD 码)状态转换图如图 5.3.20 所示，时序图如图 5.3.21 所示。画状态转换图时，应将初始值作为现态，然后转换到次态(例如从 $Q_3Q_2Q_1Q_0 = 0000$ 转换为 $Q_3^{n+1}Q_2^{n+1}Q_1^{n+1}Q_0^{n+1} = 0001$)，下一个次态应将上一个次态 0001 作为新的现态，从状态表中找出新的次态(即 $Q_3^{n+1}Q_2^{n+1}Q_1^{n+1}Q_0^{n+1} = 0010$)，一直如此进行下去，直到所有的状态数(这里是 $2^4 = 16$ 种)都出现在状态图中为止，得到的才是反映电路全面工作情况的状态转换图。从状态转换图中我们可以看出，计数器实际使用了从 0000～1001 的 10 个状态形成一个有效循环，我们称之为有效状态。而其他未使用的 6 个状态我们称为无效状态。正常的计数过程中，计数器在计数脉冲的作用下，在有效状态形成的有效循环中循环计数，而六个无效状态是不会出现的。一旦有某种干扰使计数器落入任一种无效状态，计数器都能在计数脉冲的作用下返回有效状态(如无效状态 1110→1111→0000 有效状态，无效状态 1010→1011→0100 有效状态，无效状态 1100→1101→0100 有效状态)，我们称此计数器具有自启能力。如果某个计数器的状态图中除了一个有效循环外，还有其他的由无效状态形成的无效循环，那么此计数器在干扰的作用下一旦落入无效状态，则计数器进入无效循环而不能自动回到有效循环正常计数，我们称此计数器不具有自启动能力。

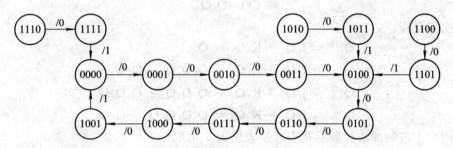

图 5.3.20　4 位同步十进制加法计数器的状态转换图

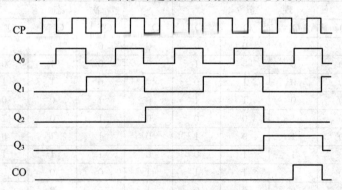

图 5.3.21　4 位同步十进制加法计数器的时序图

由状态转换图可见，当进入无效状态 1011、1101 和 1111 时，进位输出端 CO 都会出现错误进位，因此修正为 $CO = \overline{Q_3}Q_2Q_1\overline{Q_0}$。

⑥ 功能描述。综上分析，这是一个带进位输出的 8421 码十进制加法计数器，具有自启动能力。

(3) 集成同步十进制加法计数器。图 5.3.22 和图 5.3.23 所示电路是中规模集成的同步十进制加法计数器 74160 的引脚图和逻辑图。它们在图 5.3.19 所示电路的基础上增加了同步预置数、异步清零和保持功能。其中，$\overline{LD}$、$\overline{R_D}$、$D_3 \sim D_0$、EP、ET 和 CO 等各输入/输出端的功能和用法与图 5.3.13 所示 74161 电路中对应的输入端相同，这里不再赘述。两者的功能表也相同，所不同的仅在于 74160 是十进制计数器，而 74161 是模 16 的二进制计数器。

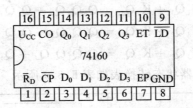

图 5.3.22　4 位同步十进制加法计数器 74160 的引脚图

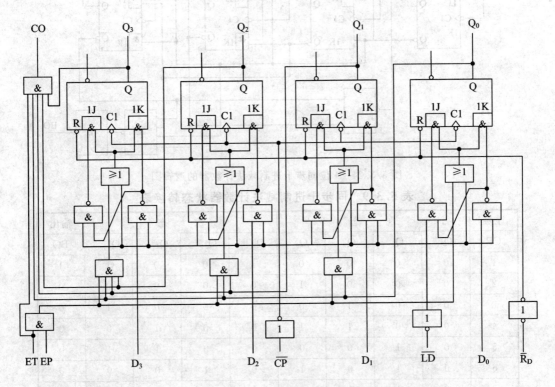

图 5.3.23　4 位同步十进制加法计数器 74160 的逻辑图

2）同步十进制减法计数器

（1）电路组成。如图 5.3.24 所示，BO 为向高位的借位输出端。

（2）工作原理。

① 驱动方程：

$$\begin{cases} J_0 = K_0 = 1 \\ J_1 = \overline{\overline{Q_2}\,\overline{Q_3}\,\overline{Q_0}}, \ K_1 = \overline{Q_0} \\ J_2 = Q_3 \overline{Q_0}, \ K_2 = \overline{Q_1}\,\overline{Q_0} \\ J_3 = \overline{Q_0}\,\overline{Q_1}\,Q_2, \ K_3 = \overline{Q_0} \end{cases}$$

② 输出方程：

$$BO = \overline{Q}_0 \overline{Q}_1 Q_2 \overline{Q}_3$$

③ 次态方程：

$$\begin{cases} Q_0^{n+1} = J_0 \overline{Q}_0 + \overline{K}_0 Q_0 = \overline{Q}_0 \\ Q_1^{n+1} = J_1 \overline{Q}_1 + \overline{K}_1 Q_1 = Q_3 \overline{Q}_0 \overline{Q}_1 + Q_2 \overline{Q}_0 \overline{Q}_1 + Q_0 Q_1 \\ Q_2^{n+1} = J_2 \overline{Q}_2 + \overline{K}_2 Q_2 = \overline{Q}_0 Q_3 \overline{Q}_2 + Q_0 Q_2 + Q_1 Q_2 \\ Q_3^{n+1} = J_3 \overline{Q}_3 + \overline{K}_3 Q_3 = \overline{Q}_2 \overline{Q}_1 \overline{Q}_0 \overline{Q}_3 + Q_0 Q_3 \end{cases}$$

④ 同步十进制减法计数器状态转换表如表 5.3.9 所示。

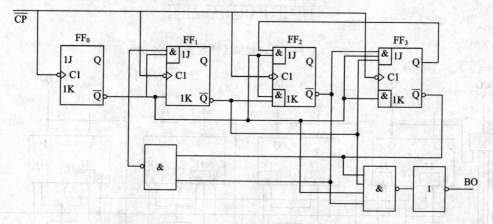

图 5.3.24 4 位同步十进制减法计数器的逻辑图

表 5.3.9 同步十进制减法计数器状态转换表

序号	现 态				次 态				输出
CP	Q_3	Q_2	Q_1	Q_0	Q_3^{n+1}	Q_2^{n+1}	Q_1^{n+1}	Q_0^{n+1}	BO
1	0	0	0	0	1	0	0	1	1
2	0	0	0	1	0	0	0	0	0
3	0	0	1	0	0	0	0	1	0
4	0	0	1	1	0	0	1	0	0
5	0	1	0	0	0	0	1	1	0
6	0	1	0	1	0	1	0	0	0
7	0	1	1	0	0	1	0	1	0
8	0	1	1	1	0	1	1	0	0
9	1	0	0	0	0	1	1	1	0
10	1	0	0	1	0	0	0	0	0
11	1	0	1	0	0	0	1	0	0
12	1	0	1	1	1	0	1	0	0
13	1	1	0	0	0	0	1	1	0
14	1	1	0	1	1	1	0	0	0
15	1	1	1	0	0	0	1	0	0
16	1	1	1	1	1	1	1	0	0

⑤ 画状态图。根据表 5.3.9 所示状态表画出状态转换图，如图 5.3.25 所示。

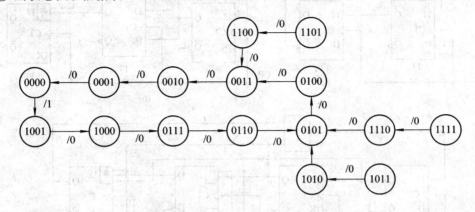

图 5.3.25 4 位同步十进制减法计数器的状态图

⑥ 功能描述。从状态图中可以看出，随着输入脉冲个数的增加，计数器中的数是按 8421 码编码进行减法计数的。当输入 10 个计数脉冲后，计数状态回归到 0000 状态。

3）集成同步十进制可逆计数器

同步十进制可逆计数器 74LS192 的外引线排列图如图 5.3.26 所示。它具有双时钟端 CP_D 和 CP_U，CP_D 为减法计数时钟端，CP_U 为加法计数时钟端，CR 为清零端，高电平有效，$\overline{LD}$ 为置数端，低电平有效。74LS192 的逻辑图和逻辑功能可参考 74LS193，此处不再赘述，它们的区别仅在于 74LS192 是同步十进制可逆计数器，而 74LS193 则是同步二进制可逆计数器。

```
┌──┬──┬──┬──┬──┬──┬──┬──┐
│16│15│14│13│12│11│10│ 9│
├──┴──┴──┴──┴──┴──┴──┴──┤
│Ucc D0  CR  BO  CO  LD  D2  D3 │
│                               │
│          74LS192              │
│                               │
│D1  Q1  Q0  CPD CPU Q2  Q3 GND │
├──┬──┬──┬──┬──┬──┬──┬──┤
│ 1│ 2│ 3│ 4│ 5│ 6│ 7│ 8│
└──┴──┴──┴──┴──┴──┴──┴──┘
```

图 5.3.26 集成同步十进制可逆计数器 74LS192 的引脚图

3. 同步 N 进制计数器

除了二进制计数器和十进制计数器，还有其他进制的计数器，比如三进制、五进制、六进制计数器等，我们称之为任意进制计数器，简称 N 进制计数器。图 5.3.27(a)、(b)、(c)分别为三进制、五进制、十一进制计数器的逻辑图，现以图(a)所示三进制计数器为例来分析其逻辑功能。

（1）驱动方程：

$$\begin{cases} J_0 = \overline{Q_1} \\ J_1 = Q_0 \end{cases}$$

（2）输出方程：

$$\begin{cases} K_0 = 1 \\ K_1 = 1 \end{cases}$$

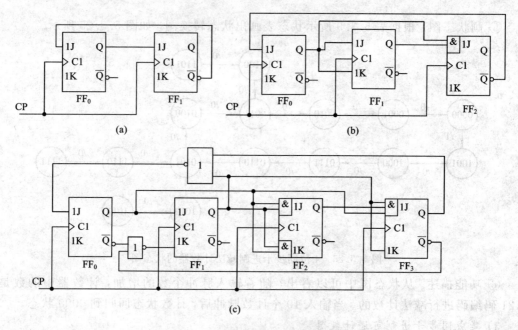

图 5.3.27　　N 进制计数器逻辑图

（a）三进制；（b）五进制；（c）十一进制

（3）次态方程：

$$
\begin{cases}
Q_0^{n+1} = J_0 \overline{Q_0} + \overline{K_0} Q_0 = \overline{Q_0} \overline{Q_1} \\
Q_1^{n+1} = J_1 \overline{Q_1} + \overline{K_1} Q_1 = Q_0 \overline{Q_1}
\end{cases}
$$

（4）状态表如表 5.3.10 所示。

（5）根据状态表画出如图 5.3.28 所示的状态转换图，从状态转换图上可以看出计数器从四个状态中选了 00、01、10 三个状态作为一个计数循环，是一个三进制计数器，计数器具有自启动能力。

图 5.3.27（b）和（c）所示的五进制和十一进制计数器也可以采用同样的方法进行分析。

表 5.3.10　　三进制计数器状态表

序号	现态		次态	
CP	Q_1	Q_0	Q_1^{n+1}	Q_0^{n+1}
1	0	0	0	1
2	0	1	1	0
3	1	0	0	0
4	1	1	0	0

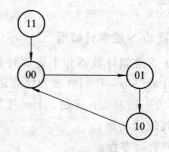

图 5.3.28　三进制计数器状态转换图

4. 集成计数器的应用

由于集成计数器具有体积小、功耗低、功能灵活等优点，因此它们在一些简单小型数字系统中被广泛应用。集成计数器的类型很多，表 5.3.11 列举了若干集成计数器产品。本节以比较典型的 74160/161 为例来介绍集成计数器的应用。

表 5.3.11　常见集成计数器

CP 脉冲引入方式	型号	计数模式	清零方式	预置数方式
同步	74161	4 位二进制加法	异步(低电平)	同步
	74HC161	4 位二进制加法	异步(低电平)	同步
	74HCT161	4 位二进制加法	异步(低电平)	同步
	74LS191	单时钟 4 位二进制可逆	无	异步
	74LS193	双时钟 4 位二进制可逆	异步(高电平)	异步
	74160	十进制加法	异步(低电平)	同步
	74LS190	单时钟十进制可逆	无	异步
	74LS192	双时钟十进制可逆	异步(高电平)	异步
异步	74LS293	双时钟 4 位二进制加法	异步	无
	74LS290	二—五—十进制加法	异步	异步

从上表可以看出，集成计数器的绝大多数产品的计数模式都是二进制和十进制的，其他产品的数量较少，为了构成任意 N 进制计数器，常将已有的集成计数器通过不同方式的级联组合而成。

假设已有的是 N 进制计数器，需要构成的是 M 进制计数器。这时有 M<N 和 M>N 两种可能的情况。具体分析如下：

1) M<N 的情况

M<N 时，已有计数器的容量大于需要构成的计数器的状态数，只需设法使 N 进制计数器在计数过程中跳过 N−M 个状态，就可以得到 M 进制计数器了。而实现跳跃的方法有反馈置零法和反馈置数法两种。

(1) 反馈置零法。该方法适用于计数状态中含有零状态的计数器。对于异步置零方式的计数器，其工作原理是这样的：设原有计数器为 N 进制，当其从全零状态 S_0(0000)开始计数并接收了 M 个计数脉冲后，电路进入 S_M 状态，若用 S_M 状态反馈产生一个置零信号到计数器的异步置零端 R_D，则计数器立刻置零，即返回全零状态 S_0(0000)，这样就跳过了 N−M 个状态而构成了 M 进制计数器。其原理示意图如图 5.3.29(a)所示。

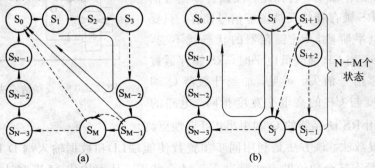

图 5.3.29　构成任意进制计数器两种方法的原理图
(a) 反馈置零法；(b) 反馈置数法

需要注意的是：对于异步置零方式的计数器，由于电路进入 S_M 状态后立即被异步置零，所以 S_M 状态仅仅出现一个瞬间，不属于稳定的状态，因此有效状态循环中不应包括 S_M 状态。

而对于同步置零方式的计数器（如74162等），由于置零信号反馈到置零输入端并不会立刻清零，而是要等下一个时钟脉冲信号到达后，才能将计数器置零，所以其产生反馈信号的状态是稳定的有效状态，因而由状态 S_{M-1} 产生反馈信号。

〔**例 5.3.1**〕 采用反馈清零法用74160/161构成六进制加法计数器。

〔**解**〕 图5.3.30(a)是74160/161采用反馈清零法构成的六进制计数器电路。当第六个计数CP脉冲到来时，74160/161的 $Q_3 \sim Q_0$ 分别为0110，随即与非门输出为0，使 $\overline{R_D}=0$，计数器不受CP脉冲控制立即清零。而0110这个状态是一个过渡状态，因此正好构成六进制计数器。其状态转换图如图5.3.30(b)所示。

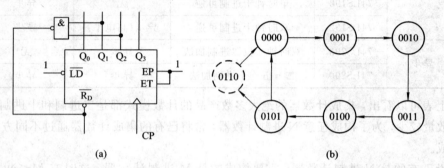

图5.3.30 74160/161采用反馈清零法实现六进制计数器
(a) 连线图；(b) 状态图

由于置零信号随着计数器置零而立即消失，因此置零信号持续时间极短，如果各触发器的复位速度快慢不一致，则可能复位动作较慢的触发器还未来得及复位，置零信号就已经消失了，从而导致电路误动作。所以这种连接方法的电路可靠性较低。

为了克服这个缺点，经常采用如图5.3.31所示电路以对其进行改进，即在反馈电路中加入一个RS锁存器，以其 $\overline{Q}$ 端输出的低电平作为计数器的置零信号。当计数器第六个CP上升沿到来时，计数器进入状态0110，此时上方与非门输出低电平反馈置零信号，送入RS锁存器中，就算此时反馈置零信号消失了，由于有RS锁存器将反馈置零信号锁存，只要CP维持在高电平阶段，RS锁存器的状态就不变，此时 $\overline{S_D}=\overline{Q}=0$，当CP回到低电平时，RS锁存器被置零，$\overline{Q}$ 的置零信号消失。可见，加到计数器 $\overline{Q}$ 端的置零信号宽度与CP的高电平宽度相同。电路的进位输出可采用RS锁存器的Q端引出，可靠性更高。

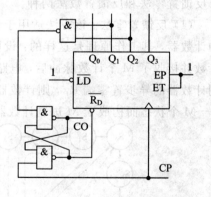

图5.3.31 反馈清零法改进电路

(2) 反馈置数法。该方法是利用同步预置数使能端 $\overline{LD}$ 和数据输入端 $D_3 D_2 D_1 D_0$ 配合，使计数器重复置入某个数值的方法跳过 $N-M$ 个状态，从而构成 M 进制计数器。其原理示意图如图5.3.28(b)所示。这种方式适用于有预置数功能的计数器电路。

反馈置数方法有两种：一种是令数据输入端置零，即 $D_3 = D_2 = D_1 = D_0 = 0$，即从零开始计数，如欲构成 M 进制计数器，则采用状态 S_{M-1} 译码产生反馈置数信号到 $\overline{LD}$。由于是同步置数，所以当 $\overline{LD} = 0$ 时，电路不会立刻将 $D_3 = D_2 = D_1 = D_0 = 0$ 置入计数器中，而是要等下一个 CP 脉冲到来时才将要置入的数据置入计数器中。

[例 5.3.2] 采用反馈置数法用 74160/161 构成八进制加法计数器。

[解] 要实现八进制计数器，应从 0000 开始计数，当计数器处于 0111 状态时，将输出端 Q_3、Q_2、Q_1、Q_0 译出反馈置数信号到预置数使能端 $\overline{LD}$，当 $Q_2 Q_1 Q_0$ 均为 1 时，$\overline{LD} = 0$，置数功能有效，但此时不会立刻置数，只有当第八个 CP 脉冲上升沿到来时才置入数据 0000，从而实现了八进制计数的目的，具体连线图和状态转换图见图 5.3.32。在构成 M<10 的 M 进制计数器时，使用 74160 和 74161 的结果基本相同。但需注意，在采用反馈置数法时，应使置零输入端 R_D 无效。

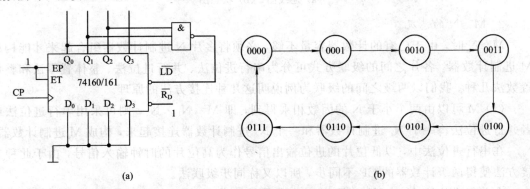

图 5.3.32 74160/161 采用反馈置数法实现八进制加法计数器
(a) 连线图；(b) 状态图

另一种方法是从某个二进制数（例如 $D_3 D_2 D_1 D_0 = 0101$）开始计数，换句话说，0101 是计数器的初始值，然后利用 74160 或 74161 的进位输出端 CO 与 $\overline{LD}$ 连接，74160 是十进制计数器，故输出最大只能达到 1001，而 74161 是十六进制计数器，输出最大可以达到 1111，所以采用这种反馈置数方法，两者结果是不相同的。采用 74160 构成的是五进制计数器，因为当计数器出现 1001 状态时，CO 为高电平，经过非门后使 $\overline{LD}$ 为低电平，计数器处于预置数状态，当第六个 CP 脉冲上升沿到来时，将 0101 再次置入计数器，完成五进制计数器循环，如图 5.3.33 所示；采用 74161 构成的则是十一进制计数器，因为只有当 $Q_3 \sim Q_0$ 全为 1，且第 11 个 CP 脉冲上升沿到来时，才完成置数，回复到 0101 状态，如图 5.3.34 所示。

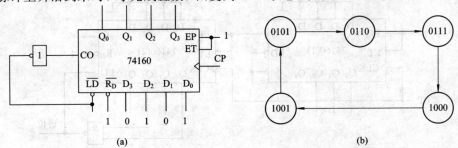

图 5.3.33 74160 采用反馈置数法实现五进制计数器
(a) 连线图；(b) 状态图

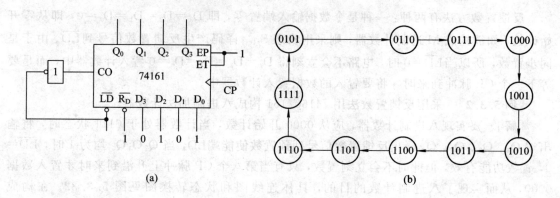

图 5.3.34　74161 采用反馈置数法实现十一进制计数器
(a) 连线图；(b) 状态图

2）M＞N 的情况

M＞N 时，由于已有的计数器容量不够，必须将多片 N 进制计数器组合起来才能构成 M 进制计数器。各片之间的级联方式可分为串行进位法、并行进位法、整体置零法和整体置数法几种。我们以两级之间的级联为例说明这几种连接方法的原理。

(1) M 可以由两个小于 N 的因数相乘得到，即 $M = N_1 \times N_2$，则可采用串行进位法或者并行进位法将一个 N_1 进制计数器和一个 N_2 进制计数器连接起来，构成 M 进制计数器。

在串行进位法中，以低位片的进位输出信号作为高位片的时钟输入信号，由于此种连接方法使得两级计数器的 CP 不同步，所以又称同步级联法。

在并行进位法中，则是以低位片的进位输出信号作为高位片的工作状态控制信号（EP、ET），而两片的 CP 接相同的计数脉冲信号，所以这种方法又称异步级联法。

当 N_1、N_2 不等于已有的计数器容量 N 时，可以用之前所讲的反馈法现将两个 N 进制计数器分别连接成 N_1 进制计数器和 N_2 进制计数器，然后再以串行进位法或者并行进位法将它们连接起来构成 M 进制计数器。

［例 5.3.3］　试采用两片 74160 设计一个六十进制计数器。

［解］　$M = 60 = 6 \times 10$，$N = 10$，$N_1 = 10$，$N_2 = 6$，其中一片 $N_2 \neq N$，所以先用反馈置数法将高位片连接成六进制计数器，然后再用串行进位法或并行进位法将它们连接起来构成六十进制计数器。

(1) 并行进位法。如图 5.3.35 所示，以第(1)片的进位输出 C 作为第(2)片的 EP、ET

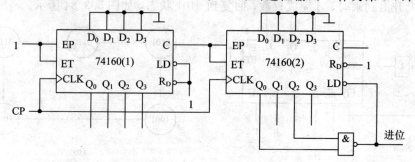

图 5.3.35　例 5.3.3 并行进位法连线图

输入，每当第(1)片状态变化为 9(1001)时，C＝1，即 EP＝ET＝1，下一个(第十个)CP 到来时，第(2)片计数加 1，而第(1)片状态变成 0(0000)，且它的进位输出端 C 回到低电平，准备进入下一个循环。结果很明显，即第(1)片每计十个状态，第(2)片计一个，当计满 60 个 CP 时，产生进位输出信号，两片同时复位。

(2) 串行进位法。如图 5.3.36 所示，此种接法的两片 EP、ET 均恒为 1，以第(1)片的进位输出 C 作为第(2)片的 CP 输入，每当第(1)片状态变化为 9(1001)时，C＝1，即第(2)片的 CP 为 1，第(1)片的下一个 CP 到来时状态变成 0(0000)，其进位输出端 C 跳回到低电平，此时第(2)片的 CP 得到一个正跳变，于是第(2)片计入 1。结果很明显，即第(1)片每计十个状态，第(2)片计一个，当计满 60 个 CP 时，产生进位输出，两片同时清零。

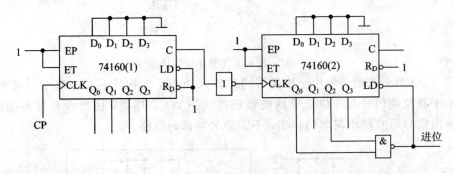

图 5.3.36　例 5.3.3 串行进位法连线图

当 M 不能分解成 $N_1 \times N_2$ 时，上面所讲的串行进位法或并行进位法就都行不通了。此时需采用整体反馈法，即采用整体置零法和整体置数法来构成 M 进制计数器。

在整体置零法中，先将 N 进制计数器按最简单的方法(一般多用并行进位法)连接成一个大于 M 的整数(百、千等)进制的计数器，然后在计数器计为 M 状态时译出异步置零信号 $\overline{R_D}＝0$，将两片计数器同时复位，其原理与 M＜N 时的反馈置零法是相同的。

在整体置数法中，先将 N 进制计数器按最简单的方法连接成一个大于 M 的整数(百、千等)进制的计数器，然后在计数器计为 M 状态时译出同步置数使能信号 $\overline{LD}＝0$，当下一个 CP 到来时，将两片计数器同时置入相应的数据，跳过多余的状态，其原理与 M＜N 时的反馈置数法是一样的。

[例 5.3.4]　试采用两片 74160 设计一个三十一进制计数器。

[解]　因 M＝31，N＝10，无法将 31 分解成两个因数相乘的形式，所以先将两片十进制计数器按并行进位法连接成一个一百进制的计数器，然后再采用整体置零法和整体置数法来构成三十一进制计数器。

(1) 整体置零法。计数器从全零状态开始计数，计入 31 个脉冲时，经反馈译码产生低电平置零信号，使两片计数器同时复位，即构成三十一进制计数器，如图 5.3.37 所示。由于译码产生的置零信号持续时间极短，不宜作为进位输出信号，为了保证输出进位信号可持续一个 CP 周期，应该由 30 状态译出进位信号。与 M＜N 时的反馈置零法一样，整体置零法的可靠性同样较差。

(2) 整体置数法。与 M＜N 时的反馈置数法相似，在图 5.3.38 中，两片计数器的并行输入端 $D_3 \sim D_0$ 都为 0，由电路的 30 状态译出置数使能信号 $\overline{LD}＝0$，同时加到两片 74160

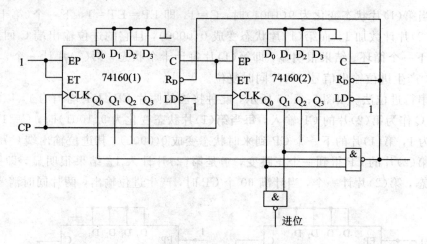

图 5.3.37　例 5.3.4 整体置零法连线图

上，在下一个 CP 到来时，两片计数器将同时置入 0000，即构成三十一进制计数器。整体置数法由于其反馈信号及进位信号均能稳定持续一个 CP 周期，因此没有置零法的缺陷，其进位输出信号可直接由**与非门**译出，不需要另加译码电路。

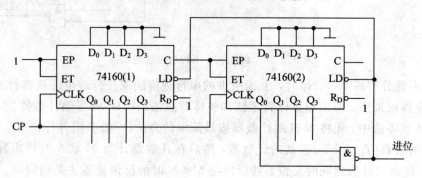

图 5.3.38　例 5.3.4 串行进位法连线图

5. 异步计数器

异步计数器的主要特点是各触发器并不都受同一时钟脉冲信号的控制，其中一部分触发器的时钟信号来自计数脉冲 CP，而另一部分触发器的时钟信号则来自其他触发器的输出端 Q 或 $\overline{Q}$，因此合理地选择各级触发器的时钟信号是很重要的，但其设计过程较为繁琐，所以实际工程中广泛采用串联进位的电路结构，即计数脉冲加在第一级触发器的时钟信号输入端，其他各级的时钟信号则来自其相邻的前一级触发器的输出端，这样就构成了串行异步计数器。设计串行异步计数器有较强的规律性，主要需注意三点：一是各级触发器何时翻转，二是如何级联，三是满足计数器的容量。

1）异步二进制加法计数器

异步计数器一般由翻转触发器 T′ 触发器连接而成，图 5.3.39（a）所示为一个模 8 异步二进制加法计数器。它是将三个 JK 触发器的 JK 端悬空做成 T′ 触发器，然后一个一个串接起来，低位输出接至高位的时钟脉冲输入端构成的。计数脉冲不是同时加到所有触发器的时钟信号输入端，而只加到最低位触发器的时钟信号输入端，其他各级触发器则是由低位的进位信号来触发的。

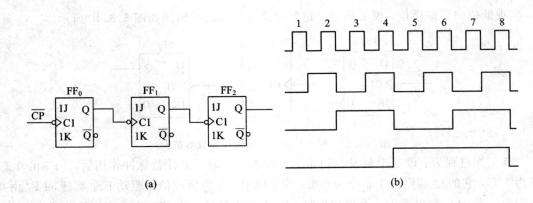

图 5.3.39 模 8 异步二进制加法计数器

(a) 逻辑图；(b) 时序图

触发器 FF_0 直接受计数脉冲的控制，CP 下降沿到来一次，触发器 FF_0 翻转一次。触发器 FF_0 的输出信号 Q_0 作为 FF_1 的时钟脉冲，当 Q_0 由 1 态向 0 态转换（Q_0 下降沿到来）时，则会驱动 FF_1 翻转，而当 Q_1 的下降沿到来时，将驱动 FF_2 翻转，因此三个触发器的翻转不是同步的。其逻辑功能状态表如表 5.3.12 所示。

表 5.3.12 模 8 异步二进制加法计数器状态表

计数脉冲	触发器状态			十进制数
CP	Q_0	Q_1	Q_2	
0	0	0	0	0
1	0	0	1	1
2	0	1	0	2
3	0	1	1	3
4	1	0	0	4
5	1	0	1	5
6	1	1	0	6
7	1	1	1	7
8	0	0	0	0

通过以上分析可以看出，此计数器按二进制计数规律递增计数，当记录了八个脉冲后，计数器完成一个计数循环，恢复 000 态。其时序图如图 5.3.39(b) 所示，从时序图中还可以看出，每经一级触发器，输出矩形脉冲周期就增加一倍，即频率降低一半。Q_0 的频率是 CP 的 1/2，可实现二分频；Q_1 的频率是 CP 的 1/4，为四分频；Q_2 的频率是 CP 的 1/8，即八分频，这一点与同步计数器一样，不仅能记忆脉冲的个数，而且还具有分频的作用。

2）异步二进制减法计数器

异步二进制减法计数器遵循二进制递减的计数规律，即 1−1 得 0，0−1 得 1，并向高位借 1。为了向高位发出借位信号，将递减计数高位触发器的时钟信号输入端与低位 $\overline{Q}$ 端相连。当低位为 0→1，低位的 $\overline{Q}$ 端为 1→0（下降沿），作为借位信号驱动的高位翻转为 1→

0，实现低位向高位借位。模 8 异步二进制减法计数器的逻辑图如图 5.3.40 所示。

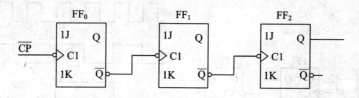

图 5.3.40　模 8 异步二进制减法计数器逻辑图

其工作过程为：设三个触发器初始为 000 态，当第一个计数脉冲作用后，FF_0 由 0 态变为 1 态，它的 $\overline{Q}$ 端则由 1 态变为 0 态，为下降沿，作为借位信号驱动 FF_1 翻转，FF_1 由 0 态变为 1 态，$\overline{Q}_1$ 端也产生一个借位信号，驱动 FF_2 翻转，使 FF_2 由 0 态变为 1 态。这时，计数器的状态由 000 态变为 111 态，相当于原来存储的数 000 向高位借 1，再减去 1 得 111。随着 CP 计数脉冲的继续输入，计数器存数依次减少，输入第八 CP 脉冲，就完成一个计数循环，其状态表如表 5.3.13 所示。

以上所分析的加法和减法二进制计数器的各触发器均采用下降沿方式触发。我们发现，二进制计数器的结构很简单，级间连接也很简单。对于加法计数器，高位触发器的时钟输入端与相邻低位的 Q 端相连，减法计数器高位触发器的时钟输入端与相邻低位的 $\overline{Q}$ 端相连。如果触发器采用上升沿触发方式呢？我们可以得出异步二进制计数器的级间连接规律，如表 5.3.14 所示。

表 5.3.13　异步二进制减法计数器状态表

计数脉冲	触发器状态			十进制数
CP	Q_0	Q_1	Q_2	
0	0	0	0	0
1	1	1	1	7
2	1	1	0	6
3	1	0	1	5
4	1	0	0	4
5	0	1	1	3
6	0	1	0	2
7	0	0	1	1
8	0	0	0	0

表 5.3.14　异步二进制计数器的级间连接规律

连接规律	T′ 触发器的触发沿	
	上升沿	下降沿
加法计数	$CP_i = \overline{Q}_{i-1}$	$CP_i = Q_{i-1}$
减法计数	$CP_i = Q_{i-1}$	$CP_i = \overline{Q}_{i-1}$

可以想象，如果是 4 个 T 触发器串联则可构成模 16 异步二进制加、减法计数器，异步二进制计数器结构简单、连线少，级间连接规律简单，容易掌握，这是它的优点。但由于异步计数器各触发器是逐级翻转的，因此工作速度较慢，容易产生过渡干扰，易出现差错，这是它的缺点。

3）异步十进制计数器

异步十进制加法计数器就是在 4 位异步二进制加法计数器的基础上加以修改得到的。

其原理与 4 位异步二进制加法计数器相同,修改时主要解决的问题是如何使 4 位二进制计数器在计数过程中跳过 1010~1111 这 6 个无效状态。

异步十进制加法计数器的典型电路如图 5.3.41 所示。假设计数器从 $Q_3Q_2Q_1Q_0 = 0000$ 开始计数,由图可知,FF_0 和 FF_2 的 J 和 K 始终为 1,而 FF_1 的 J 和 K 在第八个计数脉冲到来之前也一直为 1,这期间前三级触发器的工作过程与异步三位二进制加法计数器相同。由于每次 Q_0 的下降沿到来时,$J_3 = Q_2Q_1 = 0$,这使得触发器 FF_3 一直保持状态 0 不变。

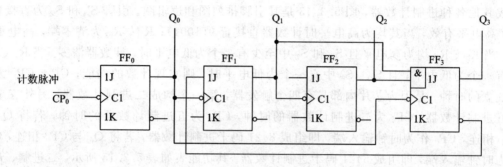

图 5.3.41 异步十进制加法计数器逻辑图

当第八个计数脉冲到来瞬间,$Q_3Q_2Q_1Q_0 = 0111$,Q_0 由 1 态变为 0 态,产生下降沿,且 $J_3 = Q_2Q_1 = 1$,因此在第八个计数脉冲到达后,FF_3 翻转为 1,同时 J_1 也随 FF_3 变为 0,第九个计数脉冲输入后,电路状态为 $Q_3Q_2Q_1Q_0 = 1001$,第十个计数脉冲输入后 FF_0 由 1 翻转为 0,产生下降沿,此时 $J_3 = Q_2Q_1 = 0$,$K_3 = 1$,使得 FF_3 置 0,电路状态变回 $Q_3Q_2Q_1Q_0 = 0000$,从而跳过跳过 1010~1111 这 6 个状态,构成异步十进制加法计数器。其时序图如图 5.3.42 所示。

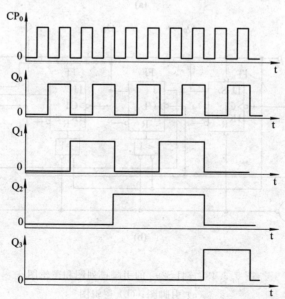

图 5.3.42 异步十进制加法计数器时序图

通过以上分析我们发现，对于一些比较简单的异步时序电路，如串行异步计数电路等，不需要按时序电路分析的一般步骤列出方程，而只需从其物理概念出发直接画出时序图和状态图来分析其具体功能即可。

4) 中规模集成异步计数器

中规模集成异步计数器种类很多，74LS290 是常见的异步二—五—十进制计数器。其工作原理与图 5.3.41 所示的异步十进制计数器基本相同，并在此基础上增加了灵活性，使它能实现异步二进制、五进制、十进制计数多种功能。74LS290 的功能很强，可以灵活地组成其他各种进制计数器，图 5.3.43 是其引脚排列图和逻辑图。引脚 S_{91} 和 S_{92} 为直接置 9 端，高电平有效，当其均为高电平时计数器直接置 9(1001)；R_{01}、R_{02} 为清零端，高电平有效，当 R_{01}、R_{02} 均为高电平且 S_{91} 和 S_{92} 中至少有一个为低电平时，计数器清零。当 R_{01}、R_{02} 中有一个为低电平，且 S_{91}、S_{92} 中有一个为低电平时，则实现计数的功能；CP_0、CP_1 为两个独立的时钟，是因为芯片内部具有四个触发器，第一个构成二进制计数器，另外三个构成五进制计数器，CP_0 为二进制计数器的时钟，CP_1 为五进制计数器的时钟，若将 Q_0 与 CP_1 相连，CP_0 作为时钟输入端，即组成 8421 码十进制计数器，若将 Q_3 与 CP_0 相连，CP_1 作为时钟输入端，即组成 5421 码十进制计数器。其功能表如表 5.3.15 所示。二进制、五进制、十进制计数器的连接方法如图 5.3.44 所示。

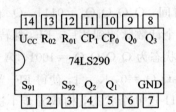

(a)

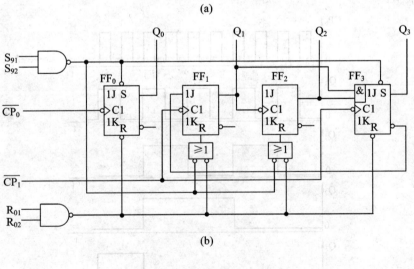

(b)

图 5.3.43 74LS290 的引脚排列图和逻辑图

(a) 引脚图；(b) 逻辑图

表 5.3.15 74LS290 状态表

复位输入		置位输入		时钟	输 出			
R_{01}	R_{02}	S_{91}	S_{92}	CP	Q_3	Q_2	Q_1	Q_0
1	1	0	×	×	0	0	0	0
1	1	×	0	×	0	0	0	0
×	×	1	1	×	1	0	0	1
×	0	×	0	↓	计数			
0	×	0	×	↓	计数			
0	×	×	0	↓	计数			
×	0	0	×	↓	计数			

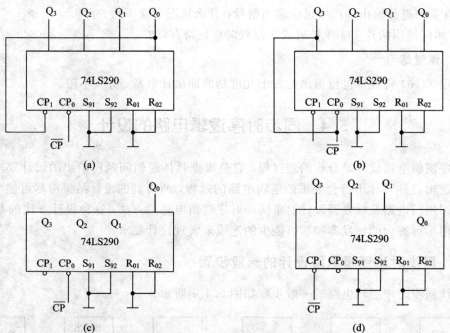

图 5.3.44 二进制、五进制、十进制计数器的连接方法

(a) 十进制(8421);(b) 十进制(5421);(c) 二进制;(d) 五进制

与同步计数器相比,异步计数器结构简单,特别是异步二进制计数器,可以不附加任何电路,直接由 T 触发器级联得到。但异步计数器有两个明显的缺点:一是工作速度慢,异步计数器的各级触发器是以串行方式连接的,最长时需要经过所有触发器的传输延迟时间之和以后,新的状态才能稳定建立起来;二是在电路状态译码时存在竞争—冒险现象,容易产生过渡干扰以至出现差错。这两个缺点导致异步计数器的应用受到很大的限制。

课堂活动

一、课堂提问和讨论

1. 常见的时序逻辑电路有哪些?

2. 移位寄存器除了暂时存储数据外,还有什么功能?

3. 时序电路中的计数器计算的是什么的个数? 除此之外它还有什么功能?

4. 计数器有哪些分类方式?

5. 如何理解集成计数器的同步置零方式和异步置零方式? 它们有何区别?

6. 如何理解集成计数器的同步置数方式和异步置数方式? 它们有何区别?

7. 常用的集成计数器有哪些? 请举例并简单说明其功能。

二、学生演讲和演板

1. 用电平触发方式的触发器能否组成图 5.3.5 的移位寄存器电路?

2. 如何用中规模集成计数器构成任意进制计数器? 请分类阐述。

三、小组活动

1. 分小组讨论,在用 74161 构成 M(M<16)进制计数器时,什么情况下可以使用 74161 自带的进位输出端产生进位输出信号,什么情况下又不行?

2. 如何使用两片 74194 扩展成 8 位双向移位寄存器?

四、课堂练习

试用 74161 构成带进位输出的二十九进制的加法计数器,方式不限。

5.4 同步时序逻辑电路的设计

时序逻辑电路设计是分析的逆过程,它是根据具体逻辑问题所给出的设计要求,选择适当的逻辑器件设计出符合要求的逻辑电路的过程,所得到的设计结果应尽可能简单。本节仅介绍用门电路及触发器设计简单同步时序逻辑电路的方法,这种设计方法的基本指导思想是用尽可能少的触发器和尽可能少的连线来实现设计要求。

5.4.1 同步时序逻辑电路设计的一般步骤

设计同步时序逻辑电路的一般步骤如图 5.4.1 所示。

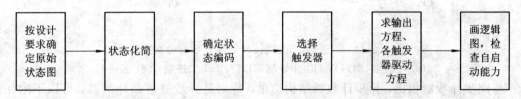

图 5.4.1 同步时序逻辑电路设计的一般步骤

下面对设计过程中的主要步骤加以说明。

1) 按设计要求确定原始状态图(即逻辑抽象)

逻辑抽象是指直接按设计要求中需要实现的逻辑功能求得的原始状态转换图或状态转换表,它实现了对抽象的设计要求的具体化,是设计时序电路的最关键一步。具体步骤是:

(1) 首先按给定的逻辑问题,确定输入变量、输出变量及该电路包含的状态数,一般都是取条件(原因)作为输入逻辑变量,取结果作为输出逻辑变量。

(2) 确定输入、输出变量和每个状态所表示的逻辑意义,并用字母 S_0、S_1、…表示这些状态。然后以上述状态为现态,找出每一个可能的输入组合作用下应任一个现态转入的次态及相应的输出，便可确定原始状态图或原始状态表。

2）状态化简

要使得设计出来的逻辑电路最简单，状态化简是非常重要的，状态化简能使状态数减少，从而减少电路中所需触发器的个数或门电路的个数。

状态化简实质就是将等价状态进行状态合并。所谓等价状态，是指如果有两个以上的状态，在输入相同的条件下，不仅有相同的输出，而且向同一个状态转换，则这些状态都是等价的，凡是等价状态均可合并。比如，在图 5.4.2 所示的原始状态图中，状态 S_2 和 S_3，当输入 X＝0 时，输出 Z 都是 0，且都向同一次态 S_0 转换，当 X＝1 时，输出 Z 都是 1，次态都是 S_3，所以 S_2 和 S_3 是等价状态，可以合并为 S_2，消去 S_3，简化状态图如图 5.4.3 所示。显然，状态化简使状态数目减少，从而可以减少电路中所需触发器的个数和门电路的个数，可使电路结构更加简单。

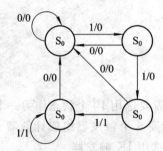

图 5.4.2　原始状态图　　　　　　　　　　图 5.4.3　简化状态图

3）确定状态编码（状态分配）并画出编码形式的状态图及状态表

时序逻辑电路的状态是由触发器状态的不同组合来表示的，所以首先要确定触发器的数目 n。n 个触发器共有 2^n 种状态组合，因此按照下式选择触发器的个数：

$$2^{n-1} < M \leqslant 2^n$$

其中，M 是电路包含的状态个数。

对简化的状态图中的每一个状态指定一个二进制代码，编码的方案不同，设计的电路结构也不同，编码方案选择得当，设计结果可以很简单。

选择状态编码一般是根据设计要求来选择的，并且选择的方案应有利于触发器的驱动方程及电路输出方程的简化。编码方案确定发后，根据简化的状态图画出编码形式的状态图及状态表。

4）选择触发器的类型，并求出电路的输入方程及各触发器的驱动方程

不同的触发器有不同的驱动方式，因此使用不同类型的触发器设计出的电路也不一样。所以在设计具体电路前必须先选定触发器的类型。选择触发器类型时，触发器的种类应尽量少。

触发器类型确定后，根据编码后的状态表及触发器的驱动表可求得电路的状态方程、输出方程和各触发器的驱动方程。

5）画逻辑电路图

根据所求得的输出方程和各触发器的驱动方程画出所设计电路的逻辑图。

6）检查所设计时序电路的自启动能力

若所设计的电路不具备自启动能力，则需增加附加电路进行修正或是修改逻辑设计加

以解决。

　　以上讲述的是同步时序逻辑电路的一般设计步骤，时序逻辑电路有多种类型，不同的时序逻辑电路，由于设计要求不同，实际步骤也不尽相同。

5.4.2　同步时序逻辑电路设计举例

1. 同步计数器设计

　　计数器是典型的时序逻辑电路，它的设计具有普遍性，我们以同步计数器为例来讲述同步时序逻辑电路的设计过程。

　　同步计数器设计的一般步骤为：

　　（1）分析设计要求，确定触发器数目和类型；

　　（2）选择状态编码；

　　（3）求状态方程，驱动方程；

　　（4）根据驱动方程画逻辑图；

　　（5）检查能否自启动。

　　[**例 5.4.1**]　设计一个 8421 码十进制计数器。

　　[**解**]　（1）确定触发器数目及类型。十进制计数器需要选用 10 个状态作为一个计数循环，计数长度 M＝10，因此要求 $2^n \geqslant 10$，则 n＝4，至少要 4 个触发器组成计数器。为了使设计出的电路最简单，选择 4 个触发器组成计数器，并选用 JK 触发器。

　　（2）选择状态编码。4 个触发器共有 16 种状态组合，我们可以从中选出 10 种作为十进制计数循环，分别用 $S_0 \sim S_9$ 表示。选择的方案有多种，根据题意应选择 8421 编码，即（取排列顺序为 $Q_3 Q_2 Q_1 Q_0$）$S_0 = 0000$，$S_1 = 0001$，$S_2 = 0010$，$S_3 = 0011$，$S_4 = 0100$，$S_5 = 0101$，$S_6 = 0110$，$S_7 = 0111$，$S_8 = 1000$，$S_9 = 1001$。根据选取的状态画状态图，如图 5.4.4 所示。

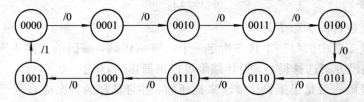

图 5.4.4　例 5.4.1 状态图

　　（3）求状态方程、输出方程和驱动方程。状态方程是描述计数器次态与现态关系的方程，次态 Q^{n+1} 和输出 CO 是以现态 Q 为变量的函数。为了获得这个函数关系，我们可以首先根据状态图画卡诺图，如图 5.4.5 所示。画卡诺图时，10 个有效状态以外的 6 个无效状态应作为约束项处理。本题中 $Q_3 Q_2 Q_1 Q_0$ 为 1010、1011、1100、1101、1110、1111 时表示无效状态，作为约束项处理，用×表示。图（a）是 Q^{n+1} 总的卡诺图，可以将它分解为 Q_3^{n+1}、Q_2^{n+1}、Q_1^{n+1}、Q_0^{n+1}、CO 的卡诺图，如图（b）、（c）、（d）、（e）、（f）所示。然后根据卡诺图求次态方程，此时要注意次态方程应写成与特性方程一致的形式，以利于求驱动方程。例如选用 JK 触发器，其特性方程为 $Q^{n+1} = J\overline{Q} + \overline{K}Q$，状态方程应写成两项之和，一项包含 Q，一项包含 $\overline{Q}$。方法上，只要将包含因子 Q 和 $\overline{Q}$ 的最小项合并，便可得到与特性方程相似的次态方程。因此得状态方程：

$$\begin{cases} Q_3^{n+1} = Q_0 Q_1 Q_2 \overline{Q}_2 + \overline{Q}_0 Q_3 \\ Q_2^{n+1} = Q_0 Q_1 \overline{Q}_2 + Q_2 \overline{Q}_0 + Q_2 \overline{Q}_1 \\ Q_1^{n+1} = Q_0 \overline{Q}_1 \overline{Q}_3 + \overline{Q}_0 Q_1 \\ Q_0^{n+1} = \overline{Q}_0 \\ CO = Q_0 Q_3 \end{cases}$$

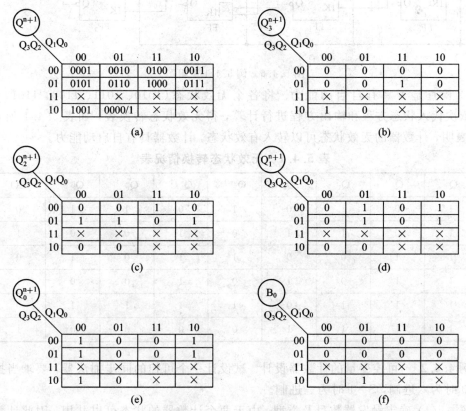

图 5.4.5 例 5.4.1 卡诺图

(a) Q^{n+1}; (b) Q_3^{n+1}; (c) Q_2^{n+1}; (d) Q_1^{n+1}; (e) Q_0^{n+1}; (f) B_0

将状态方程转换成标准形式:

$$\begin{cases} Q_3^{n+1} = Q_0 Q_1 Q_3 \overline{Q}_3 + \overline{Q}_0 Q_3 \\ Q_2^{n+1} = Q_0 Q_1 \overline{Q}_2 + \overline{Q}_0 \overline{Q}_1 Q_2 \\ Q_1^{n+1} = Q_0 \overline{Q}_1 \overline{Q}_3 + \overline{Q}_0 Q_1 \\ Q_0^{n+1} = 1 \overline{Q}_0 + \overline{1} Q_0 \end{cases}$$

再与 JK 触发器特性方程 $Q^{n+1} = J\overline{Q}^n + \overline{K}Q$ 比较,从而求得驱动方程:

$$\begin{cases} J_3 = Q_0 Q_1 Q_2, \ K_3 = Q_0 \\ J_2 = K_2 = Q_0 Q_1 \\ J_1 = Q_0 \overline{Q}_3, \ K_1 = Q_0 \\ J_0 = K_0 = 1 \end{cases}$$

(4)画逻辑图。根据驱动方程画逻辑图,如图 5.4.6 所示。

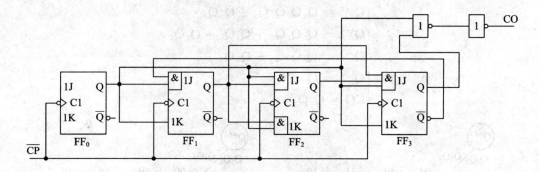

图 5.4.6 例 5.4.1 逻辑图

(5) 检查是否具有自启动能力。将各个无效状态(1010、1011、1100、1101、1110、1111)依次代入状态方程和输出方程进行计算,得无效状态转换表,如表 5.4.1 所示。表 5.4.1 表明,计数器的无效状态可以转入有效状态,计数器具有自启动能力。

表 5.4.1 无效状态转换情况表

Q_3	Q_2	Q_1	Q_0	Q_3^{n+1}	Q_2^{n+1}	Q_1^{n+1}	Q_0^{n+1}	CO
1	0	1	0	1	0	1	1	0
1	0	1	1	0	1	0	0	1
1	1	0	0	0	0	1	1	0
1	1	0	1	0	1	0	0	1
1	1	1	0	1	1	1	1	0
1	1	1	1	0	0	0	0	1

[**例 4.4.2**] 可控变量的计数器设计。试设计一个可控的同步加法器,要求当控制信号 S=0 时为六进制,S=1 时为三进制。

[**解**] (1) 确定触发器数目及类型。由于两个计数器的状态可以共用,因此计数容量 M=6。$2^n \geqslant 6$,取 n=3,用三个触发器组成,并选用 JK 触发器。

(2) 选择状态编码。由于设计要求中没有编码的选择要求,因此可随意选择,若编码顺序为 $Q_2 Q_1 Q_0$,则选 $S_0=000$,$S_1=001$,$S_2=010$,$S_3=011$,$S_4=100$,$S_5=101$。S_0、S_1、S_2 形成三进制计数循环,$S_0 \sim S_5$ 形成六进制计数循环。画状态图如图 5.4.7 所示。

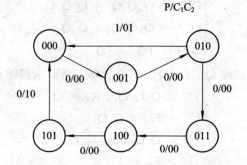

图 5.4.7 例 5.4.3 状态图

（3）求状态方程、输出方程和驱动方程。首先根据状态图画卡诺图。画卡诺图时，应将控制变量 S 作为卡诺图中的一个变量，如图 5.4.8 所示。由图可知，上面两行为 S＝0 对应的状态关系，形成六进制计数循环，110、111 作为约束项处理；下面两行为 S＝1，表示三进制计数循环的状态关系，1100、1101、1111、1110、1011 作为约束项处理。

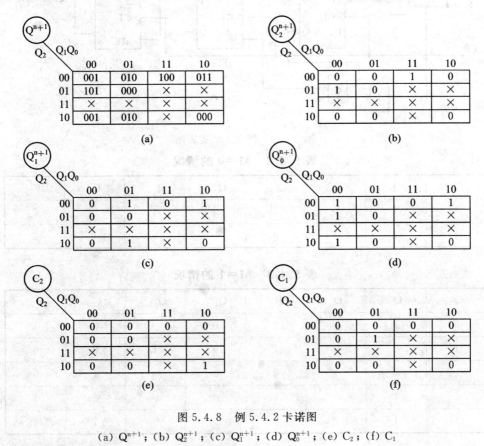

图 5.4.8　例 5.4.2 卡诺图

(a) Q^{n+1}；(b) Q_2^{n+1}；(c) Q_1^{n+1}；(d) Q_0^{n+1}；(e) C_2；(f) C_1

求得状态方程：

$$
\begin{cases}
Q_2^{n+1} = Q_1 Q_0 \overline{Q_2} + \overline{Q_0} Q_2 \\
Q_1^{n+1} = \overline{Q_2} Q_0 \overline{Q_1} + \overline{S} Q_0 Q_1 \\
Q_0^{n+1} = \overline{Q_0} \overline{Q_1} + \overline{S} \overline{Q_0} \\
C_1 = Q_2 Q_0 \\
C_2 = S Q_1
\end{cases}
$$

求得驱动方程：

$$
\begin{cases}
J_2 = Q_0 Q_1,\ K_2 = Q_0 \\
J_1 = \overline{Q_2} Q_0,\ K_1 = \overline{\overline{S} \overline{Q_0}} \\
J_0 = \overline{Q_1 S},\ K_0 = 1
\end{cases}
$$

（4）画逻辑图。根据驱动方程画逻辑图，如图 5.4.9 所示。

（5）检查是否具有自启动能力。无效状态转换情况见表 5.4.2 和表 5.4.3，由表可见计数器具有自启动能力。

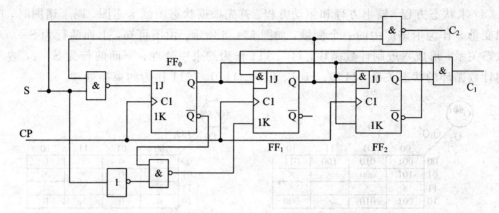

图 5.4.9 例 5.4.2 逻辑图

表 5.4.2 M＝0 的情况

Q_2	Q_1	Q_0	Q_2^{n+1}	Q_1^{n+1}	Q_0^{n+1}	C_1	C_2
1	1	0	1	1	1	0	0
1	1	1	0	0	0	1	0

表 5.4.3 M＝1 的情况

Q_2	Q_1	Q_0	Q_2^{n+1}	Q_1^{n+1}	Q_0^{n+1}	C_1	C_2
0	1	1	1	0	0	0	1
1	0	0	1	0	0	0	0
1	0	1	1	0	0	1	0
1	1	0	1	0	0	0	1
1	1	1	0	0	0	1	1

2. 简单时序逻辑电路设计

[**例 5.4.3**] 试设计一个序列脉冲检测器，当连续输入信号 110 时，该电路输出为 1，否则输出为 0。

[**解**] 由设计要求可知，要设计的电路有一个输入信号 X 和一个输出信号 Z，电路功能是对输入信号进行检测。

(1)由给定的逻辑功能确定电路应包含的状态，并画出原始状态图。因为该电路在连续收到信号 110 时，输出为 1，其他情况下输出为 0，因此要求该电路能记忆收到的输入为 0，收到 1 个 1，连续收到两个 1，连续收到 110 后的状态，由此可见，该电路应有 4 个状态，用 S_0 表示输入为 0 时的电路状态（或称初始状态），S_1、S_2、S_3 分别表示收到一个 1，连续收到两个 1 和连续收到 110 时的状态。先假设电路处于状态 S_0，在此状态下，电路可能输入有 X＝0 和 X＝1 两种情况。若 X＝0，则输出 Z＝0，且电路应保持在状态 S_0 不变；若 X＝1，则 Z＝0，但电路应转向状态 S_1，表示电路收到一个 1。现在以 S_1 为现态，若这时输入 X＝0，则输出 Z＝0，且电路应回到 S_0，重新开始检测；若 X＝1，则 Z＝0，且电

路应进入 S_2，表示已连续收到两个 1。又以 S_2 为现态，若输入 X＝0，则输出 Z＝1，电路应进入 S_3 状态，表示已连续收到 110；若 X＝1，则 Z＝0，且电路应保持在状态 S_2 不变。再以 S_3 为现态，若输入 X＝0，则输出 Z＝0，电路应回到状态 S_0，重新开始检测；若 X＝1，则 Z＝0，电路应转向状态 S_1，表示又重新收到了一个 1。根据上述分析，可以画出该例题的原始状态图，如图 5.4.10(a)所示。

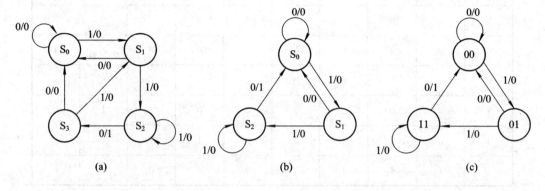

图 5.4.10　例 5.4.3 状态图

(a) 原始状态图；(b) 简化状态图；(c) 状态编码

(2) 状态化简。观察图 5.4.1 便知，S_0 和 S_3 是等价状态，因为当输入 X＝0 时，输出 Z 都为 0，而且次态均转向 S_0；当 X＝1 时，输出 Z 都为 0，而且次态均转向 S_1，所以 S_0 和 S_3 可以合并。去掉 S_3 的圆圈及由此圆圈出发的连线，将指向 S_3 的连线指向 S_0，得到简化后的状态图，如图 5.4.10(b)所示。

(3) 状态编码及画编码形式的状态图和状态表。由图 5.4.10(b)可知，该电路有 3 个状态，可以用 2 位二进制代码组合(00、01、10、11)中的任意三个代码表示，这里取 00、01、11 分别表示 S_0、S_1、S_2，即令 S_0＝00，S_1＝01，S_2＝11。图 5.4.10(c)是该例的编码形式的状态图。

由编码形式的状态图可画出编码后的状态表如表 5.4.4 所示。

表 5.4.4　例 5.4.3 的编码状态表

		$Q_1^{n+1} Q_0^{n+1}/Z$	
Q_1	Q_0	X	
		0	1
0	0	00/0	01/0
0	1	00/0	11/0
1	1	00/1	11/0

(4) 选择触发器类型并确定各触发器的驱动方程及电路的输出方程。

① 根据式 $2^{n-1} < M \leqslant 2^n$ 可知，3 个状态需用两个触发器，这里选用 JK 触发器。

② 确定各触发器的驱动方程及电路的输出方程：根据表 5.4.4 及 JK 触发器的驱动表，画出各触发器驱动信号及电路输出信号的真值表，如表 5.4.5 所示，由此表画出各触发器 JK 端和电路输出端 Z 的卡诺图，如图 5.4.11 所示。

表 5.4.5　例 5.4.3 的驱动信号及输出信号的状态转换真值表

| 输 入 | | | 输 出 | | | 驱 动 信 号 | | | |
| 外输入 | 现 态 | | 次 态 | | 外输出 | | | | |
X	Q_1	Q_0	Q_1^{n+1}	Q_0^{n+1}	Z	J_1	K_1	J_0	K_0
0	0	0	0	0	0	0	×	0	×
0	0	1	0	0	0	0	×	×	1
0	1	1	0	0	1	×	1	×	1
1	0	0	0	0	0	0	×	1	×
1	0	1	1	1	0	1	×	×	0
1	1	1	1	1	0	×	0	×	0

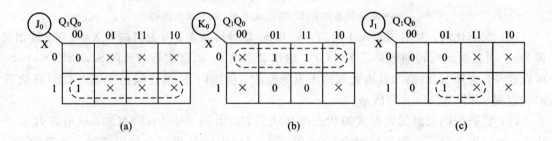

(a)　(b)　(c)

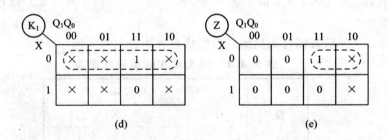

(d)　(e)

图 5.4.11　例 5.4.3 驱动信号及输出信号的卡诺图

(a) J_0；(b) K_0；(c) J_1；(d) K_1；(e) Z

③ 利用卡诺图化简得各触发器的驱动方程及电路的输出方程。

驱动方程：

$$\begin{cases} J_0 = X & K_0 = X \\ J_1 = XQ_0 & K_1 = X \end{cases}$$

输出方程：

$$Z = XQ_1$$

（5）根据驱动方程和输出方程画出逻辑电路图，如图 5.4.12 所示。

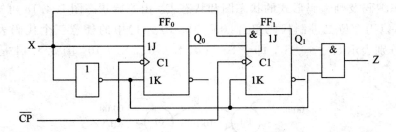

图 5.4.12　例 5.4.3 逻辑电路图

（6）检查该电路的自启动能力。当电路进入无效状态 10 后，由各方程可知，若 $X=0$，则次态为 00，若 $X=1$，则次态为 11，电路能自动进入有效序列。但从输出来看，若电路在无效状态 10，当 $X=0$ 时，$Z=1$，这是不准确的。为了消除这个错误输出，需要对输出方程作适当修改，即将图 5.4.10 中输出信号 Z 卡诺图内的无关项 XQ_1Q_0 不画在包围圈内，则输出方程变为 $Z=XQ_1Q_0$，根据此式对图 5.4.11 作相应修改即可，此处不再赘述。

如果发现设计的电路没有自启动能力，则应对设计进行修改。其方法是：在驱动信号之卡诺图的包围圈中，对无效状态的处理作适当修改，即原来取 1 画入包围圈的，可试改为取 0 而不画入包围圈，或者相反。得到新的驱动方程和逻辑图，再检查自启动能力，直到能够自启动为止。

[**例 5.4.4**]　设计一个自动售饮料机的逻辑电路，投币口每次只能投入一枚五角或一元的硬币。投入一元五角硬币后机器自动给出一杯饮料，投入两元（两个一元）硬币后，给出一杯饮料的同时找回一枚五角硬币。

[**解**]　（1）逻辑抽象。取投币信号为输入，给出饮料和找零为输出，投入一枚一元硬币用 $A=1$ 表示，未投入时 $A=0$，投入一枚五角硬币用 $B=1$ 表示，未投入时 $B=0$，给出饮料时 $Y=1$，不给时 $Y=0$，找回一枚五角硬币时，$Z=1$，不找时 $Z=0$。输入组合 00、01、10 为 AB 的可能取值，11 不允许发生可作为约束项，假设状态 S_0 是未投币前的状态，S_1 是累计投入五角硬币后的状态，S_2 是累计投入一元硬币（一枚一元或两枚五角）后的状态，再投入五角硬币后电路清零返回 S_0，并产生输出 $Y=1$，$Z=0$。再投入一元硬币后电路清零返回 S_0，产生相应输出 $Y=1$，$Z=1$。根据分析画出原始状态图，如图 5.4.13 所示。

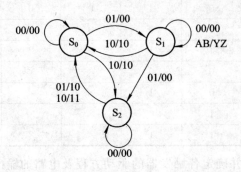

图 5.4.13　例 5.4.4 的原始状态图

（2）状态化简。该原始状态图已是最简状态图，无需再化简。

（3）状态编码及画编码形式的状态图和状态表。由原始状态图 5.4.13 可知，该电路有 3 个状态，可以用 2 位二进制代码组合（00、01、10、11）中的任意三个代码表示，这里取 00、01、10 分别表示 S_0、S_1、S_2，即令 $S_0 = 00$，$S_1 = 01$，$S_2 = 10$。图 5.4.14 是状态编码后的状态图。

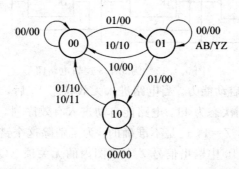

图 5.4.14　例 5.4.4 编码后的状态图

由编码形式的状态图可画出编码后的状态表如表 5.4.6 所示。

表 5.4.6　例 5.4.4 的状态转换真值表

输　　入				输　　出			
外输入		现　　态		次　　态		外输出	
A	B	Q_1	Q_0	Q_1^{n+1}	Q_0^{n+1}	Y	Z
0	0	0	0	0	0	0	0
0	0	0	1	0	1	0	0
0	0	1	0	1	0	0	0
0	0	1	1	×	×	×	×
0	1	0	0	0	1	0	0
0	1	0	1	1	0	0	0
0	1	1	0	0	0	1	0
0	1	1	1	×	×	×	×
1	0	0	0	1	0	0	0
1	0	0	1	0	0	1	0
1	0	1	0	0	0	1	1
1	0	1	1	×	×	×	×
1	1	0	0	×	×	×	×
1	1	0	1	×	×	×	×
1	1	1	0	×	×	×	×
1	1	1	1	×	×	×	×

（4）选择触发器类型并确定各触发器的驱动方程及电路的输出方程。

① 根据式 $2^{n-1} < M \leqslant 2^n$ 可知，共 3 个状态需用两个触发器，我们选用 D 触发器。

② 确定各触发器的驱动方程及电路的输出方程：根据表 5.4.6 画出 Q_1^{n+1}、Q_0^{n+1}、Y 和 Z 的卡诺图。如图 5.4.15 所示。

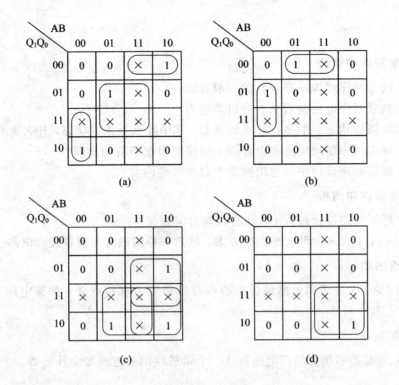

图 5.4.15　例 5.4.4 的卡诺图

(a) Q_1^{n+1}；(b) Q_0^{n+1}；(c) Y；(d) Z

③ 利用卡诺图化简得各触发器的驱动方程及电路的输出方程：

$$\begin{cases} Q_1^{n+1} = D_1 = \overline{A}\,\overline{B}Q_1 + A\overline{Q}_1\overline{Q}_0 + BQ_0 \\ Q_0^{n+1} = D_0 = B\overline{Q}_0\overline{Q}_1 + \overline{A}\,\overline{B}Q_0 \\ Y = BQ_2 + AQ_1 + AQ_0 \\ Z = AQ_1 \end{cases}$$

求得驱动方程：

$$\begin{cases} D_1 = \overline{A}\,\overline{B}Q_1 + A\overline{Q}_1\overline{Q}_0 + BQ_0 \\ D_0 = B\overline{Q}_0\overline{Q}_1 + \overline{A}\,\overline{B}Q_0 \end{cases}$$

（5）根据输出方程和驱动方程画出逻辑电路图，如图 5.4.16 所示。

（6）检查该电路的自启动能力。当电路进入无效状态 11 后，由各方程可知，若 AB=00，即无输入信号的情况下，次态为 11，电路无法自动进入有效序列，因此电路没有自启动能力。且当 AB＝10 和 AB＝01 时，电路虽然能够回到有效循环中，但输出信号不准确。因此，该电路开始工作时应该

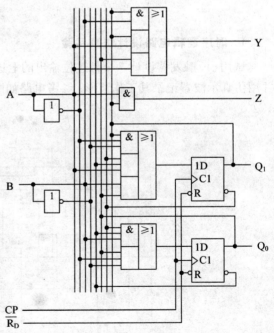

图 5.4.16　例 5.4.4 的逻辑电路图

通过在异步置零端 $\overline{R}_D$ 上接低电平来将电路置为 00 状态。

课堂活动

一、课堂提问和讨论

1. 简述同步时序逻辑电路设计的一般方法。
2. 如何判断时序电路是否具有自启动能力？
3. 时序电路的状态一般是指什么的状态，其中什么是无效状态，什么是有效状态？
4. 设计异步时序逻辑电路和设计同步时序逻辑电路有何异同？
5. 时序逻辑电路设计中的逻辑抽象主要有哪些内容？

二、学生演讲和演板

1. 时序逻辑电路设计过程中，状态化简有何意义？
2. 例 5.4.4 中有多少种状态编码方案，试选一种编码方案重新设计电路。

三、小组活动

分小组讨论，时序逻辑电路设计中检查自启动能力有何意义？如果电路不能自启动，有哪些方式解决？

四、课堂练习

试用 JK 触发器和相应的门电路设计一个带进位的七进制加法计数器。

5.5　时序逻辑电路仿真实验

1. 时序逻辑电路设计仿真实验

试用 JK 触发器设计一个带进位输出的七进制加法计数器电路，用数码管显示计数结果，并用仿真示波器记录其工作波形。参考电路如图 5.5.1 所示，工作波形如图 5.5.2 所示。

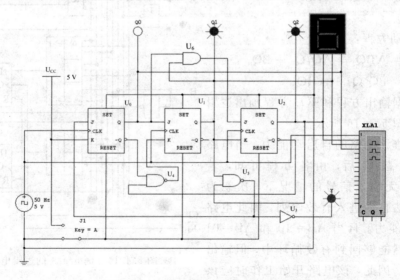

图 5.5.1　时序逻辑分析仿真实验电路

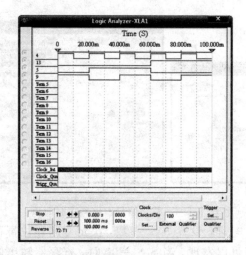

图 5.5.2　时序逻辑分析实验电路工作电压波形

图 5.5.1 所示仿真电路是一个上升沿触发带进位"Y"的七进制同步加法步计数器，按
"0→1→2→3→4→5→6"的顺序循环计数，当计到"6"时产生进位信号，此时"Y"端输出高
电平信号。完成设计所要求的功能。

2. 常用时序逻辑电路仿真实验

1）双向移位寄存器 74LS194 逻辑功能仿真实验

74LS194 是 4 位双向移位寄存器，其功能表如表 5.3.2 所示。从数字器件库中选出
74LS194D 放置在仿真工作区并搭建仿真电路，如图 5.5.3 所示。打开仿真开关，进行仿真
实验。

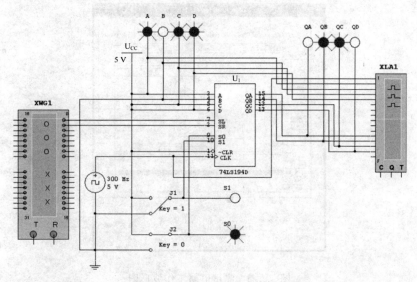

图 5.5.3　双向移位寄存器 74LS194D 逻辑功能仿真实验电路

用鼠标双击数字信号发生器图标，打开数字信号发生器面板，设置对应串行输入信号
S_R 和 S_L 代码的 4 位十六进制数码；设置输出数据的起始地址（Inital）和终止地址（Final）；
设置循环（Cycle）和单帧（Burse）输出速率的输出频率（Frequency）；选择循环（Cycle）输出
方式，如图 5.5.4 所示。

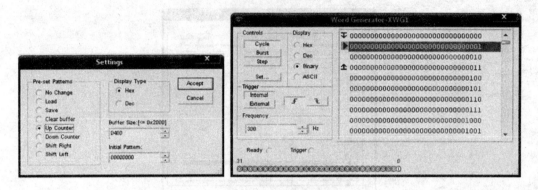

图 5.5.4　数字信号发生器控制面板

分别按下键盘[1]或[0]键，设置 S_1S_0 参数，决定双向移位寄存器的工作方式。通过观测逻辑指示灯的显示状态可以发现，当 $S_1S_0=00$ 时，寄存器输出保持原态不变，当 $S_1S_0=01$ 时，寄存器工作在向右移位方式，此时右移输入端 S_R 的串行输入数据如图 5.5.4 右图所示的"0011"四个数循环，所以可以观测到 4 个逻辑指示灯状态为依次向右同时点亮两盏指示灯；当 $S_1S_0=10$ 时，工作在向左移位方式，此时左移输入端 S_L 的串行输入数据如图 5.5.4 右图所示的"0101"四个数循环，所以可以观测到 4 个指示灯分 Q_A、Q_C 和 Q_B、Q_D 两组间隔点亮；当 $S_1S_0=11$ 时，工作在并行输入方式，可观测到并行输出端 Q_A、Q_B、Q_C、Q_D 的四个指示灯的状态与输入端 A、B、C、D 的四个指示灯的状态一一对应且完全相同。

最后打开逻辑分析仪面板观测时序图，如图 5.5.5 所示，仿真结果与工作原理完全相符。

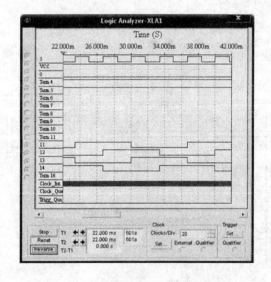

图 5.5.5　测试电路工作波形图

2）集成计数器应用仿真实验

在时序逻辑电路中，集成计数器的应用是无所不在的。应用集成计数器加上简单的电路及连线，就可以组成各种形式的、任意进制的计数器，可广泛应用于计数、计时、分频等电路中。其工作原理通常是利用反馈复位、置位、预置数等功能，采用级联法扩展容量、采用复位法、置位法或预置数法，强行中断原有计数顺序，强行对集成计数器进行复位、置位或预置数，按人们的意愿组成新的计数循环，组成符合要求的计数器。因其具有控制方法科学、简单、明了，控制电路及连线简单、易行，工作稳定性好等优点，从而得到了广泛应用。

要求：用同步十进制加法计数器 74LS160 设计一个六进制加法计数器。

（1）反馈清零法。此时使可逆计数器工作在加法计数模式，当计数到 0110 状态时，Q_C、Q_B 输出通过 1 个与门控制异步清零端～CLR，使～CLR＝1，计数器迅速复位到 0000 的状态，～CLR 端的清零信号也随之消失，74LS160N 重新从 0000 状态开始新的计数周期，从而实现了六进制加法计数。

在仿真工作区搭建仿真电路，参考电路如图 5.5.6 所示。打开仿真开关，打开逻辑分析仪面板，观察译码显示器显示的数码和工作波形图，分析、验证所设计电路的逻辑功能。注意清零信号可能会出现竞争—冒险现象，可以增加门电路延时予以避免。

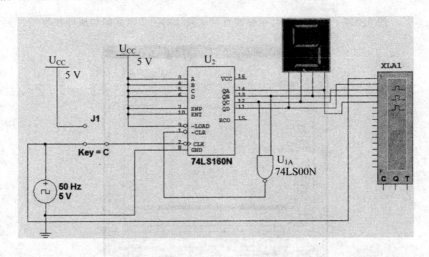

图 5.5.6　由 74LS160 用反馈清零法设计的同步六进制加法计数器

（2）反馈置数法。反馈置数法适用于具有预置数功能的集成计数器。利用计数器的置数功能，可以从 N 进制计数循环中的任何一个状态置入适当的数值而跳跃 N－M 个状态，而形成 M 进制计数器。

74LS160D 兼有同步预置数的功能，故亦可采用反馈置数法。因同步十进制可逆计数器 74LS160D 的进位信号"～CO"是由 1001 状态译码产生的。为产生进位信号，现采用 0000→0001→0010→0011→0100→1001→0000 的六进制计数循环状态。当进入 0100 状态时，在下一个计数脉冲到来时，连接在 Q_C 端的非门电路产生一个置数信号（低电平）加到置数控制端"～LOAD"，从而直接将计数器置为 1001 状态。再来一个计数脉冲，计数器重回起点 0000 状态，并产生一个进位信号，从而实现了"0→1→2→3→4→9→0"的六进制计数循环。

在仿真工作区搭建仿真电路，如图 5.5.7 所示，打开逻辑分析仪面板，观察译码显示器显示的数码和如图 5.5.8 所示的时序波形图，分析、验证所设计电路的逻辑功能。

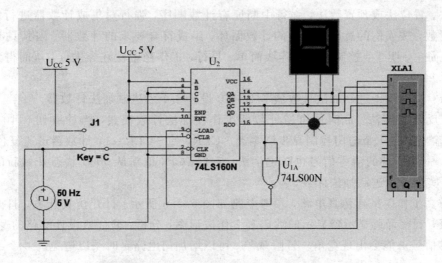

图 5.5.7　由 74LS160 用反馈置数法设计的同步六进制加法计数器

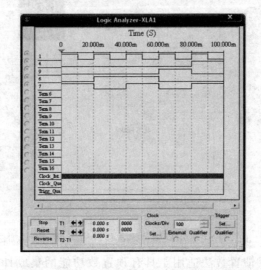

图 5.5.8　反馈置数法设计的同步六进制加法计数器的时序图

实 验 与 实 训

计数器及其应用

1. 训练目的

(1) 掌握中规模集成电路 74LS160 的使用和功能测试。

(2) 了解用 74LS160 构成其他进制计数器的方法。

2. 训练原理

(1) 74LS160 是同步十进制加法计数器，具有同步置数和异步清零的功能，其引脚排列及逻辑符号如图 5.3.22 所示。图中，$\overline{\text{LD}}$ 为置数端，CP_U 为非同步进位输出端，$\overline{\text{BO}}$ 为非同步借位输出端，D_0、D_1、D_2、D_3 为计数器输入端，Q_0、Q_1、Q_2、Q_3 为数据输出端，$\overline{R}_D$ 为清除端。其功能表如表 5.5.1 所示。

表 5.5.1

清零	预置	使能		时钟	并行预置数据输入				输 出			
$\overline{R}_D$	$\overline{LD}$	EP	ET	CP	D_0	D_1	D_2	D_3	Q_0	Q_1	Q_2	Q_3
0	×	×	×	×	×	×	×	×	0	0	0	0
1	0	×	×	↑	A	B	C	D	A	B	C	D
1	1	0	×	×	×	×	×	×	保持			
1	1	×	0	×	×	×	×	×	保持(C=0)			
1	1	1	1	↑	×	×	×	×	计数			

当清零端 $\overline{R}_D$ 为低电平时，计数器不受 CP 影响而直接清零；$\overline{R}_D$ 为高电平则允许执行其他功能；当 $\overline{R}_D$ 为高电平，$\overline{LD}$ 为低电平时，执行同步并行置数，在下一个 CP 信号到来时，数据输入端 D_0、D_1、D_2、D_3 的数据被并行置入计数器中；当 $\overline{R}_D$ 为高电平，$\overline{LD}$ 为高电平时，且 ET＝EP＝1 时执行加法计数功能。

（2）实现任意进制计数。采用复位法获得任意进制计数器。用一个 74LS160 十进制计数器连接成的六进制计数器如图 5.5.9 所示。

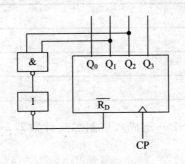

图 5.5.9

3. 训练设备与器件

（1）数字电路训练系统；

（2）集成芯片 74LS160；

（3）双踪示波器；

（4）直流稳压电源；

（5）万用表。

4. 训练内容

（1）将 74LS160 置于加法计数状态，在 CP 脉冲信号的作用下，完成一次计数循环，记录结果填入表 5.5.2 中。

（2）在计数循环中，将 74LS160 置于同步置数状态，在 CP 脉冲信号的作用下，完成一次并行置数，并记录观察结果。

（3）在计数循环中，将74LS160置于异步清零状态，调节CP脉冲的周期，对比异步清零和同步置数的区别。

表 5.5.2

CP	Q_0	Q_1	Q_2	Q_3	$\overline{CO}$
0					
1					
2					
3					
4					
5					
6					
7					
8					
9					
10					
11					
12					
13					
14					
15					

（4）根据图5.5.9将74LS160连成六进制加法计数器，并测试其功能。自行设计表格并记录。

（5）试用两片74LS160连成六十进制加法计数器，并带有进位输出端，方法不限。

5. 训练报告

（1）画出训练线路图，记录、整理训练现象及训练所得有关波形，对训练结果进行分析。

（2）总结使用集成计数器的体会。

本 章 小 结

1. 时序逻辑电路与组合逻辑电路功能的不同点是，时序电路在任一时刻的输出不仅取决于该时刻的输入，还取决于过去的输入。因此其电路结构包含组合逻辑电路和存储电路两部分，并且从组合逻辑电路输出经存储电路回到组合逻辑电路的回路期间，至少存在着一条反馈支路。

2. 时序逻辑电路可分为同步时序电路和异步时序电路两大类。在同步时序电路中，有一个统一的时钟脉冲，使所有触发器同步工作。而在异步时序电路中，各触发器时钟输入端没有统一的时钟信号，各存储单元状态的改变不是同时发生的，或者电路中没有时钟脉冲。

3. 同步时序逻辑电路的分析就是确定所给定的逻辑电路的逻辑功能，一般多用状态转换图或状态转换表描述其逻辑功能。

4. 寄存器具有暂时存放数码的功能。它分为数码寄存器和移位寄存器。

5. 计数器能记忆输入脉冲的个数，它是典型的时序逻辑电路之一，因此它的分析和设计方法也具有典型性。

6. 时序逻辑电路设计是分析的逆过程，就是对所给定的逻辑要求，设计出其相应的逻辑电路。其过程通常分为以下几步：逻辑抽象拟定原始状态图，状态化简，状态分配，选择触发器并列方程组，画出逻辑电路图和检查自启动能力。其中逻辑抽象即原始状态图的拟定是整个设计过程中的关键，通常也是最难的一步。

7. 本章除了介绍时序逻辑电路设计的一般方法外，还较详细地介绍了常用的一些中规模集成器件的工作原理及使用方法。其中，各种集成器件的控制端和选通端的逻辑功能、电平要求和功能扩展的方法是本章讨论的主要内容。随着数字集成计数的迅速发展，中、大规模器件的质量不断提高，价格逐年下降，所以直接使用中、大规模器件进行设计已成为发展的方向。所以，能正确使用各类集成器件的每个功能端是非常重要的。

习 题

5.1 什么是组合逻辑电路？什么是时序逻辑电路？

5.2 二进制计数器从零计到下列十进制数，需要多少个触发器？

(1) 14　　(2) 60　　(3) 127

5.3 将 74LS193 用两种方法构成十六进制计数器，画逻辑图，并列出状态转换真值表。

5.4 利用中规模同步十进制计数器 74160，辅以必要的门电路，构成一个六十进制计数器。

5.5 试分析图 E5.5 所示电路的逻辑功能，画出其状态表、状态图和时序图，假设电路的初始状态为 0。

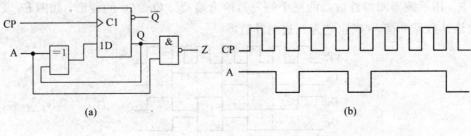

图 E5.5

5.6　分析图 E5.6 所示电路，画出其状态转换图。

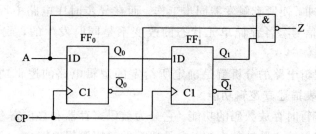

图 E5.6

5.7　如图 E5.7 所示电路，各触发器状态为 0，试分析它的逻辑功能，并判断其能否自启动。

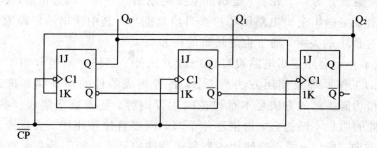

图 E5.7

5.8　设计一个流水灯电路，其状态表如表 E5.1 所示，其中 Q_2、Q_1、Q_0 代表三个发光二极管。

表 E5.1

CP	Q_2	Q_1	Q_0
0	0	0	0
1	0	0	1
2	0	1	1
3	1	1	1
4	1	1	0
5	1	0	0

5.9　用示波器测得计数器的三个触发器输出端 Q_2、Q_1、Q_0 的波形，如图 E5.9 所示，试确定该计数器的模。（确定它为几进制计数器）

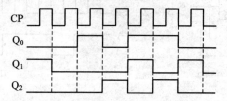

图 E5.9

5.10　寄存器的应用之一是做成环形计数器。如图 E5.10 所示为 4 位环形计数器,试分析其逻辑功能。

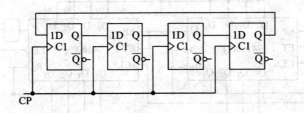

图 E5.10

5.11　试用 JK 触发器(上升沿触发)设计一个同步时序逻辑电路,其状态图见图 E5.11。

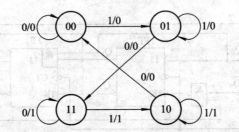

图 E5.11

5.12　试分析如图 E5.12 所示电路中,当 A＝0 和 A＝1 时,各为几进制电路。

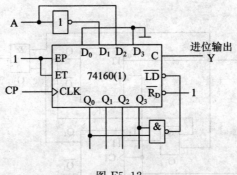

图 E5.12

5.13　试用集成计数器 74161 和必要的门电路设计一个可控计数器,当 A＝0 时为七进制加法计数器,当 A＝1 时为十三进制计数器,请画出连线图并标明进位输出端。

5.14　试用集成计数器和必要的门电路设计一个可控计数器,其中 A_1 和 A_2 为控制信号,要求如下:

(1) $A_1A_2＝00$ 时,保持不变;

(2) $A_1A_2＝01$ 时,二进制计数;

(3) $A_1A_2＝10$ 时,四进制计数;

(4) $A_1A_2＝11$ 时,八进制计数。

5.15　设计一个同步时序逻辑电路,它有一个输入端 A,一个输出端 Z,只有当 A 连续输入 4 个或 4 个以上 1 后,Z 才为 1,其他情况 Z 为 0。

5.16 试分析图 E5.16 所示电路是几进制计数器。

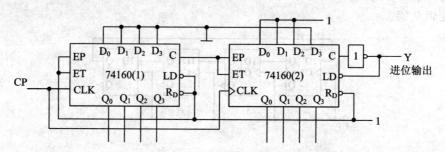

图 E5.16

5.17 试分析如图 E5.17 所示电路的逻辑功能，写出其驱动方程、次态方程，并画出状态转换图。

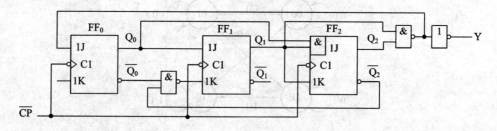

图 E5.17

5.18 试分析如图 E5.18 所示电路的逻辑功能，写出其驱动方程、次态方程，并画出状态转换图。

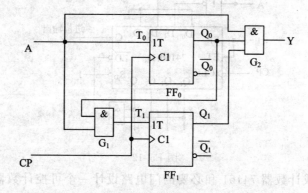

图 E5.18

5.19 分析如图 E5.19 所示的时序逻辑电路：

（1）写出电路的驱动方程、状态方程和输出方程；

（2）画出电路的状态转换图；

（3）指出电路能否自启动。

5.20 试用集成计数器 74160 和必要的门电路构成二十九进制计数器，标明输出进位端，方法不限。

5.21 设计一个同步时序电路，只有在连续两个或两个以上时钟作用期间两个输入信号 A_1 和 A_2 都一致时，输出信号 Z 才为 1，其他情况输出为 0。

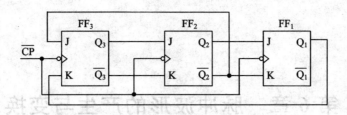

图 E5.19

5.22　试用两只 JK 触发器和最少量的接线设计一个能产生如图 E5.22 所示波形的时序逻辑电路，要求写出完整的设计过程。

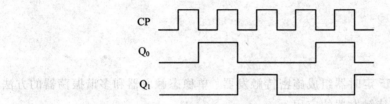

图 E5.22

5.23　试分析如图 E5.23 所示电路：

(1) 分析 74161 接成了几进制计数器？

(2) 画出 CP、Q_0、Q_1、Q_2 和 Z 的工作波形（不少于 10 个 CP 周期）。

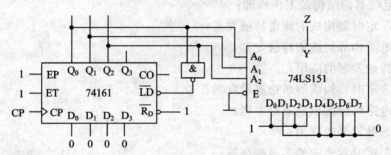

图 E5.23

第 6 章 脉冲波形的产生与变换

学习要求及知识点

1. 学习要求

(1) 熟悉掌握用 555 定时器组成施密特触发器、单稳态触发器和多谐振荡器的方法。

(2) 熟练掌握施密特触发器的应用。

(3) 熟练掌握单稳态触发器的应用。

(4) 熟练掌握多谐振荡器的使用。

2. 知识点

- 555 定时器的结构及工作原理；
- 由 555 定时器构成的施密特触发器；
- 由门电路构成的施密特触发器；
- 施密特触发器的应用；
- 由 555 定时器构成的单稳态触发器；
- 由门电路构成的单稳态触发器；
- 单稳态触发器的应用；
- 由 555 定时器构成的多谐振荡器；
- 由门电路构成的多谐振荡器；
- 石英晶体多谐振荡器。

6.1 概　述

脉冲信号是指那些瞬间突然变化，作用时间极短的电压或电流波形。它可以是周期性重复的，也可以是非周期性的。

从前面的学习中我们知道在数字电路中分别以高电平和低电平表示 1 状态和 0 状态，而具有一定宽度和幅值且边沿陡峭的矩形脉冲波形(亦称矩形脉冲)是表示信号有无，即传达 1 或 0 的最适合波形。由于数字电路系统中，离不开各种不同频率及幅值的脉冲信号，如时序逻辑电路中时钟信号、控制过程的定时信号等，因此，矩形脉冲特性的好坏直接关系到整个系统能否正常工作。

矩形脉冲的获取通常有两种途径：一种是利用各种形式的脉冲振荡电路，直接产生所需的矩形脉冲，如多谐振荡器等。这种电路在工作时一般不需要外加信号源，只要加上合适的工作电压，就能自动产生脉冲信号，所以这类电路属于自激的脉冲振荡电路。另一种是通过整形电路（或脉冲变换电路）把一种非矩形脉冲，或者性能不符合要求的矩形脉冲变换成符合要求的矩形脉冲，如施密特触发器、单稳态触发器等。这种电路本身并不能自行产生脉冲信号，它只是把已有的某种脉冲信号"加工"成符合要求的矩形脉冲信号。

555 定时器是一种多用途集成电路，其使用灵活、方便，在波形产生与变换、测量控制等方面有着广泛的应用。

本章主要以 555 定时器应用为主线介绍施密特触发器、单稳态触发器、多谐振荡器的工作原理与应用。

6.2 集成 555 定时器及其应用

555 定时器是一种多用途的单片集成电路。该电路性能优良、使用灵活、方便，如在其外部配上少许的电阻、电容元件，就可以很容易地构成施密特触发器、单稳态触发器和多谐振荡器等，因而广泛用于信号的产生、变换、控制与检测。

目前，国内外各电子器件公司虽然都生产了各自的 555 定时器产品，尽管产品型号繁多，但所有双极型产品最后三位数码都是 555，所有 CMOS 产品最后四位数码都 7555，而且它们的结构、工作原理基本相同，功能及外部引脚的排列方式完全一致。为了提高集成度，还有双定时器产品 556（双极型）和 7556（CMOS 型）。

6.2.1 电路组成

555 定时器内部结构的逻辑如图 6.2.1 所示，它由五部分组成：3 个 5 kΩ 电阻组成的分压器，两个集成运放 C_1、C_2 组成电压比较器，基本 RS 触发器，放电管 T 及反相器 G_4 构成的输出缓冲器构成。

1. 电阻分压器

电阻分压器为电压比较器提供参考电压 u_{R_1} 和 u_{R_2}。

（1）当控制电压输入端（即 5 脚）u_{IC} 悬空时，$u_{R_1} = \frac{2}{3} U_{CC}$，$u_{R_2} = \frac{1}{3} U_{CC}$；

（2）当控制电压输入端（即 5 脚）接电压 u_{IC} 时，$u_{R_1} = u_{IC}$，$u_{R_2} = \frac{1}{2} u_{IC}$；

（3）当不需要外接控制电压时，通常在控制电压输入端（即 5 脚）u_{IC} 与地之间接一个大小为 $0.01~\mu F$ 的电容滤波，提高电压 u_{R_1} 和 u_{R_2} 的稳定性。

2. 电压比较器

电压比较器由 C_1、C_2 两个结构相同的集成运算放大器组成。由集成运算放大器的特点可知：$U_+ > U_-$ 时，运放的输出是高电平；$U_+ < U_-$ 时，运放的输出是低电平。

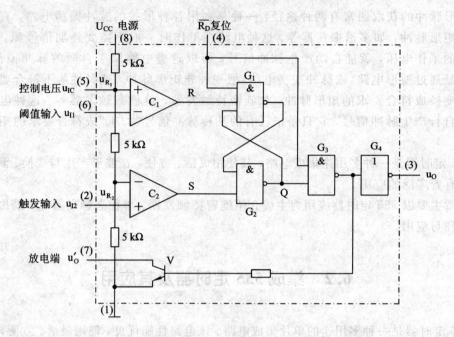

图 6.2.1 555 定时器的逻辑图

3. 基本 RS 触发器

基本 RS 触发器由两个与非门 G_1、G_2 组成，它的输出状态由两个比较器输出 u_{C_1} 和 u_{C_2} 控制，其中，u_{C_1} 接入基本 RS 触发器的置 0 端，u_{C_2} 接入基本 RS 触发器的置 1 端。

4. 输出缓冲器

缓冲器由非门 G_4 构成。它的作用是改善输出信号的波形，提高驱动负载能力。

5. 放电管 V

当 RS 触发器输出为低电平时，放电管 V 导通；当 RS 触发器输出为高电平时，放电管 V 截止。放电管可为外接电容提供放电回路。

6.2.2 工作原理

555 定时器的具体工作原理如下所述：

(1) $\overline{R}_D$ 是复位端。当 $\overline{R}_D = 0$ 时，输出端 $u_O = 0$。正常工作时，应使 $\overline{R}_D = 1$。

(2) 当 $u_{I1} < u_{R_1}$、$u_{I2} < u_{R_2}$ 时，$u_{C_1} = 1$、$u_{C_2} = 0$，即 $\overline{R}_D = 1$、$\overline{S}_D = 0$，基本 RS 触发器被置 1，$Q = 1$，放电管 V 截止，输出端 $u_O = 1$，为高电平。

(3) 当 $u_{I1} < u_{R_1}$、$u_{I2} > u_{R_2}$ 时，$u_{C_1} = 1$、$u_{C_2} = 1$，即 $\overline{R}_D = 1$、$\overline{S}_D = 1$，基本 RS 触发器维持原来状态不变，因而放电管 V 和输出端 u_O 也维持原来状态不变。

(4) 当 $u_{I1} > u_{R_1}$、$u_{I2} < u_{R_2}$ 时，$u_{C_1} = 0$、$u_{C_2} = 0$，即 $\overline{R}_D = 0$、$\overline{S}_D = 0$，基本 RS 触发器状态不定，这种输入情况禁止出现。

(5) 当 $u_{I1} > u_{R_1}$、$u_{I2} > u_{R_2}$ 时，$u_{C_1} = 0$、$u_{C_2} = 1$，即 $\overline{R}_D = 0$、$\overline{S}_D = 1$，基本 RS 触发器被置 0，$Q = 0$，放电管 V 导通，输出端 $u_O = 0$，为低电平。

综合上述分析，不外接控制电压时，可得 555 定时器功能表如表 6.2.1 所示。

表 6.2.1　555 定时器功能表

输　　入			输　　出	
阈值输入(u_{I1})	触发输入(u_{I2})	复位($\overline{R}_D$)	输出(u_O)	放电管(V)
×	×	0	0	导通
$<\dfrac{2}{3}U_{CC}$	$<\dfrac{1}{3}U_{CC}$	1	1	截止
$>\dfrac{2}{3}U_{CC}$	$>\dfrac{1}{3}U_{CC}$	1	0	导通
$<\dfrac{2}{3}U_{CC}$	$>\dfrac{1}{3}U_{CC}$		不变	不变

6.3　施密特触发器

　　施密特触发器是波形变换中经常使用的一种电路，它能将边缘变化缓慢的电压波形整形为边缘陡峭的矩形脉冲。它具有类似于磁滞回线形状的电压传输特性，如图 6.3.1 所示。通常把这种形状的特性曲线称为滞回特性或施密特触发特性。

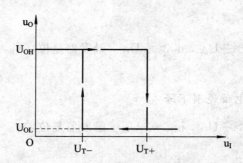

图 6.3.1　施密特触发器的电压传输特性

　　施密特触发特性具有以下两个特点：

　　(1) 属于电平触发且有两个稳定状态。两个稳定状态的维持和相互转换只与输入电压的大小有关，而与输入电压的变化速度无关，且输出由高电平转换到低电平或由低电平转换到高电平所需输入电压的大小是不同的，其差值称为回差电压 ΔU_T，即 $\Delta U_T = U_{T+} - U_{T-}$。其中，$U_{T+}$ 为正向阈值电压；U_{T-} 为负向阈值电压。

　　(2) 电压传输特性转折时上升时间和下降时间极短，或者说上升沿和下降沿非常陡，抗干扰能力较强，当输入信号达到某一定电压值时，输出电压会发生突变。

6.3.1　用 555 定时器构成的施密特触发器

　　将 555 定时器的阈值输入端(6 管脚)和触发输入端(2 管脚)连在一起，便构成了施密特触发器，如图 6.3.2 所示。

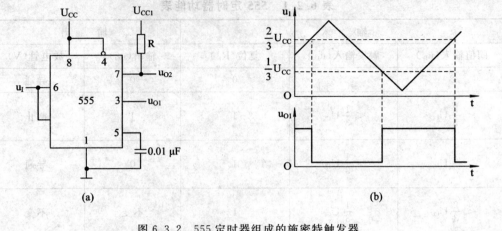

图 6.3.2　555 定时器组成的施密特触发器

（a）电路图；（b）工作波形图

当 U_{IC} 端通过 $0.01\ \mu F$ 电容接地，电路的工作原理如下：

1）输入信号 u_I 从低电位逐渐升高

当 $u_I < \dfrac{1}{3}U_{CC}$ 时，$u_{I1} < \dfrac{2}{3}U_{CC}$，$u_{I2} < \dfrac{1}{3}U_{CC}$，触发器置 1，$u_{O1} = 1$，为高电平，放电管 V 截止。

当 $\dfrac{1}{3}U_{CC} < u_I < \dfrac{2}{3}U_{CC}$ 时，$u_{I1} < \dfrac{2}{3}U_{CC}$，$u_{I2} > \dfrac{1}{3}U_{CC}$，电路输出仍保持不变，$u_{O1} = 1$，为高电平，放电管 V 截止。

当 $u_I > \dfrac{2}{3}U_{CC}$ 时，$u_{I1} > \dfrac{2}{3}U_{CC}$，$u_{I2} > \dfrac{1}{3}U_{CC}$，触发器复位，$u_{O1} = 0$，为低电平，放电管 V 导通。

2）输入信号 u_I 从高电位逐渐下降

当 $u_I > \dfrac{2}{3}U_{CC}$ 时，$u_{I1} > \dfrac{2}{3}U_{CC}$，$u_{I2} > \dfrac{1}{3}U_{CC}$，触发器复位，$u_{O1} = 0$，为低电平，放电管 V 导通。

当 $\dfrac{1}{3}U_{CC} < u_I < \dfrac{2}{3}U_{CC}$ 时，$u_{I1} < \dfrac{2}{3}U_{CC}$，$u_{I2} > \dfrac{1}{3}U_{CC}$，电路输出仍保持不变，$u_{O1} = 0$，为低电平，放电管 V 导通。

当 $u_I < \dfrac{1}{3}U_{CC}$ 时，$u_{I1} < \dfrac{2}{3}U_{CC}$，$u_{I2} < \dfrac{1}{3}U_{CC}$，触发器置 1，$u_{O1} = 1$，为高电平，放电管 V 截止。

因此，在 u_I 上升过程中，当 u_I 上升到 $\dfrac{2}{3}U_{CC}$ 时，电路输出状态翻转，使 u_{O1} 由 1 变为 0；在 u_I 下降过程中，当 u_I 下降到 $\dfrac{1}{3}U_{CC}$ 时，电路输出状态翻转，使 u_{O1} 由 0 变为 1。由此可知：

正向阈值电压 $U_{T+} = \dfrac{2}{3}U_{CC}$，负向阈值电压 $U_{T-} = \dfrac{1}{3}U_{CC}$，回差电压 $\Delta U_T = U_{T+} - U_{T-} = \dfrac{2}{3}U_{CC} - \dfrac{1}{3}U_{CC} = \dfrac{1}{3}U_{CC}$。

如将图中 5 脚外接控制电压 u_{IC}，改变 u_{IC} 的大小，则可以调节回差电压的范围，即

$$\Delta U_T = U_{T+} - U_{T-} = u_{IC} - \frac{1}{2}u_{IC} = \frac{1}{2}u_{IC}$$

如果在 555 定时器的放电管 V 输出端(7 脚)外接一电阻，并与另一电源 U_{CC1} 相连，则当放电管 V 导通时，另一输出端 $u_{O2} = 0$，为低电平；放电管 V 截止时，$u_{O2} = U_{CC1}$，输出端为高电平，因此，u_{O2} 输出电平的大小可通过改变 U_{CC1} 来实现。

6.3.2　用门电路组成的施密特触发器

1. 电路组成

由两个 CMOS 反相器组成的施密特触发器如图 6.3.3 所示。电路中两个 CMOS 反相器串接，分压电阻 R_1、R_2 将输出端的电压反馈到输入端对电路产生影响。

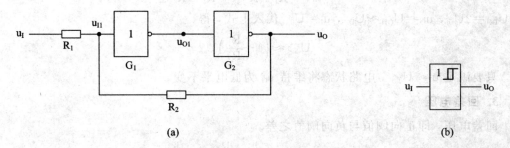

图 6.3.3　CMOS 反相器组成的施密特触发器

(a) 电路图；(b) 图形符号

2. 工作原理

假定电路中 CMOS 反相器的阈值电压 $U_{th} \approx \dfrac{U_{CC}}{2}$，$R_1 < R_2$，且输入信号 u_I 为三角波，则根据叠加原理有

$$u_{I1} = \frac{R_2}{R_1 + R_2}u_I + \frac{R_1}{R_1 + R_2}u_O$$

(1) 当输入电压为 0 V 时。$u_I = 0$ V 时，$u_{I1} < U_{th}$，则 G_1 输出 u_{O1} 为高电平，G_2 输出 $u_O \approx 0$ V，此时 $u_{I1} \approx 0$ V。当输入从 0 V 电压逐渐增加时，只要 $u_{I1} < U_{th}$，电路就会保持 $u_O = 0$ V 为低电平不变。

(2) 当输入电压上升时。输入电压从低电平向高电平上升时，随着 u_I 上升，u_{I1} 也逐渐增加；当 u_{I1} 略高于 U_{th} 时，G_1 输出，u_{O1} 为低电平，G_2 输出，u_O 为高电平。电路产生如下正反馈过程：

$$u_{I1} \uparrow \longrightarrow u_{O1} \downarrow \longrightarrow u_O \uparrow \underline{\quad\quad}$$

这样，电路输出状态在极短的时间内转换为高电平。此时 u_I 的值即为施密特触发器在输入信号正向增加时的阈值电压，称为正向阈值电压，用 U_{T+} 表示，则

$$u_{I1} = U_{th} = \frac{R_2}{R_1 + R_2}u_I + \frac{R_1}{R_1 + R_2}u_O$$

将 $u_O = U_{OL} \approx 0$ V，$u_I = U_{T+}$ 代入上式，得

$$U_{T+} = \left(1 + \frac{R_1}{R_2}\right)U_{th}$$

那么当 $u_I > U_{T+}$ 时，电路状态维持 u_O 为高电平不变。

（3）当输入电压下降时。u_I 继续上升至最大值后开始下降，随着 u_I 下降，u_{I1} 也逐渐降低，当 u_{I1} 低于 U_{th} 时，G_1 输出，u_{O1} 为高电平，G_2 输出，u_O 为低电平，电路产生如下正反馈过程：

$$u_{I1} \downarrow \to u_{O1} \uparrow \to u_O \downarrow ——$$

这样，电路输出状态在极短的时间内转换为低电平。此时 u_I 的值即为施密特触发器在输入信号负向下降时的阈值电压，称为负向阈值电压，用 U_{T-} 表示，则

$$u_{I1} = U_{th} = \frac{R_2}{R_1 + R_2}u_I + \frac{R_1}{R_1 + R_2}u_O$$

将 $U_{DD} = 2U_{th}$，$u_O = U_{OH} \approx U_{DD}$，$u_I = U_{T-}$ 代入上式，得

$$U_{T-} \approx \left(1 - \frac{R_1}{R_2}\right)U_{th}$$

只要满足 $u_I < U_{T-}$，电路状态将维持 u_O 为低电平不变。

3. 回差电压

回差电压，即正向阈值与负向阈值之差。

$$\Delta U_T = U_{T+} - U_{T-} \approx 2\frac{R_1}{R_2}U_{th} \approx \frac{R_1}{R_2}U_{DD}$$

由上式可见，电路回差电压与 R_1/R_2 成正比，改变 R_1、R_2 的比值，即可调节回差电压的大小。电路的工作波形及传输特性曲线如图 6.3.4 所示。

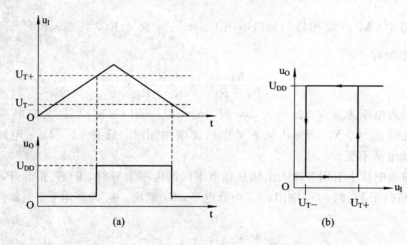

图 6.3.4　施密特触发器的工作波形和传输特性曲线
（a）工作波形；（b）传输特性曲线

6.3.3　集成施密特触发器

施密特触发器的应用十分广泛，因此在市场上已有很多 TTL 和 CMOS 集成施密特触发器产品。其中有 5414／7414 六反相器（缓冲器）、54132／74132 四 2 输入与非门及 5413

／7413 双 4 输入**与非**门。相应集成组件的外引线功能图可查阅有关手册。

集成施密特触发器具有较好的性能，其正向阈值电压 U_{T+} 和负向阈值电压 U_{T-} 也很稳定，有很强的抗干扰能力，使用也十分方便。

TTL 集成施密特触发器具有以下特点：

(1) 具有较强的带负载能力。

(2) 具有阈值电压和回差电压温度补偿，因此电路性能的一致性好。

(3) 具有较强的抗干扰能力。

CMOS 集成施密特触发器具有以下特点：

(1) 在电源电压 U_{DD} 一定时，触发阈值电压稳定；

(2) 电源电压 U_{DD} 变化范围宽，输入阻抗高，功耗极小；

(3) 具有很强的抗干扰能力。

6.3.4　施密特触发器的应用

1. 波形变换

因为施密特触发器的输出只有高、低电平两种状态，且状态转换时输出电压波形的边沿又十分陡峭，所以利用施密特触发器可把缓慢变化的电压信号转换为比较理想的矩形脉冲信号。只要输入信号的幅度大于 U_{T+} 且峰-峰值大于 ΔT，即可在施密特触发器的输出端得到同频率的矩形脉冲信号。如图 6.3.5 所示。

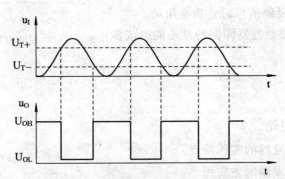

图 6.3.5　用施密特触发器实现波形变换

2. 脉冲整形

在数字系统中，矩形脉冲信号经过传输以后往往发生波形畸变。常见的有三种情况，如图 6.3.6 所示。其中，(a) 图的传输线上接有较大的电容，由于电容电压不能突变，所以脉冲信号的上升沿和下降沿都将变坏；(b) 图是传输线较长，而且接收端的阻抗与传输线的阻抗不匹配，当脉冲的上升沿或下降沿到达接收端时，将发生振荡现象；(c) 图是其他脉冲信号通过导线之间的分布电容或公用电源线叠加到矩形脉冲信号上时，信号上将形成附加的噪声。

无论是哪一种情况，只要恰当地选择 U_{T+} 和 U_{T-} 的数值，都可以利用施密特触发器进行整形获得比较理想的矩形脉冲波形。

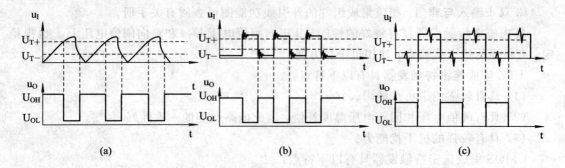

图 6.3.6　用施密特触发器进行脉冲整形

（a）接收大电容时；（b）接收端与传输端的阻抗不匹配；（c）其他脉冲信号通过时

3. 脉冲鉴幅

如图 6.3.7 所示，若将一系列不同幅度的脉冲信号加到施密特触发器输入端时，则只有那些幅度大于 U_{T+} 的脉冲才能在输出端产生脉冲信号。因此，施密特触发器可以将幅度大于 U_{T+} 的脉冲选出，从而达到脉冲鉴幅的目的。如果 u_I 是缓慢变化的连续的电压信号，则利用施密特触发器也可以在输入到达 U_{T+} 时给出输出信号。这在输入信号到达一定值需要给出超限报警信号时是很有用的。

此外，利用施密特触发器滞回特性还能组成多谐振荡器。

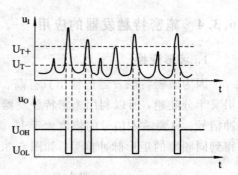

图 6.3.7　用施密特触发器鉴别脉冲幅度

课堂活动

一、课堂提问和讨论

1. 试述施密特触发器的工作特点。

2. 试述施密特触发器的主要用途。

3. 试述用 555 集成块组成的施密特触发器调节回差电压的方法。

4. 试述用门电路组成的施密特触发器调节回差电压的方法。

5. 试述用 555 集成块组成的施密特触发器其改变输出电平大小的方法。

二、学生演讲和演板

1. 描述或写出 555 定时器的功能表。

2. 试述 555 定时器各管脚的功能。

三、课堂练习

1. 在图 6.3.2(a) 所示施密特触发器中，估算在下列条件下电路的 U_{T+}、U_{T-}、ΔU_T。

(1) $U_{CC}=12$ V，U_{IC} 端通过 0.01 μF 电容接地；

(2) $U_{CC}=12$ V，U_{IC} 端接 5 V 电源。

2. 在图 6.3.2(a) 所示施密特触发器也可作为脉冲鉴幅器。为从图 6.3.8 所示的输入信号中将幅值大于 5 V 的脉冲检出，电源电压 U_{CC} 应取多少？如规定 $U_{CC} = 10$ V 不变，则电路做何修改？

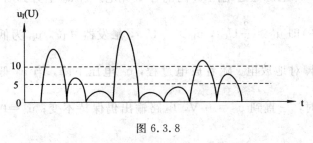

图 6.3.8

6.4 单稳态触发器

前面介绍的触发器都有两个稳定输出状态，因此也称为双稳态触发器。单稳态触发器则不同，它只有一个稳态输出，另外有一个暂稳态输出。暂稳态是不能长久保持的状态，它的工作性能有如下显著特点：

（1）具有稳态和暂稳态两个不同的工作状态。

（2）在没有外加触发脉冲信号时，电路处于稳定输出状态。

（3）在外加触发脉冲信号的作用下，电路从稳态翻转到暂稳态，在暂稳态维持一定的时间后，再自动返回稳态。

（4）暂稳态维持时间的长短取决于电路本身的参数，而与触发脉冲的宽度和幅度无关。

基于以上特点，单稳态触发器主要用于将宽度不符合要求的脉冲变化成符合要求的矩形脉冲，它被广泛地应用于数字系统中的脉冲整形、定时、延时等电路。

6.4.1 用 555 定时器构成的单稳态触发器

将 555 定时器的各个管脚如图 6.4.1(a) 所示进行连接，便构成了施密特触发器。其工作波形如图 6.4.1(b) 所示。

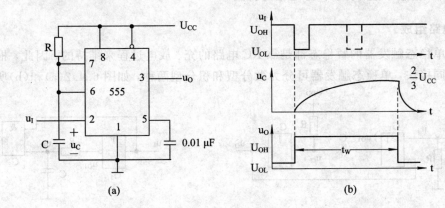

图 6.4.1 由 555 定时器组成的单稳态触发器

(a) 电路图；(b) 工作波形

（1）没有触发信号时，u_I 为高电平，电路处于一种稳态，即 $u_0 = 0$。电源接通后，电路有一个稳定的过程，即电源通过电阻 R 向电容 C 充电。当 u_C 上升到略大于 $\frac{2}{3}U_{CC}$ 时，无触发信号（u_I 为高电平）即 $u_{I1} > \frac{2}{3}U_{CC}$，$u_{I2} > \frac{1}{3}U_{CC}$，触发器复位，$u_O$ 为低电平，放电管 V 导通，电容 C 经 7 管脚对地放电。随着放电过程，u_C 电压下降，当 u_C 低于 $\frac{2}{3}U_{CC}$，即 $u_{I1} < \frac{2}{3}U_{CC}$，$u_{I2} > \frac{1}{3}U_{CC}$ 时，一直到 $u_C = 0$ V，电路输出仍保持不变；$u_O = 0$ 时，电路进入稳定状态。

（2）在触发信号作用下，电路由稳态进入暂态，即 $u_O = 1$。若触发输入端施加触发信号（u_I 为低电平），则 $u_{I1} < \frac{2}{3}U_{CC}$，$u_{I2} < \frac{1}{3}U_{CC}$，触发器发生翻转，触发器置 1，$u_O = 1$ 为高电平，放电管 V 截止，电路进入暂稳态。

（3）自动返回稳态。电路进入暂稳态，因为放电管 V 截止，电容 C 的放电回路断开，电源经电阻对电容 C 充电，电容电压按指数规律上升。当 u_C 上升到略大于 $\frac{2}{3}U_{CC}$ 时，无触发信号（u_I 为高电平），即 $u_{I1} > \frac{2}{3}U_{CC}$，$u_{I2} > \frac{1}{3}U_{CC}$，电路又发生翻转，触发器复位，$u_O = 0$ 为低电平，放电管 V 导通，电容 C 经 7 管脚对地放电，电路恢复至稳定状态。

如果忽略 V 的饱和压降，则 u_C 从零电平上升到 $\frac{2}{3}U_{CC}$ 的时间，即为输出电压 u_O 的脉宽 t_W，它等于暂稳态的持续时间，主要由电阻 R 和电容 C 的大小决定。$t_W = RC\ln 3 \approx 1.1RC$。

通常 R 的取值在几百欧姆至几兆欧姆之间，电容取值从几百皮法到几百微法，脉冲宽度 t_W 从几个微秒到数分钟，精度可达 0.1%。随着 t_W 宽度的增加，电路的精度和稳定度在降低。

6.4.2 用门电路组成的单稳态触发器

1. 电路组成

由于单稳态触发器的暂稳态都是靠 RC 电路的充、放电过程来维持的，因此，根据 RC 电路的不同接法，单稳态触发器可分为微分型和积分型两种，如图 6.4.2(a) 和(b) 所示。

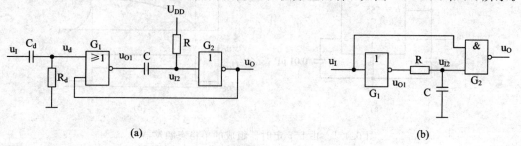

图 6.4.2　用门电路组成的单稳态触发器

（a）微分型；（b）积分型

2. 工作原理

我们以图 6.4.2(a)所示 CMOS 或非门构成的微分型单稳态触发器为例,分析其工作原理。假定 $U_{OH} \approx U_{DD}$,$U_{OL} \approx 0$,且门电路的阈值电压 $U_{TH} \approx \frac{1}{2} U_{DD}$。

(1) 在没有触发信号时,电路处于一种稳态,即 $u_O = 0$。无外来触发信号时,$u_I = 0$,所以 $u_d = 0$,为低电平;$u_{I2} = U_{DD}$,为高电平,G_2 为反相器,故 u_O 为低电平;这样或非门 G_1 的两个输入都为低电平,其输出 $u_{O1} = U_{DD}$,这时电容 C 两端的电位 u_{O1} 和 u_{I2} 都为高电平,电容 C 无充放电现象,电路稳定。

(2) 在外加触发信号,电路由稳态翻转到暂稳态,即 $u_O = 1$。当触发脉冲 u_I 加到输入端,在 R_d 和 C_d 组成的微分电路输出端得到很窄的正、负脉冲 u_d,当 $u_d = U_{TH}$ 时,或非门 G_1 翻转,$u_{O1} = 0$。由于电容 C 上电压不能突变,所以 u_{I2} 也同时跳变为低电平,从而促使反相器 G_2 翻转,$u_O = U_{DD}$,电路进入暂稳态。这时即使 u_d 回到低电平,u_O 的高电平仍将维持。

由稳态进入暂稳态中的正反馈,会使 u_{O1}、u_O 的边沿变得很陡,过程如下:

$$u_I \uparrow \rightarrow u_d \uparrow \rightarrow u_{O1} \downarrow \rightarrow u_{I2} \downarrow \rightarrow u_O \uparrow \underline{\qquad}$$
$$\uparrow$$

(3) 电容充电时,电路由暂稳态自动返回稳态,即 $u_O = 0$。暂稳态期间,$u_{O1} = 0$,U_{DD} 经电阻 R 向电容 C 充电,随着充电过程的进行,u_{I2} 逐渐升高,当升到 $u_{I2} = U_{TH}$ 时,又引发另外一个正反馈过程

$$u_{I2} \uparrow \rightarrow u_O \downarrow \rightarrow u_{O1} \uparrow \underline{\qquad}$$
$$\uparrow$$

如果这时触发脉冲已消失(u_O 已回到低电平),则 u_{O1}、u_{I2} 迅速跳变为高电平,并使输出返回 $u_O = 0$ 的状态,电路恢复到稳定状态。

由此可画出电路中各点电压波形,如图 6.4.3 所示。

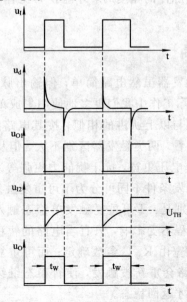

图 6.4.3　电路中各点电压波形

3. 主要参数

1）输出脉冲宽度 t_w

指电容 C 从开始充电到 u_{I2} 上升至 U_{TH} 的这段时间，即

$$t_W \approx 0.7RC$$

2）输出脉冲幅度 U_m

$$U_m = U_{OH} - U_{OL} \approx U_{DD}$$

3）恢复时间 t_{re}

暂稳态结束后，还需要一段恢复时间，以便电容 C 在暂稳态期间所充的电荷释放完，使电路恢复到初始状态。一般，

$$t_{re} \approx (3 \sim 5)R_{ON}C$$

式中，R_{ON} 为 G_1 门的输出电阻。

4）分辨时间 t_d

分辨时间是指在保证电路能正常工作的前提下，允许两个相邻触发脉冲之间的最小时间间隔，即

$$t_d = t_W + t_{re}$$

5）最高工作频率 f_{max}

$$f_{max} = \frac{1}{t_d} = \frac{1}{t_W + t_{re}}$$

微分型单稳态触发器只用于窄脉冲触发，抗干扰能力较差。而积分型单稳态触发器必须在触发脉冲的宽度大于输出脉冲的宽度时，才能正常工作，因而抗干扰能力较强。但输出波形的边沿较差。

6.4.3 集成单稳态触发器

用门电路组成的单稳态触发器虽然电路简单，但输出脉宽的稳定性差，调节范围小，且触发方式单一。因此，在实际工作中我们更多地使用集成单稳态触发器。

集成单稳态触发器的原理与以上所讲的相似，按其电路结构不同可分为 TTL 电路和 CMOS 电路两类。仅从功能上看，两类触发器区别不大，但从性能上看，CMOS 电路优于 TTL 电路（CMOS 电路的工作电压更宽，抗干扰能力更强等）。

集成单稳态触发器按其触发条件不同可分为不可重复触发和可重复触发两种，其工作波形如图 6.4.4 所示。主要区别是：不可重复触发单稳态触发器在进入暂稳态期间，如有触发脉冲作用，电路的工作过程不受影响，只有当电路的暂稳态结束后，输出触发脉冲才会影响电路状态，电路输出脉宽由 R、C 参数确定；而可重复触发单稳态触发器在暂稳态期间，如有触发脉冲作用，电路会重新被触发，使暂稳态继续延迟一段时间，直至触发脉冲的间隔超过输出脉宽，电路才返回稳态。

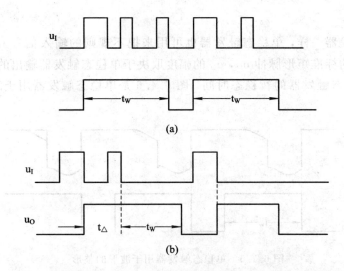

图 6.4.4　两种单稳态触发器的工作波形

（a）不可重复触发单稳态触发器；（b）可重复触发单稳态触发器

6.4.4　单稳态触发器的应用

1. 脉冲延迟（滞后）

单稳态触发器的脉冲延迟作用从图 6.4.3 的工作波形可以看出，输出信号 u_O 的上升沿相对输入信号 u_I 的上升沿延迟了一段时间 t_W。

2. 脉冲定时

由于单稳态触发器可输出宽度和幅度符合要求的矩形脉冲，因此可利用它来作定时电路。

在图 6.4.5 中，单稳态触发器的输出电压 u_O' 用作与门的输入定时控制信号，当 u_O' 为高电平时，与门打开，$u_O = u_F$；当 u_O' 为低电平时，与门关闭，u_O 为低电平。显然，与门打开的时间就是单稳态触发器输出脉冲 u_O' 的宽度 t_W。

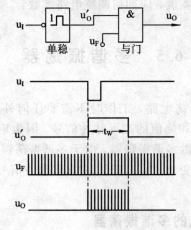

图 6.4.5　单稳态触发器用于定时选通

3. 脉冲整形

和施密特触发器一样，单稳态触发器也可用来把不规则的输入信号 u_I 整形成宽度和幅度都符合要求的标准矩形脉冲 u_O，u_O 的幅度取决于单稳态触发器输出的高、低电平，宽度 t_W 取决于单稳态触发器的暂稳态时间。图 6.4.6 是单稳态触发器用于波形整形的一个简单例子。

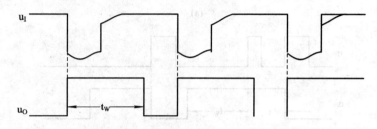

图 6.4.6　单稳态触发器用于波形的整形

课堂活动

一、课堂提问和讨论

1. 试述单稳态触发器的工作特点。
2. 试述单稳态触发器的主要用途。
3. 555 定时器由哪几部分构成？各部分功能是什么？

二、学生演讲和演板

1. 集成单稳态触发器可分为哪两类？有何区别？
2. 试述图 6.4.2(b) 中的积分型单稳态触发器的工作原理。

三、课堂练习

在图 6.4.1 的单稳态触发器中，已知 $U_{CC}=12$ V，$R=10$ kΩ，$C=10$ μF，试问：

（1）该电路的触发脉冲是正脉冲还是负脉冲？触发脉冲的幅度至少应低于多少伏？

（2）输出的脉冲宽度是多少？

（3）若需增大输出脉冲的宽度，应如何调整电路参数？

6.5　多谐振荡器

多谐振荡器是一种自激振荡电路，工作时不需要任何外加触发信号，只要一接通电源，它就能自动产生一定频率和幅值的矩形脉冲信号。因为矩形波中含有丰富的高次谐波分量，所以把矩形波振荡器叫做多谐振荡器。由于多谐振荡器一旦启振后，电路没有稳态，只有两个暂稳态，它们作交替变化，输出连续的矩形脉冲信号，故又称为无稳态电路，常用来做脉冲信号源。

6.5.1　用 555 定时器构成的多谐振荡器

由 555 定时器构成的多谐振荡器及工作波形如图 6.5.1 所示。

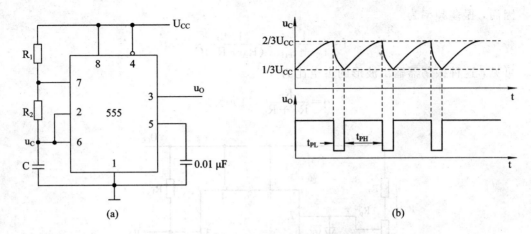

图 6.5.1　由 555 定时器组成的多谐振荡器

(a) 电路图；(b) 工作波形

其具体工作原理如下：

1. 第一暂稳态

接通电源后，电容 C 被充电，u_C 上升，当 u_C 到略大于 $\frac{2}{3}U_{CC}$ 时，则 $u_{I1} > \frac{2}{3}U_{CC}$，$u_{I2} > \frac{1}{3}U_{CC}$，根据 555 定时器功能表得知，此时 u_O 为低电平，同时放电管 V 导通。此时，电容 C 通过 R_2 和经 7 管脚接入放电管 V 进行放电，使 u_C 下降。u_C 由 $\frac{2}{3}U_{CC}$ 下降到 $\frac{1}{3}U_{CC}$ 这段时间，电路都处于第一暂稳态。电容器 C 放电所需的时间为 $t_{PL} = R_2 C \ln 2 \approx 0.7 R_2 C$。

2. 第二暂稳态

当 u_C 下降到略小于 $\frac{1}{3}U_{CC}$ 时，则 $u_{I1} < \frac{2}{3}U_{CC}$，$u_{I2} < \frac{1}{3}U_{CC}$，根据 555 定时器功能表得知，此时 u_O 为高电平，同时放电管 V 截止，电容 C 放电结束时。这时 U_{CC} 将通过 R_1、R_2 向电容器 C 充电，u_C 由 $\frac{1}{3}U_{CC}$ 上升到 $\frac{2}{3}U_{CC}$ 这段时间，电路都处于第二暂稳态。电容器 C 充电所需的时间为 $t_{PH} = (R_1 + R_2) C \ln 2 \approx 0.7(R_1 + R_2)C$。

当 u_C 上升到 $\frac{2}{3}U_{CC}$ 时，触发器又发生翻转，如此周而复始，在输出端就得到一个周期性的矩形波，其频率为 $f = \dfrac{1}{t_{PL} + t_{PH}} \approx \dfrac{1.43}{(R_1 + 2R_2)C}$，占空比为 $q = \dfrac{t_{PH}}{t_{PL} + t_{PH}} = \dfrac{R_1 + R_2}{R_1 + 2R_2}$。

图 6.5.1 所示电路的 $t_{PL} \neq t_{PH}$，且占空比固定不变。如果将电路改成如图 6.5.2 所示的形式，电路利用 V_{D1}、V_{D2} 单向导电性将电容器 C 充、放电回路分开，再加上电位器调节，便构成了占空比可调的多谐振荡器。

图中，U_{CC} 通过 R_A、V_{D1} 向电容 C 充电，充电时间为

$$t_{PH} \approx 0.7 R_A C$$

电容器 C 通过 V_{D2}、R_B 及 555 中的放电管 V 放电，放电时间为

$$t_{PL} \approx 0.7 R_B C$$

因而，振荡频率为

$$f = \frac{1}{t_{PL} + t_{PH}} \approx \frac{1.43}{(R_A + R_B)C}$$

可见，这种振荡器输出波形的占空比为

$$q = \frac{R_A}{R_A + R_B} \times 100\%$$

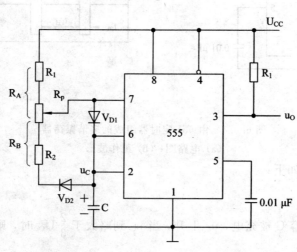

图 6.5.2　占空比可调的方波发生器

6.5.2　用门电路组成的多谐振荡器

由门电路组成的多谐振荡器虽有多种电路形式，但均具有如下共同的特点：

（1）含有开关器件。如门电路、电压比较器、BJT 等。这些器件主要用作产生高、低电平。

（2）具有反馈网络。将输出电压恰当地反馈给开关器件，使之改变输出状态。

（3）还有延迟环节。利用 RC 电路的充、放电特性可实现延时，以获得所需要的振荡频率。

在许多实用电路中，反馈网络兼有延时的作用。

1. 电路组成

图 6.5.3 所示是由 CMOS 门电路组成的不对称的多器谐振荡器。

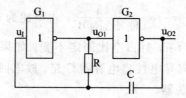

图 6.5.3　由 CMOS 门电路组成的多谐振荡器

2. 工作原理

为了分析方便，假设门电路的电压传输曲线为理想化的折线，即开门电平 U_{ON} 和关门

电平 U_{OFF} 相等，称为门坎电平 U_{TH}（或阈值电平），且设 $U_{th} = \frac{1}{2} U_{DD}$，则有 $U_{ON} = U_{OFF} = U_{TH} = \frac{1}{2} U_{DD}$。

1）第一暂稳态及电路自动翻转的过程

假定在 $t = 0$ 时接通电源，电容 C 尚未充电，电路初始状态为 $u_{O1} = U_{OH}$，$u_I = u_{O2} = U_{OL}$ 状态，即第一暂稳态。此时，电源经 G_1、电阻 R 给电容 C 充电，u_I 随之上升。当 $u_I = U_{ON}$ 时，电路发生下述正反馈过程：

$$u_I \uparrow \ \rightarrow u_{O1} \downarrow \ \rightarrow u_{O2} \uparrow$$
$$\uparrow$$

这一正反馈过程瞬间完成，使 G_1 导通、G_2 截止，电路进入第二暂稳态，即 $u_{O1} = U_{OL}$，$u_{O2} = U_{OH}$。

2）第二暂稳态及电路自动翻转的过程

电路进入第二暂稳态瞬间，G_1 开通，G_2 关闭，u_{O2} 高电平经 C、R 和 G_1 的输出电阻对 C 进行反向充电（即 C 放电），u_I 随之下降。当 u_I 下降至 U_{OFF} 时，电路又产生另一个正反馈过程：

$$u_I \downarrow \ \rightarrow u_{O1} \uparrow \ \rightarrow u_{O2} \downarrow$$
$$\uparrow$$

从而使 G_1 迅速截止，G_2 迅速导通，电路又回到第一暂稳态，即 $u_{O1} = U_{OH}$，$u_{O2} = U_{OL}$。此后，电路重复上述过程，周而复始地从一个暂稳态翻转到另一个暂稳态，在 G_2 的输出端即有周期性的矩形脉冲信号输出。

由以上分析可见，多谐振荡器的两个暂稳态的转换过程是通过电容 C 充、放电作用来实现的，电容的充、放电作用又集中体现在 u_I 的变化上。

3. 振荡周期

在 $U_{TH} = U_{DD}/2$ 时，振荡周期可用下式进行估算：

$$T_1 = RC \ln \frac{U_{DD}}{U_{DD} - U_{TH}} \approx 0.7RC$$

$$T_2 = RC \ln \frac{U_{DD}}{U_{TH}} \approx 0.7RC$$

$$T = T_1 + T_2 = RC \ln 4 \approx 1.4RC$$

6.5.3　石英晶体多谐振荡器

由门电路组成的多谐振荡器的振荡周期（或重复频率）不仅取决于时间常数 RC，还取决于门电路的阈值电压 U_{TH}。由于 U_{TH} 容易受温度、电源电压及干扰的影响，因此，频率稳定性较差。而在许多数字系统中，都要用到频率十分稳定的脉冲信号。例如在数字钟电路里，计数脉冲频率的稳定性直接决定了计时的准确性。

目前广泛采用的稳频方法是在多谐振荡器的反馈回路中串接石英晶体，构成石英晶体多谐振荡器。

1. 石英晶体的基本特性

石英晶体的品质因数 Q 很高，选频特性非常好，并且有一个极为稳定的串联谐振频率

f_s。图 6.5.4 所示为石英晶体的符号及阻抗频率特性。

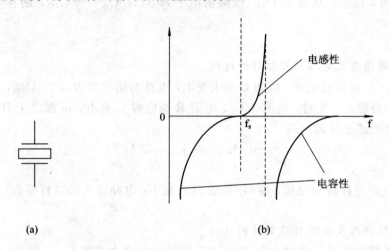

图 6.5.4 石英晶体的电路符号及阻抗频率特性

（a）电路符号；（b）阻抗频率特性

由阻抗频率特性可知：当外加电压信号的频率 f_s 等于石英晶体的固有谐振频率 f_0 时，石英晶体的等效阻抗量小，信号最容易通过。利用这一特性，把石英晶体接入多谐振荡器电路中，使电路的振荡频率只由晶体的固有谐振频率 f_0 来决定，而与电路中其他元件（R 或 C）的参数无关。

石英晶体的频率稳定度是固有谐振频率的偏移量 Δf_0 与固有谐振频率 f_0 的比值：$\Delta f_0 / f_0$，可达 $10^{-10} \sim 10^{-11}$，完全可以满足大多数数字系统对频率稳定度的要求。具有各种谐振频率的石英晶体已被制成标准化和系列化的产品出售。

2. 石英晶体多谐振荡器

图 6.5.5 所示是由两个反相器 G_1、G_2 和两个电容 C_1、C_2 及石英晶体等构成的多谐振荡器。其振荡频率仅取决于石英晶体的串联谐振频率 f_s，而与电路中的 R、C 数值无关，这是因为电路对 f_s 频率所形成的正反馈最强而易维持振荡。反馈电阻 R 的作用是使反相器工作在线性放大区，对于 TTL 门电路，R 通常在 $0.7 \sim 2$ kΩ 之间，对于 CMOS 门

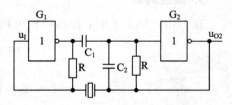

图 6.5.5 石英晶体振荡器

电路，R 通常在 $10 \sim 100$ MΩ 之间；电容 C_1 用于两个反相器之间的耦合，其大小应使 C_1 在频率为 f_s 时的容抗可以忽略不计，电容 C_2 的作用是抑制高次谐波，以保证稳定的频率输出，其大小应使 $2\pi RC_2 f_s \approx 1$，从而使 RC_2 并联网络在 f_s 处产生极点，以减少谐振信号的损失。

6.5.4 多谐振荡器的应用

多谐振荡器能够产生输出连续、频率稳定的矩形脉冲信号，因此它常作为时钟脉冲信号发生器。同时，它也可以构成一些实用电路。

1. 双音门铃

图 6.5.6 是用多谐振荡器构成的双音门铃电路。

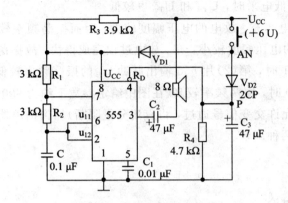

图 6.5.6 多谐振荡器构成的双音门铃电路

当按钮开关 AN 按下时，开关闭合，U_{CC} 经 V_{D2} 向 C_3 充电，P 点（4 脚）电位迅速提高至 U_{CC}，复位解除；由于 V_{D1} 将 R_3 旁路，U_{CC} 经 V_{D1}、R_1、R_2 向 C 充电，充电时间常数为（$R_1 + R_2$）C，放电时间常数为 R_2C，多谐振荡器产生高频振荡，喇叭发出高音。

当按钮开关 AN 松开时，开关断开，由于电容 C_3 存储的电荷经 R_4 放电要维持一段时间，在 P 点（4 脚）电位降到复位电平之前，电路继续维持振荡；此时，U_{CC} 经 V_{D1}、R_3、R_1、R_2 向 C 充电，充电时间常数为（$R_3 + R_1 + R_2$）C，放电时间常数为 R_2C，多谐振荡器产生低频振荡，喇叭发出低音。

当电容 C_3 持续放电，使 P 点（4 脚）电位降到复位电平之后，多谐振荡器停止振荡，喇叭停止发出声音。

2. 救护车扬声器发音电路

图 6.5.7 所示是用两个定时器（也可用一片双定时器 556）接成的救护车扬声器发音电路，它能交替发出两种高、低不同的叫声。高、低音的持续时间各约 1 s。

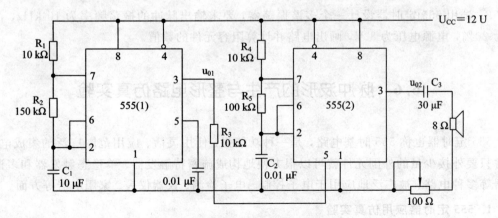

图 6.5.7 救护车扬声器发音电路

图中第（1）片 555 定时器接成低频多谐振荡器。在图中标明的参数下，振荡周期约为 2 s。u_{O1} 输出脉冲的高、低电平持续时间各约 1 s。

第(2)片 555 定时器接成另一个多谐振荡器，它的控制电压输入端与第一片 555 的输出端相连。因此，第(2)片 555 的 u_{CO} 值随 u_{O1} 而改变。当 u_{O1} 为高电平时，u_{CO} 较高，U_{T+} 和 U_{T-} 也较高；当 u_{O1} 为低电平时，U_{T+} 和 U_{T-} 也较低。

当 U_{T+} 较高时，电容充、放电的电压幅度较大，因而振荡频率较低；反之，当 U_{T+} 较低时，电容充、放电的电压幅度较小，充、放电过程完成得快，故振荡频率较高。

由此可见，$u_{O1}=1$ 时，第(2)片 555 输出脉冲 u_{O2} 的振荡频率较低(在图中给定参数下约为 600 Hz)；$u_{O1}=0$ 时，振荡频率较高(在图中给定参数下约为 900 Hz)；u_{O2} 输出的脉冲经过隔直电容 C_2(只允许交变信号通过，将直流分量阻断)加到扬声器上，扬声器将交替发出高、低声调不同的两种声音。

课堂活动

一、课堂提问和讨论

1. 数字电路中的脉冲信号都是由多谐振荡器直接产生的吗？

2. 石英晶体多谐振荡器的特点是什么？其振荡频率如何确定？

3. 由 555 定时器组成的多谐振荡器在振荡周期不变的情况下，如何改变脉冲的宽度？

二、学生演讲和演板

1. 555 定时器是一种中规模集成电路，外接一些阻容元件可构成哪些不同的电路？

2. 试比较多谐振荡器、单稳态触发器、施密特触发器的工作特点，并说明主要用途。

三、课堂练习

1. 在图 6.5.1 所示的多谐振荡器中，欲降低电路振荡频率，下列的各种方法哪个是正确的？为什么？

(1) 加大 R_1 的阻值；

(2) 加大 R_2 的阻值；

(3) 减少 C 的容值。

2. 试用 555 定时器设计一个多谐振荡器，要求输出脉冲的振荡频率为 10 kHz，占空比为 20%，电源电压为 8 V，画出电路并计算阻容元件的数值。

6.6　脉冲波形的产生与整形电路仿真实验

555 定时器也称 555 时基电路，是一种功能强、使用灵活、应用范围广泛的集成电路，通常只要外接少量的外围元件就可以很方便地构成施密特触发器、单稳态触发器和多谐振荡器等多种电路，被广泛地应用于电子控制、电子检测、仪器仪表、家用电器等方面。

1. 555 定时器应用仿真实验

1) 使用 555 定时器构成施密特触发器仿真实验

在仿真工作区搭建一个由 555 定时器构成的施密特触发器实验电路，按图 6.6.1 所示，使其中的输入信号为三角波。打开仿真开关，在示波器面板上可以观察到对应于输入

三角波形 U_1 的输出波形 U_0 为方波信号，如图 6.6.2 所示。

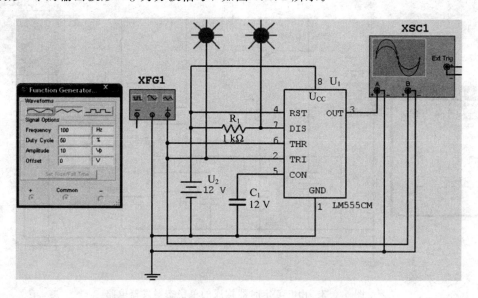

图 6.6.1 由 555 定时器构成的施密特触发器电路

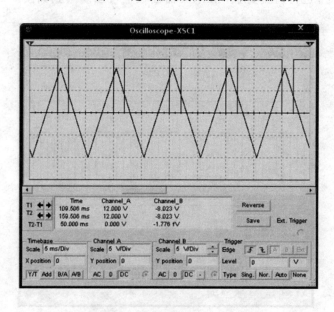

图 6.6.2 施密特触发器工作波形

观测如图 6.6.2 所示的电压波形图，分析、验证施密特触发器的功能。

2）使用 555 定时器构成单稳态触发器仿真实验

在仿真工作区搭建一个由 555 定时器构成的单稳态触发器实验电路，如图 6.6.3 所示。其中，输入触发信号为方波信号，单稳态的持续时间 t_W 可由 R、C 的参数调整。

由于不可重复触发单稳态触发器的输出脉冲宽度主要取决于定时元件 R 和 C，所以若将不符合要求的脉冲信号输入单稳态触发器，则可在单稳态触发器的输出端获得边沿、宽度和幅值都符合要求的矩形脉冲。其中，单稳态脉冲的脉宽 $t_W = 1.1RC$。

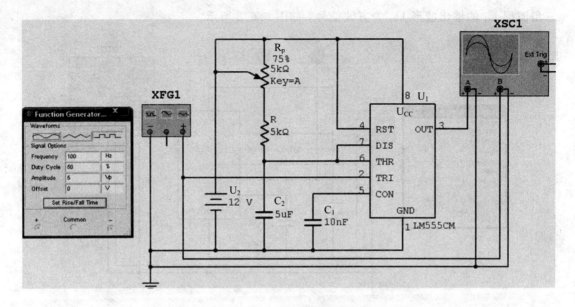

图 6.6.3 由 555 定时器构成的单稳态触发器电路

打开仿真开关，进行仿真实验，在示波器面板上可以观察到如图 6.6.4 所示的单稳态触发器的工作波形。

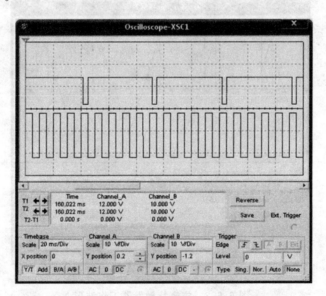

图 6.6.4 单稳态触发器工作波形

通过调整电位器阻值的大小，单稳态触发器输出矩形脉冲的脉冲宽度将发生变化。通过观察示波器波形变化，分析单稳态触发器工作波形并验证由 555 定时器构成的单稳态触发器的功能。

3) 使用 555 定时器构成多谐振荡器仿真实验

在实验工作区搭建一个由 555 定时器构成的多谐振荡器，如图 6.6.5 所示。打开仿真开关，在示波器面板上可以观察到电容器 C 上的充、放电波形和与之对应的矩形波输出，如图 6.6.6 所示。

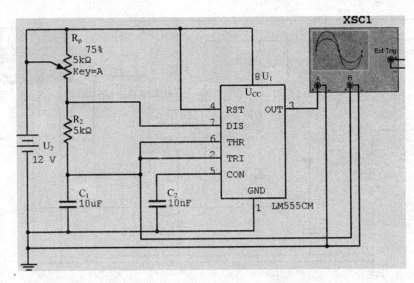

图 6.6.5 由 555 定时器构成的多谐振荡器电路

矩形波信号的周期取决于电容器充、放电回路的时间常数，输出矩形脉冲信号的周期 $T \approx 0.7(R_1 + 2R_2)C$。

观测如图 6.6.6 所示的电压波形图，分析验证多谐振荡器的功能。

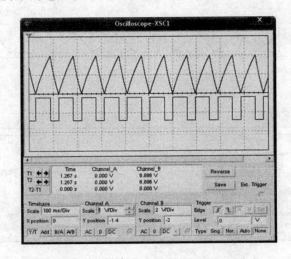

图 6.6.6 多谐振荡器的工作波形

4）使用 555 定时器构成占空比可调的多谐振荡器仿真实验

数控线切割机床中的高频电源的信号源一般都采用由 555 定时器构成的占空比可调的多谐振荡器电路，在仿真工作区搭建仿真电路，如图 6.6.7 所示。输出端输出矩形脉冲信号的周期为 $T \approx 0.7(R_1 + R_2 + R_3 + R_w)C$。

可通过调节 R_1、R_2 和 C 的参数来调节矩形脉冲的宽度，可通过调节 R_w、R_3、C 的参数来调节矩形脉冲的间隔。V_{D1} 和 V_{D2} 的作用是减小调节脉冲宽度和脉冲间隔的互相影响。

打开仿真开关，观测如图 6.6.8 所示的示波器面板上显示的输出电压波形。可改变 R_1、R_2 和 R_w 的参数，并观测输出波形的变化情况。

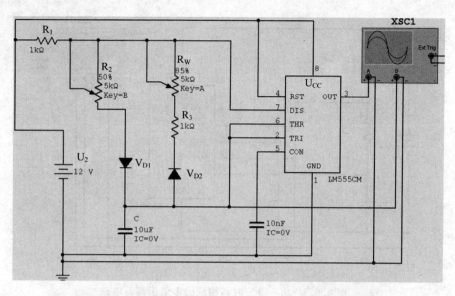

图 6.6.7　由 555 定时器构成的占空比可调的多谐振荡器

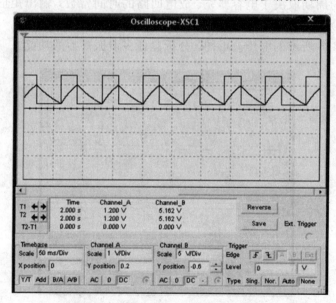

图 6.6.8　多谐振荡器的工作波形(一)

实验与实训

脉冲波形的产生与整形电路

1. 训练目的

(1) 掌握施密特触发器、单稳态触发器及多谐振荡器的工作特性及测试方法。

(2) 熟悉用 555 定时器构成上述三种电路的方法及其他典型应用。

（3）了解定时元件 R、C 与脉冲周期、脉冲宽度等的关系。

2. 训练内容与步骤

（1）门电路组成的多谐振荡器功能测试。按图 6.6.9 连线，R＝1 kΩ，C＝0.047 μF，输出接示波器。观察 u_O 的波形，改变 R、C 的数值，观察 u_O 波形变化情况。说明 R、C 值与输出波形的关系。

（2）施密特触发器组成的多谐振荡器功能测试。将施密特触发器 CT1121（74121）按图 6.6.10 连线，C_1＝0.047 μF，R 为 10 kΩ 的电位器，用 SR8 双踪示波器观察 u_C 和 u_O 两点的电压波形。改变 R 值，观察波形变化情况，并绘出波形图。

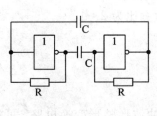

图 6.6.9

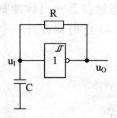

图 6.6.10

（3）555 定时器组成的三种应用电器。

① 构成施密特触发器。将 555 定时器 5G1555 按图 6.3.2(a) 连线。10 kΩ 电位器 R 的中点接输入端 u_I，另两端分别接电源端 U_{CC} 和地，改变 R 值，分别测量对应的 u_I 和 u_O 值，绘出施密特触发器的电压传输特性，指出 U_{T+} 和 U_{T-} 值。说明该电路的特点。

② 构成单稳态触发器。将 555 定时器 5G1555 按 图 6.4.1(a) 连线。C_1＝0.01 μF，R 为 47 kΩ 的电位器，输入端 u_I 接连续脉冲，f＝1 kHz，用双踪示波器观察 u_I 和 u_O 的对应波形并绘出。若改变 R、C 的数值，观察波形变化情况。

③ 构成多谐振荡器。将 555 定时器 5G1555 按图 6.5.1(a) 连线。R_1＝5.1 kΩ，R_2＝10 kΩ，C_1＝0.047 μF。用双踪示波器观察 u_C 和 u_O 的波形并绘图。若改变 R、C 的数值，观察波形变化情况。

④ 将 555 定时器 5G1555 按图 6.5.7 连线。当接通电源后，扬声器能交替发出两种高、低不同声调的声音，高、低音的持续时间各约 1 s。分别改变电阻 R_1、R_3 的大小，观察声音变化情况。

3. 训练报告要求

（1）画出集成电路连线示意图、工作波形图，并分析结果。

（2）总结施密特触发器、单稳态触发器及多谐振荡器的功能和各自特点。

（3）写出多谐振荡器振荡周期和单稳态触发器脉宽的计算公式，定性说明定时元件与它们的关系。

4. 训练仪器与器材

（1）数字电路实验箱 1 台，SB8 双踪示波器 1 台。

（2）参考器件有 T063、CT1121、5G1555 定时器、扬声器、电阻、电容。

5．预习要求与思考题

（1）预习要求。

① 由门电路组成的施密特触发器、单稳态触发器及多谐振荡器的工作原理及特点。

② 555 定时器组成的三种电路的方法、工作原理及特点。

③ 电路输入电压 u_I（或电容电压 u_C）与输出电压 u_O 的关系。

④ 所用集成电路的功能和外部引线排列。

（2）思考题

① 什么是施密特触发器的滞回特性？

② 为什么单稳态触发器要求触发脉冲宽度小于输出脉冲宽度？

③ 单稳态触发器输出脉冲宽度和重复频率各与什么有关？

④ 试用 555 定时器设计一个多谐振荡器，其正负脉宽比为 2：1。

本 章 小 结

1．施密特触发器和单稳态触发器是两种常用的脉冲波形整形变换电路，可将输入的周期性信号整形变换成所要求的同周期的矩形脉冲输出。

2．施密特触发器有两个稳定状态，有两个不同的触发电平，具有回差特性。这两个稳定状态是靠两个不同的触发电平来维持的，调节回差电压的大小可改变输出脉冲的宽度。但总体上说，输出脉冲的宽度是由输入信号的波形决定的，不具备记忆功能。

3．单稳态触发器有一个稳定状态和一个暂稳状态。输出脉冲的宽度只取决于电路本身的 RC 定时参数，与输入信号无关。输入信号只起到触发触发器进入暂稳态的作用。改变定时元件 RC 的参数可调节输出脉冲的宽度。

4．多谐振荡器没有稳定状态，只有两个暂稳态。多谐振荡器的输出为周期性的矩形脉冲，改变定时元件 RC 的参数可调节振荡的频率。

5．555 定时器是一种用途广泛的集成电路，只需外接少量的阻容元件即可构成施密特触发器、单稳态触发器、多谐振荡器及其它多种实用电路。

习　　题

6.1　若反相输出的施密特触发器输入信号波形如图 E6.1 所示，试画出输出信号的波形。施密特触发器的转换电平 U_{T+} 和 U_{T-} 已在输入信号波形图上标出。

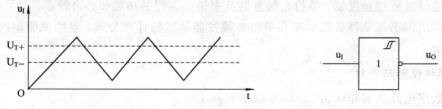

图 E6.1

6.2　在图 6.3.2 所示的由 555 定时器组成的施密特触发器电路中。

(1) 当 $U_{DD}=12$ V，而且没有外加控制电压时，求 U_{T+}、U_{T-} 和 ΔU_T；

(2) 当 $U_{DD}=9$ V，外加控制电压 $u_{IC}=5$ V 时，求 U_{T+}、U_{T-} 和 ΔU_T。

6.3　图 E6.3 所示电路为一个回差可调的施密特电路，它是利用射极跟随器的发射极电阻来调节回差的，试分析：

(1) 电路的工作原理。

(2) 当 R_{e1} 在 $50\sim100$ Ω 的范围内变动时，回差的变化范围。

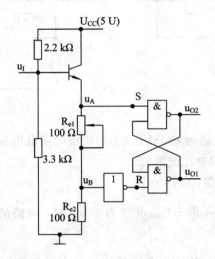

图 E6.3

6.4　在图 E6.4 所示的单稳态触发器电路中，为加大输出脉冲宽度所采取的下列措施哪些是对的？哪些是错的？如果是对的，在(　　　)内打√；如果是错的，在(　　　)内打×。

(1) 增加 R_d(　　　)；

(2) 减小 R(　　　)；

(3) 增加 C(　　　)；

(4) 提高 U_{DD}(　　　)；

(5) 增加输入触发脉冲的宽度(　　　)。

6.5　在图 E6.5 所示的对称式多谐振荡器电路中，为提高振荡频率所采取的下列措施哪些是对的？哪些是错的？如果是对的，在(　　　)内打√；如果是错的，在(　　　)内打×。

(1) 增加电容 C 的电容量(　　　)；

(2) 减小电阻 R 的阻值(　　　)；

(3) 提高电源电压(　　　)。

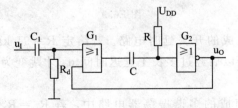

图 E6.4

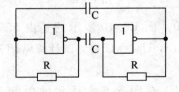

图 E6.5

6.6 图 E6.6 所示的电路为 COMS 或非门构成的单稳态触发器的另一种形式。试回答下列问题：

（1）分析电路的工作原理；

（2）画出加入触发脉冲后 u_{O1}、u_{O2} 及 u_R 的工作波形；

（3）写出输出脉宽 t_W 的表达式。

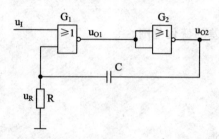
图 E6.6

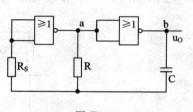
图 E6.7

6.7 图 E6.7 所示的电路为 COMS 或非门构成的多谐振荡器，$R_S = 10R$。试：

（1）画出 a、b、c 各点的电压波形；

（2）计算电路的振荡周期；

（3）分析当阈值电压 U_{TH} 由 $\frac{1}{2}U_{DD}$ 改变为 $\frac{2}{3}U_{DD}$ 时，电路的振荡频率如何变化？说明 R_S 的作用。

6.8 图 E6.8 所示是用 CMOS 反相器组成的多谐振荡器。已知 $R_{F1} = R_{F2} = 10\ k\Omega$，$R_{p1} = R_{p2} = 33\ k\Omega$，$C_1 = C_2 = 0.01\ \mu F$，试计算电路的振荡频率，并画出 u_{I1}、u_{O1}、u_{I2}、u_{O2} 各点的电压波形。

6.9 由集成施密特 CMOS 与非门电路组成的多谐振荡器图 E6.9 所示。试：

（1）分析电路的工作原理；

（2）定性画出 u_C 及 u_O 的波形；

（3）写出输出信号频率的表达式。

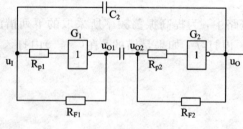
图 E6.8

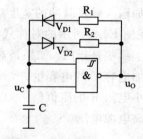
图 E6.9

6.10 图 E6.10 所示的是由 555 定时器组成的开关延时电路。若给定 $R = 91\ k\Omega$，$C_1 = 25\ \mu F$，$U_{DD} = 12\ V$，试计算常闭开关 S 断开以后经过多长工延迟时间 u_O 才跳变为高电平。

6.11 在图 6.5.1 所示的由 555 定时器组成的多谐振荡器电路中，若 $R_1 = R_2 = 5.1\ k\Omega$，$C_1 = 0.01\ \mu F$，$U_{DD} = 12\ V$，试计算电路的振荡频率。

6.12　图 E6.12 所示电路为由 555 定时器构成的锯齿波发生器，BJT V 和电阻 R_1、R_2、R_e 构成恒流源，给定时电容 C 充电，当触发输入端输入负脉冲后，画出电容电压 u_C 及 555 输出端 u_O 的波形，并计算电容 C 充电的时间。

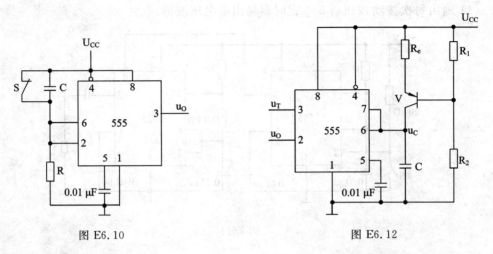

图 E6.10　　　　　　　　　　　　　图 E6.12

6.13　由 555 定时器构成的脉冲宽度鉴别电路及输入 u_I 的波形如图 E6.13 所示。集成施密特电路的 $U_{T+} = 3$ V、$U_{T-} = 1.6$ V，单稳的输出脉宽 t_W 有 $t_1 < t_W < t_2$ 的关系。对应 u_I 试画出电路中 B、C、D、E 各点的波形。

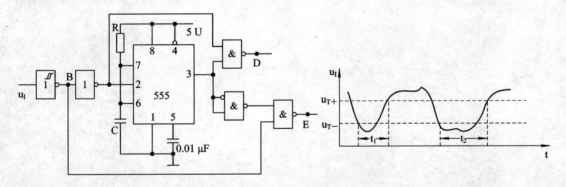

图 E6.13

6.14　某控制系统要求产生的时序信号 u_a、u_b 与系统时钟 CP 的时序如图 E6.14 所示。试用 4 位二进制计数器、集成单稳设计该信号产生电路，画出电路图。

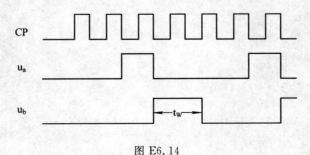

图 E6.14

6.15　分析图 E6.15 所示电路。

（1）简述电路组成及工作原理。

（2）没有按动按钮 S 时，两个 555 定时器工作在什么状态？

（3）每次按动一下按钮后，两个 555 定时器如何工作？

（4）画出每次按动按钮后 555 定时器输出端电压波形。

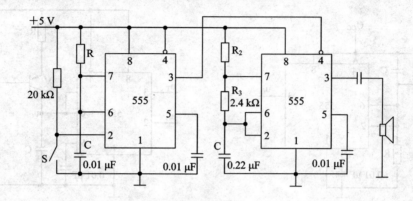

图 E6.15

第 7 章　数/模(D/A)与模/数(A/D)转换器

学习要求及知识点

1. 学习要求

（1）掌握 D/A 转换器、权电阻网络 D/A 转换器、倒 T 型电阻网络 D/A 转换器的基本概念，并熟悉 D/A 转换器的主要技术指标。

（2）熟悉 A/D 转换器、并联比较型 A/D 转换器、双积分 A/D 转换器的基本工作原理，并熟悉 A/D 转换器的主要技术指标。

2. 知识点

- D/A 转换器的基本概念；
- 权电阻网络 D/A 转换器的基本原理；
- 倒 T 型电阻网络转换器的基本原理；
- D/A 转换器的主要技术指标；
- 并联比较型 A/D 转换器的基本原理；
- 双积分 A/D 转换器的基本原理；
- A/D 转换器的主要技术指标。

从数字信号到模拟信号的转换称为 D/A 转换（Digital to Analog Conversion，DAC），执行 D/A 转换的电路称为 D/A 转换器；从模拟信号到数字信号的转换称为 A/D 转换（Analog to Digital Conversion，ADC），执行 A/D 转换的电路称为 A/D 转换器。

7.1　D /A 转换器

7.1.1　权电阻网络 D /A 转换器

D/A 转换器的功能是将输入的二进制数字量转换成与该数字量成线性比例的以电压或电流形式输出的模拟量。实现 D/A 转换的电路有多种方式，但比较常用的是电阻网络 D/A 转换器。

1. 电路组成

4 位权电阻网络 D/A 转换器如图 7.1.1 所示。它主要由权电阻网络 D/A 转换电路和求和运算放大器组成。其中，权电阻网络是核心，求和运算放大器构成了一个电流电压变换器，将流过各权电阻的电流相加，并转换成与输入数字量成线性比例的模拟电压输出。

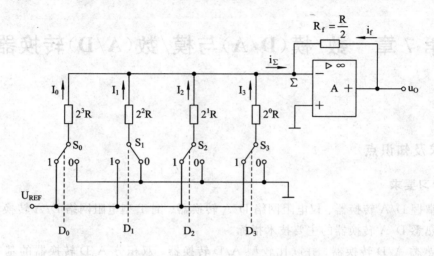

图 7.1.1　4 位权电阻网络 D/A 转换器

2. 工作原理

在图 7.1.1 所示电路中，4 位权电阻 2^3R、2^2R、2^1R、2^0R 的大小是分别按 4 位二进制数的位权大小取定的，分别表示 4 位二进制数中各位二进制数值对应的权电阻阻值。$D_3 D_2 D_1 D_0$ 表示输入数字量 N 的 4 位二进制数，模拟电子开关 S_i 受输入第 i 位数字量 D_i 的控制。权电阻网络中最低位（对应 D_0）的阻值最大，为 2^3R，然后依次减半，最高位（对应 D_3）的阻值最小，为 2^0R。4 个电子开关 S_3、S_2、S_1、S_0 的状态分别受输入数字量 D_3、D_2、D_1、D_0 的取值控制。当输入数字量 $D_i=1$ 时，开关 S_i 合向 1 端与基准电压 U_{REF} 连接，有电流 I_i 流向 Σ 点；当输入数字量 $D_i=0$ 时，开关 S_i 合向 0 端与地连接，没有电流 I_i 流向 Σ 点。根据线性应用反相输入放大电路的特性，由图 7.1.1 所示电路，有

$$u_O = -i_\Sigma R_f \big|_{R_f=\frac{R}{2}} = -(I_3 + I_2 + I_1 + I_0)\frac{R}{2} \tag{7.1.1}$$

而 $I_3 = \dfrac{U_{REF} D_3}{2^0 R}$，$I_2 = \dfrac{U_{REF} D_2}{2^1 R}$，$I_1 = \dfrac{U_{REF} D_1}{2^2 R}$，$I_0 = \dfrac{U_{REF} D_0}{2^3 R}$，将其代入式（7.1.1），有

$$u_O = -\frac{U_{REF}}{2^4}(D_3 2^3 + D_2 2^2 + D_1 2^1 + D_0 2^0) \tag{7.1.2}$$

对于 n 位输入的权电阻网络 D/A 转换器，当负反馈电阻取为 R/2 时，输出电压为

$$u_O = -\frac{U_{REF}}{2^n}(D_{n-1} 2^{n-1} + D_{n-2} 2^{n-2} + \cdots + D_1 2^1 + D_0 2^0)$$

$$= -\frac{U_{REF}}{2^n} \sum_{i=0}^{n-1} D_i 2^i \tag{7.1.3}$$

上式表明，输出模拟电压 u_O 的大小正比于输入的数字量 D，从而实现了从数字量到模拟量的转换。

权电阻网络 D/A 转换器的优点是结构比较简单，使用的电阻元件较少，转换速度较快；缺点是各个电阻的阻值相差较大，尤其是在输入数字量的位数较多时，例如 8 位时，如果取权电阻网络中最小的电阻为 R＝10 kΩ，那么最大的电阻阻值将达到 1.28 MΩ，两

者相差 128 倍之多。在阻值如此大范围变化的情况下，要严格保持每个电阻阻值的精度，并依次相差一半的要求是十分困难的，尤其对制作集成电路更加不利。

7.1.2　R—2R 倒 T 型电阻网络 D/A 转换器

1. 电路组成

4 位 R—2R 倒 T 型电阻网络 D/A 转换器电路如图 7.1.2 所示。R—2R 倒 T 型电阻网络 D/A 转换器主要由 R—2R 倒 T 型电阻网络、电子模拟开关和求和运算放大器组成。与权电阻网络相比，它只有 R 和 2R 两种阻值的电阻，这对于集成工艺非常有利。同样，通过一个将电流变换成电压的求和运算放大器，将流过各倒 T 型 2R 电阻支路的电流相加，并转换成与输入数字量成线性比例的模拟电压输出。

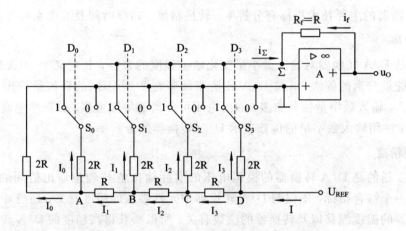

图 7.1.2　4 位 R—2R 倒 T 型电阻网络 D/A 转换器

2. 工作原理

与图 7.1.1 所示电路相同，在图 7.1.2 所示电路中，4 个电子模拟开关 S_3、S_2、S_1、S_0 的状态分别受输入数字量 D_3、D_2、D_1、D_0 的取值控制，当输入数字量 $D_i = 1$ 时，开关 S_i 合向 1 端，将相应的倒 T 型 2R 电阻支路与求和运算放大器的反相输入端连接；当输入数字量 $D_i = 0$ 时，开关 S_i 合向 0 端，将相应的倒 T 型 2R 电阻支路与地连接。由图 7.1.2 所示电路还可以看出，由于工作在线性反相输入状态的运算放大电器的反相输入端相当于接地（虚地），所以无论模拟开关 S_i 合于何种位置，与 S_i 相连的倒 T 型 2R 电阻支路从效果上看总是接"地"的，即流经每条倒 T 型 2R 电阻支路的电流与模拟开关 S_i 的状态无关；从 R—2R 倒 T 型电阻网络的 A、D、C、D 每个节点向左看，每个二端网络的等效电阻均为 R，故从基准电压 U_{REF} 输出的电流恒为 $I = U_{REF}/R$，而流经倒 T 型 2R 电阻支路的电流从高位到低位按 2 的负整数幂递减，从右到左分别为 $I_3 = I/2$，$I_2 = I/4$，$I_1 = I/8$，$I_0 = I/16$。由图 7.1.2 所示电路，有

$$i_\Sigma = I_3 + I_2 + I_1 + I_0$$

$$= \frac{U_{REF}}{R}\left(D_3\frac{1}{2^1} + D_2\frac{1}{2^2} + D_1\frac{1}{2^3} + D_0\frac{1}{2^4}\right)$$

$$= \frac{U_{REF}}{2^4 R}\sum_{i=0}^{3}D_i 2^i \tag{7.1.4}$$

对于 n 位输入的 R—2R 倒 T 型电阻网络 D/A 转换器,当负反馈电阻取为 R 时,有

$$i_\Sigma = \frac{U_{REF}}{2^n R} \sum_{i=0}^{n-1} D_i 2^i \tag{7.1.5}$$

输出电压为

$$u_O = -i_\Sigma R_f = -\frac{R_f}{R} \frac{U_{REF}}{2^n} \sum_{i=0}^{n-1} D_i 2^i = -\frac{U_{REF}}{2^n} \sum_{i=0}^{n-1} D_i 2^i \tag{7.1.6}$$

上式表明,输出模拟电压 u_O 的大小正比于输入的数字量 D,从而实现了从数字量到模拟量的转换。由于流过倒 T 型 2R 电阻支路的电流恒定不变,故在开关状态变化时,不需建立电流变化时间,所以这种转换器的 D/A 转换速度高,被广泛采用。

7.1.3 D/A 转换器的主要技术指标

D/A 转换器的主要技术指标有分辨率、转换精度、转换时间及温度系数等。

1. 分辨率

分辨率是 D/A 转换器对输入微小量变化敏感程度的表征,其定义为 D/A 转换器模拟输出电压可能被分离的等级,n 位 D/A 转换器最多有 2^n 个不同的模拟量输出值,其分辨率为 2^n。显然,输入数字量位数愈多,输出电压可分离的等级愈多,分辨率愈高,因此在实际应用中,往往用输入数字量的位数表示 D/A 转换器的分辨率。

2. 转换精度

转换精度指的是 D/A 转换器的模拟电压的实际输出值与理想输出值间的最大误差。转换精度是一个综合指标,不仅与 D/A 转换器中元件参数的精度有关,还与环境温度、求和运算放大器的温度漂移以及转换器的位数有关。所以要获得高精度的 D/A 转换结果,除了要正确选用 D/A 转换器的位数,还要选用低漂移的求和运算放大器。通常要求 D/A 转换器的误差小于最低有效位(LSB)电压的一半,即小于 $U_{LSB}/2$。

3. 转换时间

转换时间是指 D/A 转换器在输入数字量转换到输出模拟电压或电流达到稳定值时所需要的时间。它反映的是 D/A 转换器的工作速度,其值愈小,工作速度愈高。一般产品说明中给出的都是输入从全 0 跳变为全 1(或从全 1 跳变为全 0)时的转换时间。

4. 温度系数

温度系数指在规定的温度范围内,温度每变化 1℃ 时,D/A 转换器的增益、线性度、零点误差等参数的变化量。

7.1.4 常用集成 D/A 转换器简介及应用

DAC0832 是常用的集成 D/A 转换器。DAC0832 是用 CMOS 工艺制成的 20 脚双列直插式单片 8 位 D/A 转换器。它的内部结构框和引脚排列图如图 7.1.3 所示。它由一个 8 位输入寄存器、一个 8 位 DAC 寄存器和一个 8 位 D/A 转换器三大部分组成。由于有两个可以分别控制的数据寄存器,所以使用时有较大的灵活性,可根据需要接成不同的工作方式。该 D/A 转换器内部采用的是倒 T 型电阻网络,但不包含求和运算放大器,且是电流输出,使用时需要外接求和运算放大器。芯片中已设置了反馈电阻 R_f,使用时只要将 9 脚接

到运放输出端即可，若增益不够仍需外加反馈电阻。

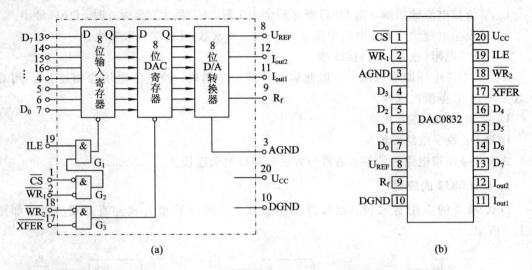

图 7.1.3　DAC0832 内部结构和引脚排列图

(a) 内部结构框图；(b) 引脚排列图

1. DAC0832 的主要性能参数

工作电压：+5~+15 V

分辨率：8 位

电流稳定时间：1 μs

基准电压：-10~+10 V

功耗：200 mW

2. DAC0832 的引脚和功能

$\overline{CS}$：片选信号，输入低电平有效，即当加于此脚的信号为低电平时，可将输入数字信号锁存到输入寄存器中。

ILE：输入允许信号，输入高电平有效。

$\overline{WR_1}$：数据输入选通信号，输入低电平有效。

$D_7 \sim D_0$：8 位输入数字信号。

信号$\overline{CS}$、ILE 和$\overline{WR_1}$共同控制输入寄存器的数据输入。只有当$\overline{CS}$、ILE 和$\overline{WR_1}$同时有效时，输入寄存器才被打开，其输出端 Q 跟随输入端 D 的变化而变化。在维持$\overline{CS}=0$、ILE=1 的情况下，$\overline{WR_1}$由 0 变为 1，输入寄存器锁存输入数字信号，这时，即使外面输入的数字数据发生变化，输入寄存器的输出也不变化。

$\overline{XFER}$：数据传送控制信号，输入低电平有效。该信号用来控制是否允许将输入寄存器中的内容传送给 DAC 寄存器进行转换。

$\overline{WR_2}$：数据传送选通信号，输入低电平有效。

注：当$\overline{WR_2}$与$\overline{XFER}$同时有效时，DAC 寄存器处于开放状态，输出随输入的变化而变化，也就是说，将存于输入寄存器的 8 位数据传送到 DAC 寄存器中；在$\overline{XFER}$维持 0 的情况下，$\overline{WR_2}$由 0 变 1，DAC 寄存器就锁存数据，其输出不随输入变化，确保 D/A 转换过程

中被转换的数字量是稳定的。

I_{out1}：模拟电流输出端，当 DAC 寄存器全为 1 时，I_{out1} 最大；全为 0 时，DAC 最小。

I_{out2}：模拟电流输出端，电路中保证 $I_{out1}+I_{out2}$＝常数，I_{out2} 端一般接地。

R_f：反馈电阻（在芯片内）接线端。

U_{REF}：参考电压源输入端。一般此脚与外部一个精确、稳定的电压源相连。I_{out2} 可在 $-10\sim+10$ V 范围内选择。

U_{CC}：电源输入端，其值为 $+5\sim+15$ V。

DGND：数字电路接地端。

AGND：模拟电路接地端。通常与数字电路接地端连接。

3. DAC0832 的应用

DAC0832 的应用有三种：双缓冲器型方式、单缓冲器型方式和直通型方式，如图 7.1.4 所示。

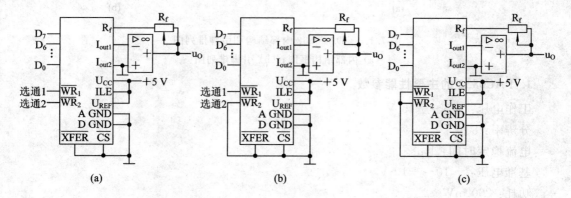

图 7.1.4　DAC0832 的三种工作方式

(a) 双缓冲器型；(b) 单缓冲器型；(c) 直通型

（1）双缓冲方式。双缓冲方式是先使输入寄存器接收信号，再控制输入寄存器的输出信号到 DAC 寄存器，即分两次锁存输入信号。此方式适用于多个 D/A 转换同步输出的情况。双缓冲器型工作方式如图 7.1.4(a)所示。此方式应首先将 $\overline{WR_1}$ 接低电平，将输入数据先锁存在输入寄存器中。当需要 D/A 转换时，再将 $\overline{WR_2}$ 接低电平，将数据送入 DAC 寄存器中并进行转换，其工作方式为两级缓冲方式。

（2）单缓冲方式。单缓冲方式是控制输入寄存器和 DAC 寄存器同时接收信号，或者只用输入寄存器把 DAC 寄存器接成直通方式。此方式适用只有一路模拟量输出或几种模拟量异步输出的情况。单缓冲器型工作方式如图 7.1.4(b)所示。此方式中 DAC 寄存器处于常通状态，当需要 D/A 转换时，将 $\overline{WR_1}$ 接低电平，使输入数据经输入寄存器直接存入 DAC 寄存器中并进行转换。此工作方式通过控制一个寄存器的锁存，达到使两个寄存器同时选通及锁存的目的。

（3）直通方式。直通方式是信号不经两级锁存器锁存，此方式适用于连续反馈控制线路，不过在使用时，必须通过另加 I/O 接口与 CPU 连接，以匹配 CPU 与 D/A 转换。直通型工作方式如图 7.1.4(c)所示。此方式中两个寄存器都处于常通状态，输入数据直接经两个寄存器到达 DAC 进行转换，故为直通型工作方式。

课堂活动

一、课堂提问和讨论

1. D/A 转换器是什么？

2. 权电阻网络的 D/A 转换器主要由哪几部分组成？

3. 倒 T 型电阻网络的 D/A 转换器主要由哪几部分组成？

4. 权电阻网络的 D/A 转换器实现 D/A 转换的基本原理是什么？

5. 倒 T 型电阻网络的 D/A 转换器实现 D/A 转换的基本原理是什么？

6. 常见的 D/A 转换器有哪几种？各有什么特点？

二、课堂练习

一个 8 位 R—2R 倒 T 型电阻网络 D/A 转换器，设其 $U_{REF} = 5\text{ V}$，$R_f = R$，试求当 $D_7 \sim D_0 = 11111111$ 时的输出电压 u_O。

7.2 A/D 转换器

A/D 转换器的功能是将时间和幅值都连续的模拟信号转换为时间、幅值都离散的数字信号，这个过程一般要经过取样、保持、量化、编码四个步骤。

7.2.1 A/D 转换的一般工作过程

1. 取样与保持

取样是对模拟信号进行周期性抽取样值的过程，就是把随时间连续变化的模拟信号转变为时间上断续、幅度上等于取样时间内模拟信号大小的一串断续脉冲信号。取样的工作过程示意如图 7.2.1 所示。图中，$u_I(t)$ 为输入模拟信号，$S(t)$ 为取样脉冲信号，$u_O(t)$ 为取样输出信号。

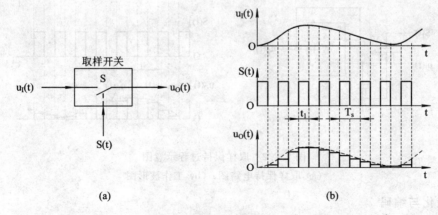

图 7.2.1 取样过程示意图

(a) 取样原理图；(b) 取样工作波形图

在图 7.2.1(a) 中，当取样脉冲信号 $S(t)$ 为高电平时，取样开关 S 闭合接通，使输出

$u_O(t)=u_I(t)$，而当取样脉冲信号 S(t) 为低电平时，取样开关 S 断开，使输出 $u_O(t)=0$。因此，每经过一个取样周期 T_s，对输入信号取样一次，在输出端便得到输入信号的一个取样值。从图 7.2.1(b) 可以看出，取样脉冲信号 S(t) 的频率愈高，取得的输出信号 $u_O(t)$ 经低通滤波后愈能真实地复现输入信号 $u_I(t)$。为了不失真地恢复原模拟输入信号，根据取样定理，取样信号 S(t) 的频率 f_s 必须大于等于输入模拟信号 $u_I(t)$ 中最高频率分量的频率 f_{max} 的两倍，即取样信号 S(t) 的频率 f_s 必须满足

$$f_s \geqslant 2f_{max} \tag{7.2.1}$$

式(7.2.1)给定了最低的取样频率，实际使用的频率一般为输入模拟信号中最高频率分量的 2.5～3.0 倍。

将取样所得信号转换为数字信号往往需要一定的时间，为了给后续的量化与编码电路提供一个稳定值，取样电路的输出必须保持一段时间。一般取样与保持过程都是同时完成的。取样与保持过程示意如图 7.2.2 所示。图 7.2.2(a) 所示为一种常见的取样保持电路，其中场效应管 V 是一个受取样信号 S(t) 控制的电子开关，电容 C 为保持电容，接成跟随器的运算放大器起缓冲隔离作用。在取样脉冲信号 S(t) 为高电平持续时间 t_1 段内，场效应管 V 导通，输入信号 $u_I(t)$ 经 V 向保持电容 C 充电。假定 C 的充电时间常数远小于 t_1，则电容 C 上的电压 $u_C(t)$ 在 S(t) 高电平持续时间 t_1 段内，能及时跟上 $u_I(t)$ 的取样变化，因而跟随器的输出 $u_O(t)$ 也就能及时跟上 $u_I(t)$ 的取样变化。取样结束，当取样脉冲信号 S(t) 为低电平时，场效应管 V 迅速截止。如果 V 的截止电阻和运算放大器 A 的输入电阻都足够大，则电容 C 上的电压 $u_C(t)$ 就能保持前一取样时间内输入 $u_I(t)$ 的值，一直保持到下一个取样脉冲到来之前基本不变。当下一个取样脉冲到来时，电容 C 上的电压 $u_C(t)$ 又重新跟随输入信号 $u_I(t)$ 的变化，输出信号 $u_O(t)$ 也就又跟随输入信号 $u_I(t)$ 的变化。经过一连串取样脉冲序列作用后，取样与保持电路的输出信号 $u_O(t)$ 波形如图 7.2.2(b) 中所示，图中幅值的若干"平台"分别等于前一取样时刻输入信号 $u_I(t)$ 的瞬时值，也就是转换成数字量的取样值。

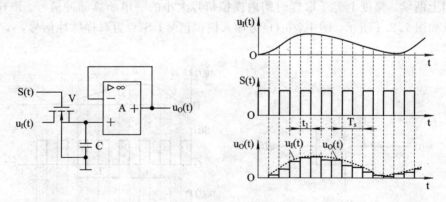

图 7.2.2　取样保持过程示意图
(a) 取样保持电路图；(b) 工作波形图

2. 量化与编码

取样保持电路输出的是一串大小不一的断续脉冲信号。数字量不仅在时间上离散，而且数值的大小变化也是不连续的。这就是说，任何一个数字量的大小只能是某个规定最小数量单位的整数倍。在进行 A/D 转换时，要把大小不一的取样电压表示为这个最小数量单

位的整数倍。这个过程称为量化,所选用的最小数量单位称为量化单位,用 △ 表示。显然,数字信号最低有效位(LSB)的 1 所对应的数量大小就等于 △。由于取样跟随的是模拟信号某一时刻的幅值,是瞬时值,那么它就不一定正好是量化单位 △ 的整数倍,因而在量化过程中不可避免地会引入误差,这种误差称为量化误差。量化误差属于原理误差,它是无法消除的。显然,A/D 转换器的位数越多,1 LSB 所对应的 △ 值越小,量化误差的绝对值越小。

量化误差的大小与转换输出的二进制码的位数和基准电压 U_{REF} 的大小有关,还与如何划分量化电平有关。量化的方法一般有舍尾取整法和四舍五入法两种。舍尾取整的处理方法是,如果输入电压 $u_I(t)$ 是在两个相邻的量化值之间时,即 $(n-1)\Delta < u_I(t) < n\Delta$ 时,取 $u_I(t)$ 的量化值为 $(n-1)\Delta$。四舍五入的处理方法是,如果 $u_I(t)$ 的尾数不足 $\Delta/2$,舍去尾数取整数;如果 $u_I(t)$ 的尾数大于或等于 $\Delta/2$,则其量化值在原数上加一个 △。由于四舍五入量化方法产生的量化误差相对较小,所以大多数 A/D 转换器采用的都是四舍五入量化方法。

例如要将 0~1 V 的模拟电压转换为 3 位二进制码时,取量化单位 $\Delta = (2/15)$V,凡数值在 (0~1/15) V 之间的模拟电压都当作 0△,并用二进制数 000 表示;而数值在 (1/15~3/15) V 之间的模拟电压都当作 1△,并用二进制数 001 表示……其具体划分量化电平的示意如图 7.2.3 所示。

显然,无论如何划分量化电平,量化误差都不可避免,量化分级越多(A/D 转换器的位数越多),量化间隔越小,量化误差越小,电路越复杂。因此应当根据实际要求,合理选择 A/D 转换器的位数。

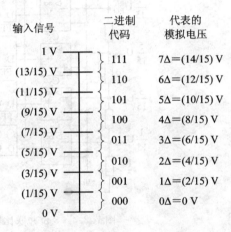

图 7.2.3　划分量化电平方法举例

将量化后的结果用二进制码或其他代码表示出来的过程称为编码。经编码输出的代码就是 A/D 转换器的转换结果。

按工作原理不同,A/D 转换器可以分为直接 A/D 转换器和间接 A/D 转换器两大类。在直接 A/D 转换器中,输入的模拟信号直接被转换成相应的数字信号,如逐次逼近型 ADC 和并行比较型 ADC 等。而在间接 A/D 转换器中,输入模拟信号先被转换成某种中间变量(如时间 t、频率 f 等),然后再将中间变量转换为数字量输出,如双积分型 ADC、电压频率转换型等。

7.2.2　并联比较型 A/D 转换器

3 位并联比较型 A/D 转换器原理电路如图 7.2.4 所示。它由基准电压 U_{REF}、电压比较器、寄存器和代码转换器等部分组成。图中按图 7.2.3 所示的方法,首先通过电阻分压把基准电压 U_{REF} 进行电平划分量化,然后各个不同等级的量化电平分别与相应电压比较器的反相输入端相连,作为相应的参考电压与连接在电压比较器同相输入端的输入模拟信号电压 $u_I(t)$ 进行电压比较。根据输入模拟信号电压 $u_I(t)$ 的大小,各电压比较器输出不同状态的数字信号，经寄存器输入代码转换器进行二进制编码后输出 3 位二进制代码，从而实现了模拟量到数字量的转换。3 位并联比较型 A/D 转换器的真值表如表 7.2.1 所示。

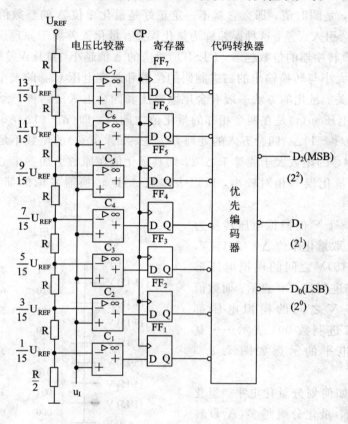

图 7.2.4 3 位并联比较型 A/D 转换器原理电路

表 7.2.1 3 位并联比较型 A/D 转换器的真值表

输入模拟电压 $u_I(t)$	电压比较器输出状态							二进制代码输出		
	C_7	C_6	C_5	C_4	C_3	C_2	C_1	D_2	D_1	D_0
$0 < u_I \leqslant (U_{REF}/15)$	0	0	0	0	0	0	0	0	0	0
$(U_{REF}/15) < u_I \leqslant (3U_{REF}/15)$	0	0	0	0	0	0	1	0	0	1
$(3U_{REF}/15) < u_I \leqslant (5U_{REF}/15)$	0	0	0	0	0	1	1	0	1	0
$(5U_{REF}/15) < u_I \leqslant (7U_{REF}/15)$	0	0	0	0	1	1	1	0	1	1
$(7U_{REF}/15) < u_I \leqslant (9U_{REF}/15)$	0	0	0	1	1	1	1	1	0	0
$(9U_{REF}/15) < u_I \leqslant (11U_{REF}/15)$	0	0	1	1	1	1	1	1	0	1
$(11U_{REF}/15) < u_I \leqslant (13U_{REF}/15)$	0	1	1	1	1	1	1	1	1	0
$(13U_{REF}/15) < u_I \leqslant U_{REF}$	1	1	1	1	1	1	1	1	1	1

并联比较型 A/D 转换器转换速度快，是各种 A/D 转换器中速度最快的一种，但使用的比较器和触发器较多，电路复杂、成本高、价格贵，一般场合下较少使用，多用于转换速

度要求较高的场合。

7.2.3 逐次逼近型 A/D 转换器

逐次逼近型 A/D 转换器是一种反馈比较型 A/D 转换器。图 7.2.5 所示为一个逐次逼近型 A/D 转换器构成的原理框图。它主要由电压比较器、D/A 转换器（DAC）、逐次逼近寄存器、时钟脉冲信号源和控制逻辑电路组成。其转换过程大致如下：开始转换前，转换控制信号 $u_C = 0$，电路被复位，逐次逼近寄存器输出给 DAC 的数据全为零。当 $u_C = 1$ 时，转换开始，在第一个时钟脉冲信号作用后，控制逻辑电路将逐次逼近寄存器的

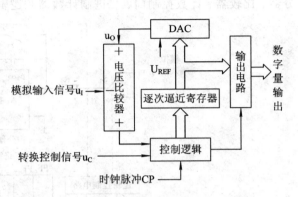

图 7.2.5 逐次逼近型 A/D 转换器构成原理框图

最高置为 1，其余各位均置为 0，这样，n 位 D/A 转换器输入的数据为 100…0。此时 D/A 转换器第一次输出的模拟电压 u_O，进入电压比较器的同相端与输入的模拟信号电压 u_I 进行比较。若 $u_O \leqslant u_I$，电压比较器向控制逻辑电路输出低电平，控制逻辑电路在第二个时钟脉冲信号作用下，将逐次逼近寄存器的最高位保持为 1，同时将相邻低位置为 1，而其余各低位置为 0，这样 n 位 D/A 转换器输入的数据为 1100…0。若 $u_O > u_I$，电压比较器向控制逻辑电路输出高电平，控制逻辑电路在第二个时钟脉冲信号作用下，将逐次逼近寄存器的最高位置为 0，同时将相邻低位置为 1，而其余各低位保持为 0，这样 n 位 D/A 转换器输入的数据为 0100…0。D/A 转换器第二次输出的模拟电压 u_O，进入电压比较器的同相端再次与输入的模拟信号电压 u_I 进行比较。根据比较的结果，由控制逻辑电路决定逐次逼近寄存器这一位的状态，并对相邻低位置 1。如此依次进行，就像用太平称物体的质量，从大到小依次把砝码与被称物体进行比较，若砝码比物体轻，则保留该砝码，并用 1 表示，否则调换该砝码，并用 0 表示，直至称出物体的质量（一组二进制数）一样，这样逐位比较下去，直到逐次逼近寄存器的最低位被置为 1 并进行比较后，才完成了一次 A/D 转换，转换后的数字量被寄存在逐次逼近寄存器中。转换结束后，控制逻辑电路向输出电路输出转换后的二进制数字量到数字量输出端口。之后转换控制信号 u_C 再次变为低电平，系统被复位，为下一次转换做好了准备。

由以上分析可知，一个 n 位逐次逼近型 A/D 转换器完成一次转换要进行 n 次比较，加上数据传输和系统复位，都需要时间，所以它的转换速度偏慢，但由于电路简单、转换精度高、成本较低，所以应用较为广泛。

7.2.4 双积分型 A/D 转换器

双积分型 A/D 转换器是一种电压—时间变换间接 A/D 转换器，其基本工作原理是在某一固定时间内对输入模拟信号电压求积分，首先将输入电压平均值变换成与之成正比的时间间隔，然后用固定频率的时钟脉冲和计数器测出此时间间隔，得到与输入模拟量对应的数字量输出。

1. 电路组成

双积分型 A/D 转换器的电路构成原理框图如图 7.2.6 所示。它主要由基准电压源、积分器、比较器、计数控制门、二进制计数器和逻辑控制电路等几部分组成。

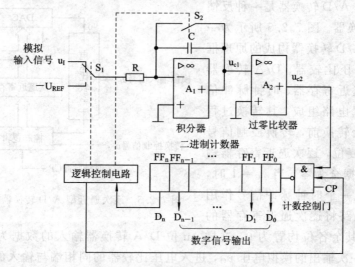

图 7.2.6　双积分型 A/D 转换器的电路构成原理框图

2. 工作原理

下面以输入正极性的直流电压信号 u_I（$u_I < U_{REF}$）为例，说明电路的基本工作原理。

转换开始前计数器清零，并接通开关 S_2，使电容 C 完全放电。双积分型 A/D 转换器转换过程分两步进行，其工作波形如图 7.2.7 所示。

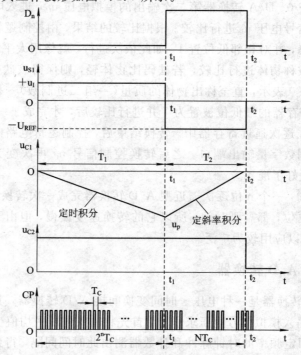

图 7.2.7　双积分型 A/D 转换器的工作波形

(1) 第一次积分。转换开始时，t＝0，计数器 FF_n 的输出 $D_n＝0$，通过逻辑控制电路使开关 S_1 接通输入模拟信号 u_I，同时断开电容 C 的放电开关 S_2。于是将取样保持后的模拟电压 u_I 加到积分器的输入端，积分器从初始 0 V 状态开始对 u_I 进行固定时间的积分。积分器的输出电压 u_{C1} 以与 u_I 大小成正比的斜率从 0 V 开始下降，对应的波形如图 7.2.7 中 u_{C1} 波形的 0～t_1 段所示。积分器的输出电压 u_{C1} 为

$$u_{C1} = -\frac{1}{RC}\int_0^t u_I dt = -\frac{u_I}{RC}t \tag{7.2.2}$$

由于此时 $u_{C1}<0$，过零比较器输出 u_{C2} 为高电平"1"，计数控制门被打开，计数器在周期为 T_C 的时钟脉冲 CP 作用下从 0 开始计数。经 2^n 个时钟脉冲后，FF_{n-1}～FF_0 被清零，n 级计数器计满溢出，计数器输出的进位脉冲使 $D_n＝1$，开关 S_1 由"u_I"转接到"$-U_{REF}$"，第一次积分结束。第一次积分的时间为

$$t = T_1 = 2^n T_C \tag{7.2.3}$$

由式(7.2.2)可得第一次积分结束时积分器的输出电压 $u_{C1}(t_1)$ 为

$$u_{C1}(t_1) = u_p = -\frac{u_I}{RC}t = -\frac{2^n T_C}{RC}u_I \tag{7.2.4}$$

显然，u_I 的值越大，则 $u_{C1}(t_1)$ 的绝对值也越大。

(2) 第二次积分(对参考电压 $-U_{REF}$ 进行积分)。$t＝t_1$ 以后，开关 S_1 由 u_I 转接到 $-U_{REF}$，$-U_{REF}$ 加到积分器的输入端，积分器开始对参考电压 $-U_{REF}$ 进行反向固定斜率的第二次积分，计数器又开始从 0 计数。积分器输出电压 u_{C1} 从初始值 $u_{C1}(t_1)$ 开始，即以 u_p 为初始值开始以固定斜率 $-U_{REF}/RC$ 向反方向(正方向)积分，u_{C1} 开始回升。当计数器计数至第 N 个脉冲($t＝t_2$)时，u_{C1} 反向积分到 0，积分器输出电压 $u_{C1}＝0$，过零比较器输出电压 u_{C2} 为低电平"0"，计数控制门被关闭，计数停止，第二次积分结束，对应的波形如图 7.2.7 中的 t_1～t_2 段所示。在第二次积分结束后，逻辑控制电路又使开关 S_2 闭合，使电容 C 完全放电，电路为下一次转换做好准备。第二次积分结束时积分器的输出电压 $u_{C1}(t_2)$ 为

$$u_{C1}(t_2) = u_p - \frac{1}{RC}\int_{t_1}^{t_2}(-U_{REF})dt = -\frac{2^n T_C}{RC}u_I + \frac{U_{REF}}{RC}(t_2 - t_1) = 0 \tag{7.2.5}$$

因 $T_2＝t_2-t_1$，故有

$$T_2 = \frac{2^n T_C}{U_{REF}}u_I \tag{7.2.6}$$

可见，T_2 与 u_I 成正比，T_2 就是双积分转换电路的中间变量。又因为 $T_2＝NT_C$，所以有

$$N = \frac{2^n}{U_{REF}}u_I \tag{7.2.7}$$

由此可见，计数脉冲个数 N 与输入模拟电压 u_I 成正比，计数器输出的计数值 $D_{n-1}\cdots D_1 D_0$ 就是与 u_I 对应的以二进制数字编码的数字量 u_O，从而实现了 A/D 转换，即

$$u_O = N = \frac{2^n}{U_{REF}}u_I \tag{7.2.8}$$

如果取 $U_{REF}＝2^n$ (V)，计数器的二进制数值就等于输入的模拟电压 u_I。

需要指出的是，只有 $-U_{REF}$ 与 u_I 的极性相反，且 $|-U_{REF}|>|u_I|$ 时，转换结果才是正确的。如果 $|-U_{REF}|<|u_I|$，第二次计数将会导致错误的结果。

双积分型 ADC 的突出优点是工作性能比较稳定抗干扰能力强。由于转换器的输入端使用了积分器，在积分时间等于 50 Hz 交流电周期的整数倍时，能有效地抑制电网的工频干扰。这种 A/D 换器的缺点是速度低且转换的时间不固定，但由于电路结构中不需要使用 D/A 转换器，电路比较简单，且转换精度比较高，因此常用于工业数字式仪表等低速场合中，如数字式直流电压表、数字式温度计等。

7.2.5　A/D 转换器的主要技术指标

1. 分辨率

分辨率是指输出数字量最低位变化一个数码时，所对应输入模拟量的变化量。一般常以输出二进制代码的位数 n 来表示 A/D 转换器对输入信号的分辨能力。位数越多，其量化间隔越小，转换精度越高，分辨率也越高。从理论上讲，一个输出为 n 位二进制数的 A/D 转换器应能区分输入模拟电压的 2^n 个不同量级，能区分输入模拟电压的最小间隔为满量程输入的 $1/2^n$。例如，A/D 转换器的输出为 12 位二进制数，最大输入模拟信号为 10 V，则可以分辨的最小电压为 $10/2^{12}=2.44$ mV。

2. 相对精度

相对精度是指 A/D 转换器实际输出数字量与理论输出数字量之间的最大差值。通常用最低有效位 LSB 的倍数来表示。如相对精度不大于 LSB/2，就说明实际输出数字量与理论输出数字量之间的最大误差不大于 LSB/2。

工程上有时也用最大误差与输入模拟量满量程读数之比来表示相对精度。例如，某 A/D 转换器的相对精度为 ±0.02%，则当输入模拟量满量程为 10 V 时，其最大误差为 ±2 mV。

3. 转换时间

转换时间是指完成一次 A/D 转换所需的时间，即从接到转换启动信号开始，到输出端获得稳定的数字信号所经过的时间。转换时间越短意味着 A/D 转换器的转换速度越快。A/D 转换器的转换速度主要取决于转换电路的类型，不同类型 A/D 转换器的转换速度相差很大。双积分型 A/D 转换器的转换速度最慢，需几百毫秒左右；逐次逼近式 A/D 转换器的转换速度较快，转换速度在几十微秒左右；并行比较型 A/D 转换器的转换速度最快，仅需几十纳秒时间。

此外，选择 A/D 转换器时，还应注意其输入模拟电压的范围、输出数字的编码、工作温度范围、稳定性、电源功率消耗等技术指标。

7.2.6　常用集成 A/D 转换器简介及应用

集成 A/D 转换器有很多类型，工程上常用的单片集成 A/D 转换器有逐次逼近型和双积分型两种。

1. ADC0809

ADC0809 是一个有 8 路模拟输入的 8 位逐次逼近型 ADC，其原理框图和引脚排列图分别如图 7.2.8(a) 和 (b) 所示。ADC0809 由单一 +5 V 供电，片内带有锁存功能的 8 路模拟开关，可对 8 路 0~5 V 的输入模拟电压分时进行转换，完成一次转换约需 100 μs，片内具有 8 路模拟开关的地址译码器和锁存器、逐次逼近型 ADC，TTL 三态锁存缓冲器的输出电路可直接与单片机的数据总线相连。

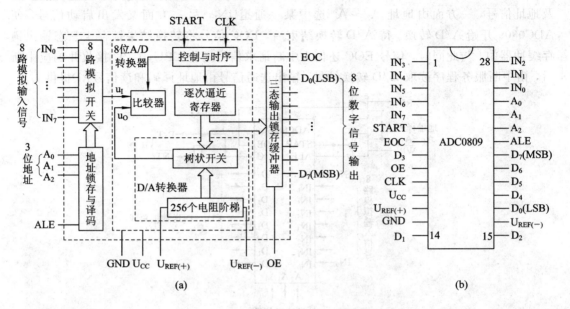

图 7.2.8　ADC0809 原理框图和引脚排列图

（a）原理框图；（b）引脚排列图

主要引脚功能简介：

$IN_0 \sim IN_7$：8 路模拟量输入端，由 A_2、A_1、A_0 3 个地址信号选中 8 路模拟量输入信号中的 1 路输入。

A_2、A_1、A_0：模拟输入通道的地址选择线。当 A_2、A_1、A_0 取不同的逻辑状态时，经内部译码电路选中 $IN_0 \sim IN_7$ 中的 1 路。例如，$A_2 A_1 A_0 = 000$，模拟量通过 IN_0 通道输入进行 A/D 转换。

ALE：地址锁存允许信号，高电平有效。只有当该信号有效时，才能将地址信号有效锁存，并经地址译码器选中其中的 1 个通道。

START：启动脉冲输入信号。当需启动 A/D 转换过程时，在此端加一个正脉冲，该信号的上升沿将逐次逼近寄存器清零，下降沿时开始进行 A/D 转换。

$D_0 \sim D_7$：转换器的数码输出线。D_7 为高位，D_0 为低位。

CLK：使控制电路与时序电路工作的时钟脉冲输入端。最高允许值为 640 kHz。

EOC：转换结束标志信号，高电平有效。在 START 上升沿信号启动 A/D 转换后，经 1～8 个时钟周期，EOC 信号输出变为低电平，标志转换器正在进行转换。当转换结束，EOC 变为高电平。它反映了 A/D 转换器的状态，其他设备可以通过查询 EOC 确定 A/D 转换的状态，进而决定以后的处理；也可以用 EOC 作为中断请求信号，当转换完成时请求其他设备对转换结果进行处理。

OE：输出允许信号，高电平有效。OE＝1 时，三态输出锁存缓冲器打开，将转换结果送到数据输出线；OE＝0 时，输出端为高阻态。

$U_{REF(+)}$、$U_{REF(-)}$：参考电压的正端和负端。

U_{CC}：工作电源。允许值为 ＋5～＋15 V。

图 7.2.9 所示为 ADC0809 的典型应用实例。利用微机发出的输出指令中的写信号 $\overline{WR}$ 及地址信号，一方面由地址 $A_2 \sim A_0$ 选中某一通道 IN_1，另一方面又发出启动信号，使 ADC0809 开始 A/D 转换。待 A/D 转换结束后，EOC 信号将转换结果锁存于三态输出锁存缓冲器中。与此同时，信号 EOC 还作为中断请求信号送往 CPU，CPU 接收并响应中断后，由中断服务程序读取 A/D 转换结果。输出选通信号由地址译码和读信号 $\overline{RD}$ 提供。

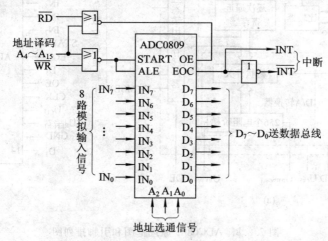

图 7.2.9　ADC0809 的典型应用实例原理电路图

2. MC14433

MC14433 是 $3\frac{1}{2}$ 位 CMOS 工艺的双积分型 ADC，可以与 CC14433 或 5G14433 互换。

所谓 $3\frac{1}{2}$ 位，是指数字量为 4 位十进制数，最高位仅有 0 和 1 两种状态，而低 3 位则有 0～9 十种状态。MC14433 原理框图和引脚排列图如图 7.2.10 所示。

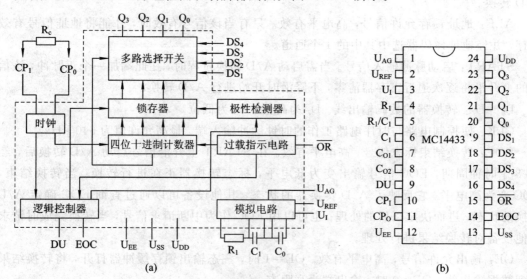

图 7.2.10　MC14433 原理框图和引脚排列图

(a) 原理框图；(b) 引脚排列图

图 7.2.10(a)中虚线框内所示为集成电路内部电路，框外为外接元件。模拟电路为积分器，R_1、C_1 为积分电阻和电容，它们的取值与电路选定的时钟频率和电压量程有关。例如，当时钟频率为 66 kHz，C_1 选 0.1 μF 时，若量程为 2 V，R_1 取 470 Ω；若量程为 200 mV，R_1 取 27 kΩ。电容 C_0 存放积分器的失调电压，电路可根据 C_0 记录的失调电压自动调零。C_0 的推荐取值为 0.1 μF。4 位十进制计数器的计数范围为 0～1999。锁存器用来存放转换结果。

图 7.2.10(b)所示为 MC14433 引脚排列图，各主要引脚功能简述如下：

U_{AG}：积分器的接地端。

U_{REF}：参考电压输入端。参考电压取值有两个，分别为 200 mV 和 2 V，对应的模拟电压量程为 199.9 mV 和 1.999 V。

U_1：待转换的模拟信号输入端。

R_1、R_1/C_1、C_1：外接积分阻容元件（R_1、C_1）。

C_{O1}、C_{O2}：失调电压补偿电容（C_0）接线端。

DU：实时输出控制端。若在 DU 端加入一个正脉冲，则转换结束时所得结果被送入输出数据锁存器。否则，输出数据锁存器的数据不变，输出的仍为原来的结果。只要将 EOC 输出信号接到 DU 端，那么输出将是每次转换后的新结果。

CP_1、CP_O：时钟输入、输出端。在 CP_1 和 CP_O 输入端之间接不同阻值的电阻，可产生不同的内部时钟频率。当外接电阻 R_c 依次取 750 kΩ、470 kΩ、360 kΩ 等典型值时，相应的时钟频率依次为 50 kHz、66 kHz 和 100 kHz。如从外部输入时钟脉冲时不需连接 R_c，时钟脉冲直接从 CP_1 端输入。

U_{EE}：负电源输入端。

U_{SS}：电源公共端。

EOC：转换周期结束输出信号端。A/D 转换结束后，从此端输出一个正脉冲信号。

$\overline{OR}$：过量程信号输出端。当转换过程中有溢出现象发生时，该端输出低电平"0"。

DS_1～DS_4：输出数字千、百、十、个位的选通脉冲输出端。

Q_0～Q_3：转换结果输出端。BCD 码输出，Q_0 为最低位，Q_3 为最高位。

U_{DD}：正电源输入端。

MC14433 采用动态扫描方式输出，其数字量输出通过一个多路数据开关控制，依次输出个位、十位、百位、千位，同时还对应输出位选通信号 DS_4、DS_3、DS_2、DS_1，即当输出个位数字时，同时输出 DS_4 为高电平，而 DS_3～DS_1 为低电平；当输出十位数字时，同时输出 DS_3 为高电平，而 DS_4、DS_2、DS_1 为低电平，以此类推。这样就可以采用扫描方式用一片译码器显示数字量，从而简化了译码电路。在每一次 A/D 转换周期结束时，先输出一个 EOC 信号，然后位选通信号 DS_1、DS_2、DS_3、DS_4 再依次输出正脉冲信号。正脉冲信号的宽度为 18 个时钟周期，各选通信号之间的间隔为 2 个时钟周期。在位选通信号 DS_1 输出正脉冲期间，$Q_3Q_2Q_1Q_0$ 输出千位及电压极性标志等，其中，Q_2 表示电压极性，$Q_2=1$ 为正极性，$Q_2=0$ 为负极性，Q_3 表示千位，$Q_3=1$ 千位为 0，$Q_3=0$ 千位为 1；在位选通信号 DS_2、DS_3、DS_4 输出正脉冲期间，$Q_3Q_2Q_1Q_0$ 输出 BCD 码，选通 DS_4 时对应个位，选通

DS₃ 时对应十位，选通 DS₂ 时对应百位。

MC14433 具有自动调零和自动极性转换等功能，可测量正或负的电压。如在 CP_1、CP_0 两端接入 470 kΩ 电阻时，时钟频率约为 66 kHz，每秒可进行 4 次 A/D 转换。它具有功耗低、抗干扰能力强、精度高、功能完备以及使用灵活等优点，能与微处理机或其他系统兼容，广泛用于数字仪表、数字温度计及遥测、遥控系统，但在要求转换速度高的地方不适用。

$3\frac{1}{2}$ 位直流数字电压表的原理电路图如图 7.2.11 所示。图中 CC14433 为双积分型 ADC，CC4511 为七段译码驱动器，MC1403 为集成精密稳压源，输出电压为 2.5 V，作为基准电压源 U_{REF}，MC1413 是小功率达林顿晶体管驱动器，用于驱动 LED 数码管。

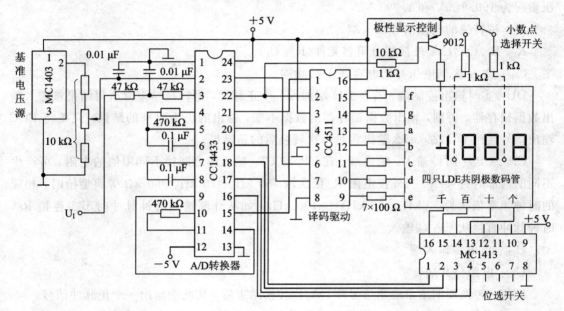

图 7.2.11 $3\frac{1}{2}$ 位直流数字电压表的原理电路图

被测直流电压 U_1 经 A/D 转换后，以动态扫描方式输出，数字量输出端 $Q_3Q_2Q_1Q_0$ 上的数字信号按照先后顺序输出。位选通信号 DS_1、DS_2、DS_3、DS_4 通过位选开关 MC1413 分别控制着千位、百位、十位、个位上的四只 LED 数码管的公共阴极。数字信号经七段译码驱动器 CC4511 译码后，驱动四只 LED 数码管的各段阳极。这样就把 A/D 转换器按时间顺序输出的数据以扫描方式在四只数码管上依次显示。

电压负极性符号"－"由 CC14433 的 Q_2（22 脚）控制。当输入负电压时，$Q_2＝0$，三极管（9012）导通，电压负极性符号"－"点亮；当输入为正电压时，$Q_2＝1$，三极管截止，电压负极性符号"－"熄灭。小数点位置通过小数点选择开关选择控制。

若 $U_1＞1.999$ V，由 $\overline{OR}$（15 脚）输出信号控制 CC4511 的 $\overline{BI}$（4 脚）端，使显示数字熄灭，而负号和小数点仍然点亮。

当参考电压 $U_{REF}＝2$ V，满量程显示 1.999 V；若要求满量程改为 199.9 mV，只要把 U_{REF} 调到 200 mV，R_1 由 470 kΩ 变为 27 kΩ，并改变小数点选择开关的选择位置就可实现。

课堂活动

一、课堂提问和讨论

1. 什么是 A/D 转换器?
2. 并联比较型 A/D 转换器主要由哪几部分组成?
3. 逐次逼近型 A/D 转换器主要由哪几部分组成?
4. 双积分型 A/D 转换器由哪几部分组成?
5. 并联比较型 A/D 转换器的基本工作原理是什么?
6. 逐次逼近型 A/D 转换器的基本工作原理是什么?
7. 双积分型 A/D 转换器的基本工作原理是什么?
8. A/D 转换器的主要技术指标有哪些?
9. A/D 转换器的分辨率和相对精度与什么有关?

7.3　集成 D/A 转换器 Multisim 10 仿真实验

1. 题目

分析、验证集成 D/A 转换器的 D/A 转换功能。

2. 仿真内容

(1) 在 Multisim 10 实验工作区,选定电压输出型 D/A 转换器(VDAC),搭建实验电路,如图 7.3.1 所示。设定 $U_{REF} = 12$ V,输入的二进制数字量 $D_7 D_6 D_5 D_4 D_3 D_2 D_1 D_0$ 为 11011011。打开仿真开关,观测测试数据,分析、验证集成 DAC 元件的 D/A 转换功能。

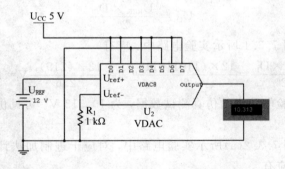

图 7.3.1　DAC 功能测试实验电路(1)

(2) 按图 7.3.2(a)所示,在 Multisim 10 实验工作区用一个十进制加法计数器 74LS160D 和一个电压输出型 D/A 转换器(VDAC)搭建一个 D/A 转换功能测试电路。其中,74LS160D 十进制加法计数器工作在计数状态,$\overline{CLR} = \overline{LOAD} = ENP = ENT = 0$,计数时钟脉冲 CLK 上升沿有效,计数器输出端 Q_D、Q_C、Q_B、Q_A 输出的递进 4 位二进制数码送入七段译码显示器和集成 DAC 的低 4 位输入端,DAC 的高 4 位输入信号端接地。调整时钟频率为 100 Hz,打开仿真开关,有 DAC 输出的电压波形,如图 7.3.2(b)所示。对照 DAC 输出的阶梯形电压波形,分析、验证 DAC 的 D/A 转换功能。

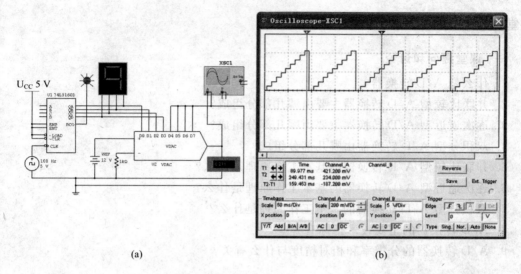

(a)   (b)

图 7.3.2   DAC 功能测试实验电路(2)及输出的电压波形

(a) 功能测试实验电路(2)；(b) f＝100 Hz 时的输出电压波形

3. 分析讨论

(1) D/A 转换器输出的模拟电压 U_O 与输入的数字量成比例。其转换后输出模拟电压 U_O 与输入数字量 D 之间的关系为

$$U_O = K_U \cdot (2^{n-1} \cdot D_{n-1} + 2^{n-2} \cdot D_{n-2} + \cdots + 2^0 \cdot D_0) = K_U \sum_{i=0}^{n-1} 2^i D_i = K_U D_{10}$$

(7.3.1)

其中，K_U 为电压转换比例系数，D 为输入的二进制数字量，D_{10} 为其对应的十进制数值。当 D 表示为 n 位二进制数码时，依式(7.1.6)有

$$U_O = \frac{U_{REF} \times D_{10}}{2^n}$$

(7.3.2)

依式(7.3.2)在图 7.3.1 所示实验电路中，应有

$$U_O = \frac{U_{REF} \times D_{10}}{2^n} = \frac{12 \times (11011011)_2}{2^8} \text{ V} = \frac{12 \times (219)_{10}}{256} \text{V} = 10.2656 \text{ V}$$

观测图 7.3.1 所示实验电路中的仿真测试数据，为 10.313 V。可见仿真测试数据与理论计算数据基本一致。

依式(7.3.2)在图 7.3.2(a)所示实验电路中，对应十进制加法计数器 74LS160D 输出的最大十进制数码 9 应有

$$U_O = \frac{U_{REF} \times D_{10}}{2^n} = \frac{12 \times (9)_{10}}{256} \text{V} = 0.421\ 875 \text{ V}$$

对应十进制加法计数器 74LS160D 输出的十进制数码 5 应有

$$U_O = \frac{U_{REF} \times D_{10}}{2^n} = \frac{12 \times (5)_{10}}{256} \text{V} = 0.234\ 375 \text{ V}$$

观测图 7.3.2(b)所示实验电路的仿真测试数据，对应十进制数码 9 的 D/A 转换数据为 0.4212 V，对应十进制数码 5 的 D/A 转换数据为 0.234 V。综上观测，可见仿真测试数据与理论计算数据基本一致，微小误差应是仿真软件模仿实际存在的转换误差所致。

（2）将仿真测试数据与理论计算数据比对可知，由于 D/A 转换器中元件参数的精度、基准电压的不稳、环境温度的变化、求和运算放大器的温度漂移以及转换器的位数有限等因素影响，D/A 转换器输出的模拟电压实际值与理想输出值间存在误差，但误差不大。

（3）在图 7.3.2(a)所示电路基础上，调整时钟频率为 1 kHz，其余电路参数不变，如图 7.3.3(a)所示。打开仿真开关，有 DAC 输出的电压波形，如图 7.3.3(b)所示。

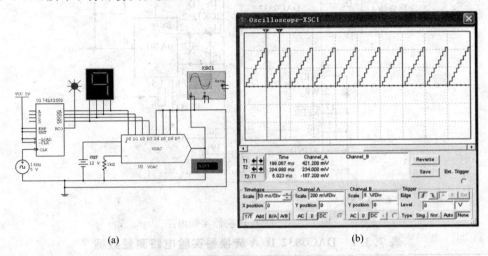

(a)　　　　　　　　　　　　　　　　(b)

图 7.3.3　DAC 功能测试实验电路(3)及输出的电压波形

(a) 功能测试实验电路(3)；(b) f＝1 kHz 时的输出电压波形

观测图 7.3.3(b)所示实验电路的仿真测试数据，发现它与 7.3.2(b)所示实验电路的仿真测试数据一致，没有差别。可见，D/A 转换器输出的模拟电压 U_o 与输入的数字量的频率无关。

实 验 与 实 训

一、D/A 转换器实验

1. 实验目的

（1）熟悉 D/A 转换器的基本工作原理，熟练使用数字电子技术综合实验台。

（2）熟悉常用 D/A 转换器集成电路芯片 DAC0832 各引脚的功能及使用方法。

2. 实验设备与器材

（1）数字电子技术综合实验台 1 台，数字电压表 1 个。

（2）集成电路芯片 DAC0832、μA741、74LS161 各一片，开关二极管 3CK13 两个，15 kΩ 线性电位器 1 个。

3. 实验内容

（1）按图 7.3.4 所示连接实验电路，将 DAC0832 接成直通工作方式。

（2）将数字信号输入端 $D_7 \sim D_0$ 全置 0(设 0 信号为 0 电平，1 信号为＋5 V)，调节运算放大器的调零电位器 R_w，进行单极性输出调零，使输出电压 U_o 为零。

（3）按表 7.3.1 所列输入数字信号的数值，在数字信号输入端 $D_7 \sim D_0$ 置入相应的数字信号，用数字电压表测量集成运放 $\mu A741$ 的输出电压 U_O，并将测量结果填入表 7.3.1 中。

（4）分析、讨论实验的测量数据，并完成书面的实验总结报告。

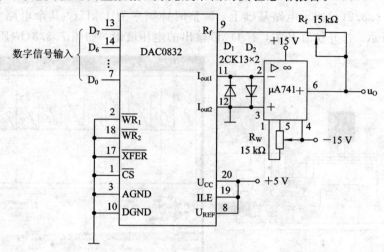

图 7.3.4 D/A 转换器实验电路

表 7.3.1 DAC0832 D/A 转换器实验电路测量数据

输入数字量								输出模拟电压/V	
D_7	D_6	D_5	D_4	D_3	D_2	D_1	D_0	实测值	理论值
0	0	0	0	0	0	0	0		
0	0	0	0	0	0	0	1		
0	0	0	0	0	0	1	0		
0	0	0	0	0	1	0	0		
0	0	0	0	1	0	0	0		
0	0	0	1	0	0	0	0		
0	0	1	0	0	0	0	0		
0	1	0	0	0	0	0	0		
1	0	0	0	0	0	0	0		
1	1	1	1	1	1	1	1		

二、ADC 转换器实验

1. 实验目的

（1）熟悉 A/D 转换器的基本工作原理。

（2）熟悉常用的集成电路芯片 ADC0809 各引脚功能及使用方法。

2. 实验设备与器材

（1）数字电子技术综合实验台 1 台，数字电压表 1 个。

（2）ADC0809 集成电路芯片一片，1 kΩ 电阻器若干只。

3. 实验内容

（1）将 ADC0809 集成电路芯片通过插座，在数字电子技术综合实验台上，按图 7.3.5

所示连接实验电路。其中,8 路输入模拟信号为 1～4.5 V,由＋5 V 电源经电阻 R 分压后形成;A/D 转换结果 $D_7～D_0$ 接逻辑电平显示器输入插口输出显示;CP 时钟脉冲信号由计数脉冲源提供,取 f＝100 kHz;输入通道的地址选择信号 $A_2～A_0$ 接逻辑电平开关;启动信号 START 接单次脉冲信号源。

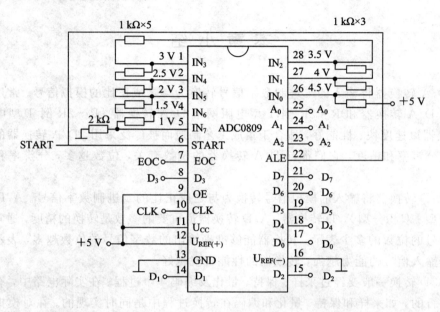

图 7.3.5　A/D 转换器实验电路

(2) 接通电源后,在启动端(START)加一正单次脉冲,下降沿一到即开始 A/D 转换。

(3) 按表 7.3.2 的要求观察并记录 $IN_7～IN_0$ 8 路模拟信号的转换结果。

(4) 将转换结果换算成十进制数表示的电压值,并与数字电压表实测的各路输入电压值进行比较,分析误差原因。

表 7.3.2　ADC0809 A/D 转换器实验电路测量数据

被选通道	输入模拟量	地址			输 出 模 拟 电 压								
IN	U_I/V	A_2	A_1	A_0	D_7	D_6	D_5	D_4	D_3	D_2	D_1	D_0	十进制
IN_0	4.5	0	0	0									
IN_1	4.0	0	0	1									
IN_2	3.5	0	1	0									
IN_3	3.0	0	1	1									
IN_4	2.5	1	0	0									
IN_5	2.0	1	0	1									
IN_6	1.5	1	1	0									
IN_7	1.0	1	1	1									

(5) 分析讨论实验的测量数据,检验 8 位(n)8 通道逐次逼近型 A/D 转换器 ADC0809 的输出数字量 $U_O(D_7～D_0)$ 与输入模拟量 $U_I(IN_7～IN_0)$ 之间的转换关系,是否与双积分型

ADC 的输出数字量 U_O 表达式（7.2.8）相符，为

$$U_O = U_I \frac{2^n}{U_{REF}} = U_I \frac{256}{U_{REF}}, 0 \leqslant U_I \leqslant U_{REF}(=+5\text{ V})$$

（6）完成书面的实验总结报告。

本 章 小 结

1. D/A 转换器将输入的二进制数字信号转换为与之成正比的模拟信号。常用的有权电阻网络 D/A 转换器和 R－2R 倒 T 型电阻网络 D/A 转换器。R－2R 倒 T 型电阻网络 D/A 转换器以速度快、性能好，适合于集成工艺制造而被广泛采用。D/A 转换器的主要技术指标是分辨率和精度，它们都与 D/A 转换器的位数有关，位数越多，分辨率和精度就越高。

2. A/D 转换器将输入的模拟信号转换为与之成正比的二进制数字信号。A/D 转换有并联比较型、双积分型 A/D 转换器。A/D 转换器最重要的参数是转换的精度，通常用输出的数字信号的位数的多少表示。转换器能够准确输出的数字信号的位数越多，表示转换器能够分辨输入信号的能力越强，转换器的性能也就越好。

3. A/D 转换一般要经过采样、保持、量化及编码 4 个过程。在实际电路中，有些过程是合并进行的，如采样和保持、量化和编码在转换过程中是同时实现的。在对模拟信号取样时，必须满足取样定理：取样脉冲的频率 f_s 大于输入模拟信号最高频率分量的 2 倍，即 $f_s \geqslant 2f_{max}$。这样才能做到不失真地恢复出原模拟信号。

4. 不论是 D/A 转换还是 A/D 转换，基准电压 U_{REF} 都是一个很重要的应用参数，要理解基准电压的作用，尤其是在 A/D 转换中，它的值对量化误差、分辨率都有影响。一般应按器件手册给出的电压范围取用，并且保证输入的模拟电压最大值不能大于基准电压值。

习 题

7.1 常用的 D/A 转换器有哪几种？各有什么特点？

7.2 D/A 转换器的主要参数有哪些？

7.3 一个 8 位倒 T 型电阻网络 D/A 转换器，设 $U_{REF} = 10$ V，$R_f = R$，试求输入的数字量 $D_7 D_6 \cdots D_0$ 分别为 11111111、10000011、00000001 时的输出电压 U_O。

7.4 常用的 A/D 转换器有哪几种？各有什么特点？

7.5 简述 A/D 转换的大致过程。

7.6 在双积分型 A/D 转换器中，对 U_{REF} 有什么要求？

第 8 章　半导体存储器

学习要求及知识点

1. 学习要求

（1）要熟悉半导体存储器的分类及各存储器的作用。

（2）要熟悉半导体存储器的主要性能指标。

（3）要熟悉随机存储器的读/写原理电路特点和工作特性。

（4）要熟悉各种只读存储器性能及优缺点。

（5）要熟悉存储器容量的扩展。

（6）了解半导体存储器在组合逻辑中的应用。

2. 知识点

- RAM、SRAM、DRAM、ROM、PROM、EPROM 、E^2PROM、Flash Memory 的意义和性能；
- 半导体存储器容量、存取时间的概念；
- 半导体存储器的读/写原理；
- SRAM、DRAM 的工作特性；
- 存储器位数及字数的扩展。

8.1　概　　述

8.1.1　半导体存储器的分类与作用

在计算机或消费类数码产品中，有大量的信息或数据需要存储。大容量的存储器一般采用 MOS 管作为存储单元。根据半导体存储器的特性不同，半导体存储器一般可分为随机存取存储器（Random Access Memory，RAM）和只读存储器（Read Only Memory，ROM）两种。RAM 可在任何时刻对存储器内任意一个单元直接存取信息，RAM 既能读、又能写，断电后信息会丢失，属易失性存储器。根据所采用的存储器单元结构的不同，RAM 又可分为静态存储器（SRAM）和动态存储器（DRAM）。ROM 在正常运行时，只能读、不能写，断电后信息保持，属非易失性存储器。ROM 可分为掩膜 ROM、一次可编程 ROM（PROM）、可改写只读存储器（EPROM、E^2PROM、Flash Memory）等。

半导体存储器的分类如图 8.1.1 所示。

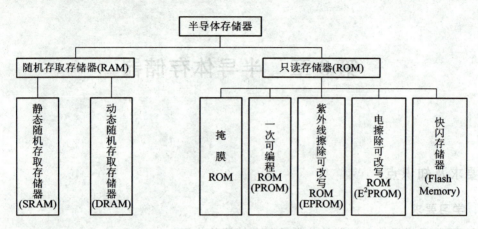

图 8.1.1 半导体存储器的分类

半导体存储器主要是用作微型计算机中的内存储器，用于存放系统中的程序和数据。此外，也可用来构成组合逻辑电路。

8.1.2 半导体存储器的主要性能指标

1. 存储容量

存储容量是存储器的一个重要指标，它是指存储器能基本存储单元的总数，通常用 N×M（字×位）来表示，N 表示存储器中地址（存储）单元数，M 代表每个地址单元中的存储二进制码的位数。

2. 最大存取时间

存储器从接收到寻找存储单元的地址码开始，到它取出或存入二进制数码为止所需的时间叫做存取时间。通常手册上给出该参数的上限值，称为最大存取时间。最大存储时间愈短，说明存储器芯片的工作速度愈高。一般情况下，SRAM 的工作速度优于 DRAM，DRAM 的工作速度优于 ROM。

课堂活动

一、课堂提问和讨论

1. 什么是随机存取存储器？什么是只读存储器？
2. 随机存取存储器有什么特点？只读存储器有什么特点？

二、学生演讲和演板

1. 试说出存储器的分类。
2. 半导体存储器都有哪些主要性能指标？

三、课堂练习

半导体存储器有哪些种类？简要说明其性能及用途。

8.2　随机存取存储器

随机存取存储器(RAM)，又称随机读/写存储器。在 RAM 工作时可以随时从任意选定的单元读出数据，也可以将数据写入任意选定的存储单元。其优点是读、写方便，使用灵活；缺点是一旦掉电，所存信息立即丢失(即信息的易失性)。RAM 是由许许多多的基本寄存器组合起来构成的大规模集成电路。RAM 中的每个寄存器称为一个字，寄存器中的每一位称为一个存储单元。寄存器的个数(字数)与寄存器中存储单元个数(位数)的乘积叫做 RAM 的容量。按照 RAM 中寄存器位数的不同，RAM 有多字 1 位和多字多位两种结构形式。在多字 1 位结构中，每个寄存器都只有 1 位，例如一个容量为 1024×1 位的 RAM，就是一个有 1024 个 1 位寄存器的 RAM。多字多位结构中，每个寄存器都有多位，例如一个容量为 256×4 位的 RAM，就是一个有 256 个 4 位寄存器的 RAM。

8.2.1　RAM 的电路结构和读 /写原理

RAM 电路通常由地址译码器、存储矩阵、输入/输出与读/写控制电路组成，电路结构框图如图 8.2.1 所示。

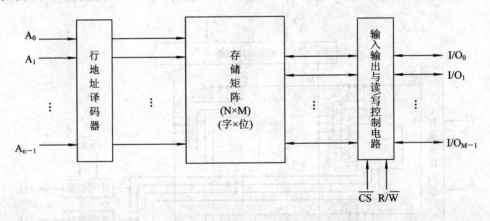

图 8.2.1　RAM 的结构框图

存储体也称存储矩阵，是存储器的主体。存储体中包含很多能够寄存 1 位二进制信息的基本存储单元电路。为了便于信息的写入和读出，这些基本存储单元电路被排列成一定的阵列。存储矩阵中基本存储电路的地址编码方式有两种：一种是单译码方式，适用于小容量存储器中；另一种是双译码方式，适用于大容量存储器中。

地址译码器的作用是将地址信号翻译成地址译码信号(字信号)，以便选中存储矩阵中某一个或某几个基本存储电路(这某一个或某几个基本存储电路是同一存储单元中的 1 位或几位)。若地址译码器的输入地址线位数为 n，则它所能选择的存储单元最大数 $N = 2^n$。对应存储矩阵中的单编址和双编址方式，地址译码器有单向译码和双向译码两种形式，图 8.2.1 所示为单向译码，图 8.2.2 所示为双向译码。

读/写控制电路是存储器的输入、输出通道，受外部控制信号 $\overline{CS}$、$R/\overline{W}$ 的控制，输入/输出数据线的位数对应存储单元中的存储位数 M。CS 是片选控制端，R/W 是读/写控制端。

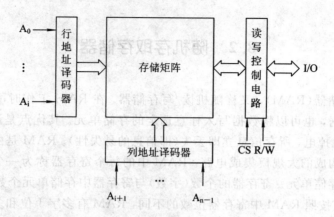

图 8.2.2 双译码器 RAM 的结构框图

图 8.2.3 所示的是一个 16×4 位的 RAM。

当 $\overline{CS}=0$ 时，RAM 芯片被选中，处于工作状态。设 $A_3A_2A_1A_0=0011$，行地址译码线 X_3 有效，列地址译码器 Y_0 有效，即共同选中了单元[3,0]。若 $R/\overline{W}=1$，执行读操作，将存储单元[3,0]中的数据送到 I/O 数据总线上。若 $R/\overline{W}=0$，执行写操作，将 I/O 数据总线上的数据写入存储单元[3,0]中。

当 $\overline{CS}=1$ 时，片选无效，不能对 RAM 进行读/写操作，所有 I/O 端均为高阻状态。

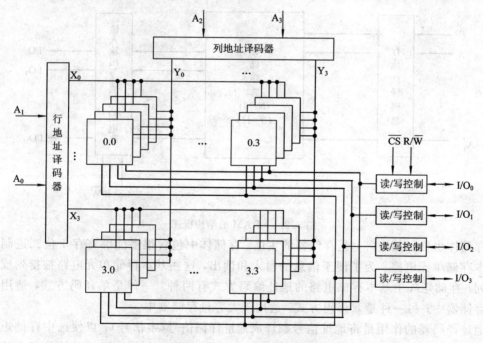

图 8.2.3 16×4 位 RAM

8.2.2 SRAM 与 DRAM 的电路特点与工作特性

1. SRAM

静态存储单元是在静态触发器的基础上附加门控管而构成的。它是靠触发器的自保持功能来存储数据的。

SRAM 的优点是：工作稳定、工作速度快，使用方便，不需要附加再生电路；缺点是：功耗较大，集成度较低，成本较高。SRAM 一般用在小容量存储系统中。

2. DRAM

动态存储单元是利用 MOS 管栅极电容可以存储电荷的原理制成的，其结构比较简单。

DRAM 的优点是：集成度高、成本低、功耗低；缺点是：由于 MOS 管栅极电容上的电荷会因漏电而释放，即使在电源正常接通情况下，也会发生信息丢失，因此在使用 DRAM 时必须附加再生电路，不断地刷新电容器上的电荷，给使用带来麻烦。DRAM 一般用于大容量存储系统中。

8.2.3　SRAM 集成电路 6264 简介

Motorola 公司生产的 MCM6264 RAM 芯片引脚排列如图 8.2.4 所示。6264 是 28 引脚双排直插芯片，是一种采用 CMOS 工艺制成的 8K×8 位的静态随机存取存储器。典型存取时间为 100 ns，电源电压为 5 V，工作电流为 40 mA，维持电压及维持电流分别为 2 V 和 2 μA。

MCM6264 共有 13 根地址线，即 $A_0 \sim A_{12}$；8 根数据线 $I/O_0 \sim I/O_7$；4 根控制线，分别是 $\overline{CE_1}$、CE_2、$\overline{WE}$ 和 $\overline{OE}$，$\overline{CE_1}$、CE_2 是片选端，当 $\overline{CE_1}$ 和 CE_2 都有效时选中该芯片，使它处于工作状态；$\overline{WE}$ 是写控制端，$\overline{OE}$ 是输出（读）允许控制端，写操作优先于读操作。NC 为无效引脚。MCM6264 工作方式的选择见表 8.2.1。

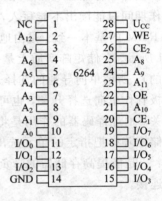

图 8.2.4　MCM6264 RAM 芯片引脚图

表 8.2.1　MCM6264 工作方式选择表

$\overline{CE_1}$	CE_2	$\overline{WE}$	$\overline{OE}$	$I/O_0 \sim I/O_7$	工作状态
1	×	×	×	高阻	未选中
×	0	×	×	高阻	未选中
0	1	1	1	高阻	输出禁止
0	1	1	0	数据输出	读操作
0	1	0	1	数据输入	写操作
0	1	0	0	数据输入	写操作

课堂活动

一、课堂提问和讨论

1. 随机存储器的电路结构是怎样的？随机存储器地址有哪几种译码方式？

2. SRAM、DRAM 有什么特点？它们的工作特性是怎样的？

二、学生演讲和演板

1. 请说明随机存储器的读/写原理。

2. 为什么格雷码能在信号传输和转换过程中减少失误，提高可靠性？

三、课堂练习

1. SRAM 集成电路 6264 各引脚具有什么功能？

2. 举例说明随机存储器的应用领域。

8.3　只读存取存储器

只读存取存储器（ROM）的基本特点是其所存信息是固定的，是非易失性存储器，在正常工作期间只能读出不能写入，在断电之后所存信息也不会改变和消失。ROM 的基本组成与 RAM 的基本一致，是由地址译码器、存储矩阵、输出缓冲器及控制逻辑组成的，如图 8.3.1 所示。存储矩阵实质上是一个单向导通开关阵列（即基本存储电路是由单向选择开关组成的）。所谓单向导通的选择开关，是指连于字线（或行线）和位线之间的耦合元件，可采用二极管作单向选择开关，也可采用双极型三极管或 MOS 三极管等开关器件作为单向选择开关。地址译码器的作用是将输入的地址代码译成相应的控制信号，利用这个控制信号从存储矩阵中把指定的单元选出，并把其中的数据送到输出缓冲器。输出缓冲器的作用有两个：一是能提高存储器的带负载能力；二是实现对输出状态的三态控制，以便与系统的总线连接。

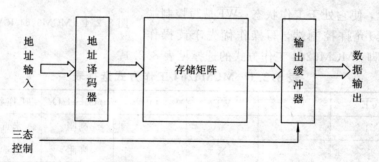

图 8.3.1　ROM 的结构框图

1. 掩膜 ROM

掩膜 ROM 所存储的数据是按照用户的要求而专门设计的，由用户向生产厂家定做，在出厂时内部存储的数据就已经被"固化"在里边了，只能读出，不能写入。它是利用最后一道工艺来控制其特定存储电路的晶体管能否工作（即单向选择开关是否接通），以便达到预先写入信息的目的，一旦制造完毕，用户便再不能更改所存信息了。图 8.3.2 所示为用二极管作为单向选择开关的掩膜 ROM 示意图，当 $A_2A_1A_0 = 011$ 时，字线 W_3 输出有效电平（高电平），当位线与该字线连有二极管时，输出为高电平；未连有二极管时，输出低电平；分析可知该地址单元的存储信息为 00101010。掩膜 ROM 适合于大批量产品使用。

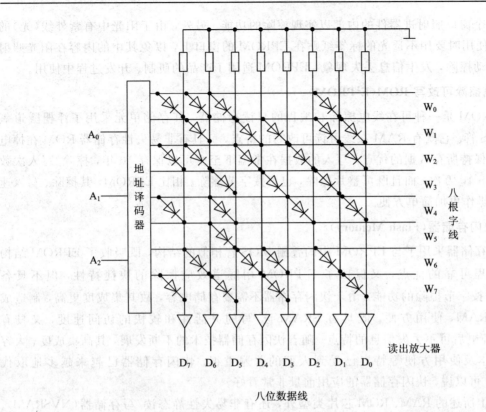

图 8.3.2　掩膜 ROM 示意图

2. 一次可编程 ROM(PROM)

　　PROM 在出厂时并未存储任何信息,即所有存储单元的信息都为"1"。使用前用户可根据需要将信息注入各耦合单元内,一旦注入后便无法再改变了。

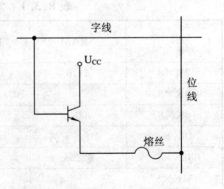

图 8.3.3　熔丝型 PROM 的存储单元

　　图 8.3.3 是 PROM 的一种存储单元,它由双极型三极管和熔丝组成。存储矩阵内所有单元都按此单元制作。这种 PROM 在出厂时,所有单元的熔丝都是连通的,即存储内容全为"1"。用户使用前可根据存储内容进行一次编程处理。熔丝保留,信息为"1";熔丝烧断,信息为"0"。PROM 适合于小批量产品使用。

3. 紫外线擦除可改写 ROM(EPROM)

　　EPROM 是指用户在写入信息后,可以用紫外线照射将信息全部擦除,擦除后可重新写入信息,而且可多次更改。它的存储矩阵单元是使用浮置栅雪崩注入 MOS 管(简称 FAMOS 管)或叠栅注入 MOS 管(简称 SIMOS 管)。

　　EPROM 信息的写入是用电信号编程实现的。而擦除时,则要把芯片从系统上拆下来,放进 EPROM 擦除器中去擦除。EPROM 外壳上方的中央有一个圆形的玻璃"窗口",紫外光就从这个窗口照射进器件的内部以实现擦除的功能。另外，由于阳光中有紫外线（光）的成分，在使用时要用不透光的标签纸贴在 EPROM 的窗口上，以免其中的内容在阳光照射下逐渐自动擦除，发生信息丢失现象。EPROM 适用于产品的研制、开发过程中使用。

4. 电擦除可改写 ROM（E^{2}PROM）

E^{2}PROM 是一种可在线电擦除和编程的只读存储器，其存储单元采用了浮栅隧道氧化层 MOS 管。它既有 RAM 在线可读可改写的特点，又具有非易失性存储器 ROM 在掉电后仍然能保持所存数据的优点。写入的数据在常温下至少可以保存 10 年，擦除/写入次数为 1 万次～10 万次，而且既可整片擦除，也可按字节擦除。相比 EPROM，其擦除、写入速度更快，操作更加简单方便。

5. 快闪存储器（Flash Memory）

快闪存储器采用了与 EPROM 中的叠栅 MOS 管相似的结构，既吸收了 EPROM 结构简单、编程可靠的优点，又保留了 E^{2}PROM 用隧道效应擦除的快捷特性，但不具备 E^{2}PROM 按字节擦除的功能。由于快闪存储器不需要存储电容，故其集成度更高，制造成本低于 DRAM，使用方便，既具有 SRAM 读/写的灵活性和较快的访问速度，又具有 ROM 在掉电后可不丢失信息的特点。随着快闪存储器技术的不断发展，其高集成度、大容量、低成本及使用方便等特点已受到人们的普遍重视。快闪存储器已越来越多地取代 EPROM，可以说，快闪存储器的应用前景非常看好。

除以上所述的 RAM、ROM 芯片类型外，还有非易失性静态读/写存储器（NVSRAM）、串行存储器及多端口存储器（MPRAM）。

表 8.3.1 中列出了常见存储器的型号与规格。

表 8.3.1 常见存储器型号与规格

容量 \ 类型	SRAM	EPROM	E^{2}PROM	Flash Memory
2K×8	6116	2716	2816	
4K×8		2732		
8K×8	6264	2764	2864	
16K×8		27128		
32K×8	62256	27256	28256	28F256
64K×8		27512	28512	28F512
128K×8	628128	27010	28010	28F010
256K×8	628256	27020	28020	28F020
512K×8	628512	27040	28040	28F040
1M×8	6281000	27080	28080	28F080

课堂活动

一、课堂提问和讨论

1. 只读存储器的结构是怎样的？它包括哪些方面？

2. 掩膜 ROM 和一次可编程 ROM 分别适用于什么地方？

二、学生演讲和演板

1. PROM、EPROM、和 E^2PROM 各有什么特点？

2. 快闪存储器有什么特点？

三、课堂练习

1. 试简单地说明掩膜 ROM 的原理。

2. 试说明 ROM 中地址译码器和输出缓冲器的作用。

8.4　存储容量的扩展

当一片 ROM 或 RAM 器件不能满足电路系统对存储容量的要求时，就需要将若干片 ROM 或 RAM 组合起来，形成一个容量更大的存储器。

1. 存储器位数的扩展

当 ROM 或 RAM 芯片的字数已经够用而每个字的位数不够用时，可采用位扩展的连接方式，将多片 ROM 或 RAM 组合成位数更多的存储器。

若用 1024×1 位的 RAM 构成 1024×8 位的存储系统，就需采用 8 片 1024×1 位 RAM 芯片来构成，如图 8.4.1 所示。其连接方法是：将所有参与扩展芯片的地址线、控制线（如R/W、$\overline{CS}$）分别对应地并联起来，每一片的 I/O 端独立，分别作为整个存储器数据线中的一位。

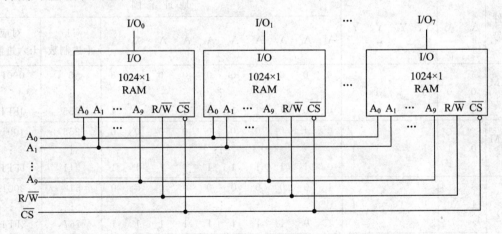

图 8.4.1　RAM 的位扩展接法

2. 存储器字数（存储单元）的扩展

如果每一片存储器的数据位数够用而字数不够用时，可采用字扩展方式，将多片存储器组合成一个字数更多的存储器。

若用 256×8 位的 RAM 接成一个 1024×8 位的存储系统，就需采用 4 片 256×8 位 RAM 芯片来扩展。因为 4 片中共有 1024 个字，所以必须给它们编成 1024 个不同的地址。实现方法是：将 4 片 RAM 芯片中除片选端以外的所有引脚都对应地并在一起，增加 2 位高位地址（A_8、A_9），并经 2－4 译码器译码得到 4 根译码输出，然后依次用译码输出去连接 RAM 芯片的片选端，一根译码输出线控制一块 RAM 芯片，如图 8.4.2 所示。当 $A_9A_8=00$ 时，$\overline{Y}_0$ 有效，选中 RAM(1)；当 $A_9A_8=01$ 时，$\overline{Y}_1$ 有效，选中 RAM(2)；当 $A_9A_8=10$ 时，$\overline{Y}_2$ 有效，选中 RAM(3)；当 $A_9A_8=11$ 时，$\overline{Y}_3$ 有效，选中 RAM(4)。各 RAM 芯片的地址分配见表 8.4.1。

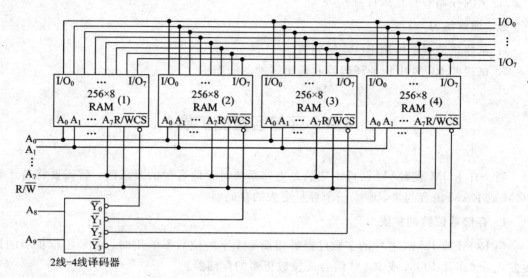

图 8.4.2　RAM 的字扩展接法

表 8.4.1　图 6.10 RAM 芯片的地址分配

器件编号	A_9	A_8	$\overline{Y}_0$	$\overline{Y}_1$	$\overline{Y}_2$	$\overline{Y}_3$	地址范围											对应十进制数	对应十六进制数
							A_9	A_8	A_7	A_6	A_5	A_4	A_3	A_2	A_1	A_0		
RAM (1)	0	0	0	1	1	1	0	0	0	0	0	0	0	0	0	0	0	000H
							⋮										⋮	⋮
							0	0	1	1	1	1	1	1	1	1	255	0FFH
RAM (2)	0	1	1	0	1	1	0	1	0	0	0	0	0	0	0	0	256	100H
							⋮										⋮	⋮
							0	1	1	1	1	1	1	1	1	1	511	1FFH
RAM (3)	1	0	1	1	0	1	1	0	0	0	0	0	0	0	0	0	512	200H
							⋮										⋮	⋮
							1	0	1	1	1	1	1	1	1	1	767	2FFH
RAM (4)	1	1	1	1	1	0	1	1	0	0	0	0	0	0	0	0	768	300H
							⋮										⋮	⋮
							1	1	1	1	1	1	1	1	1	1	1023	3FFH

上述字、位扩展方法同样适合于 ROM 电路。

3. 存储器的字位扩展

如果一片 RAM 或 ROM 的位数和字数都不够用，就需要同时采用位扩展和字扩展方法，用多片器件组成一个存储系统，以满足电路系统对存储容量的要求。一般方法是：先位扩展，后字扩展。

课堂活动

一、课堂提问和讨论

1. 某计算机的内存储器设置了 32 位的地址线，16 位并行数据输入/输出端，试计算它的最大存储量。

2. 试用两片 1024×8 位的 ROM 组成 1024×16 位的存储器。

二、学生演讲和演板

1. 某 SRAM 芯片的容量为 1024×8，除电源和地外，该芯片引脚的最小数目是多少？

2. 若存储器芯片的容量为 $128 K \times 8$，问该芯片有多少位地址？

三、课堂练习

1. 一个存储器容量为 $64 K \times 8$，假设该存储器首位地址是 A0000H，问末位地址是多少？

2. 某计算机分别配置 4 片 8 位 ROM 和 4 片 8 位 RAM，每片均有 $16 K$ 地址，问应如何与地址总线相连？需要什么附加电路？

8.5 半导体存储器在组合逻辑电路中的应用

半导体存储器除主要用于计算机系统中存储程序和数据外，在数字系统中可用于实现代码的转换、函数运算、时序控制以及实现各种波形的信号发生器等。

若把 ROM 的 n 位地址端作为逻辑函数的输入变量，则 ROM 的 n 位地址译码器的输出是由输入变量组成的 2^n 个最小项，而存储矩阵是把有关的最小项相或后输出，获得输出函数。也就是说，存储器的数据输出是地址输入变量最小项的逻辑或，至于输出中包含还是不包含某输入变量最小项是通过存储矩阵的编程数据来决定。若存储数据为"1"，则包含；若存储数据为"0"，则不包含。

[例 8.5.1] 试用 ROM 产生如下的一组多输出逻辑函数：

$$\begin{cases} Y_1 = \overline{A}BC + \overline{A}\,\overline{B}C \\ Y_2 = A\overline{B}C\overline{D} + BC\overline{D} + \overline{A}BCD \\ Y_3 = ABC\overline{D} + \overline{A}B \\ Y_4 = \overline{A}\,\overline{B}C\overline{D} + AD \end{cases} \tag{8.5.1}$$

[解] 将式(8.5.1)化为如下最小项标准式：

$$\begin{cases} Y_1 = \overline{A}BC\overline{D} + \overline{A}BCD + \overline{A}\,\overline{B}C\overline{D} + \overline{A}\,\overline{B}CD \\ Y_2 = A\overline{B}C\overline{D} + \overline{A}BC\overline{D} + ABC\overline{D} + \overline{A}BCD \\ Y_3 = ABC\overline{D} + \overline{A}B = ABC\overline{D} + \overline{A}B\overline{C}\,\overline{D} + \overline{A}BC\overline{D} + \overline{A}B\overline{C}D + \overline{A}BCD \\ Y_4 = \overline{A}\,\overline{B}C\overline{D} + AB\overline{C}D + A\overline{B}CD + AB\overline{C}\overline{D} + ABCD \end{cases} \tag{8.5.2}$$

由上可知，该系统有 4 个输入变量和 4 个输出函数，因此可选择 4 位地址输入、4 位数据输出的 16×4 位 ROM。将 A、B、C、D 4 个输入变量分别接至地址输入端 A_3、A_2、A_1、A_0，按照逻辑函数的要求存入相应的数据，即可在 D_3、D_2、D_1、D_0 数据输出端得到 Y_4、Y_3、Y_2、Y_1。按照式(8.5.2)列出 ROM 存储矩阵内应存入的数据表，如表 8.5.1 所示。

无论是使用掩膜 ROM、PROM、EPROM，还是其他 ROM 器件，只需将表 8.5.1 中 ROM 数据利用相应编程工艺写入 ROM 芯片中，即可实现所需的逻辑函数。

若选用 ROM 器件的容量大于所需输入地址变量和数据输出数时，可将高位地址接低电平和把高位输出值看成 0，同样根据表 8.5.1 中 ROM 数据写入芯片即可。如采用 256×8 位 ROM 芯片，则在 00H 单元中存入 00H，01H 单元中存入 00H，02H 单元中存入 09H……0EH 中存入 06H，0FH 中存入 08H。10H～FFH 单元中可任意存入数据。

表 8.5.1　例 8.5.1 中 ROM 数据表

函数 / 最小项	Y_4	Y_3	Y_2	Y_1	函数 / 最小项	Y_4	Y_3	Y_2	Y_1
$\overline{A}\,\overline{B}\,\overline{C}\,\overline{D}$　m_0	0	0	0	0	W0 0000	$A\,\overline{B}\,\overline{C}\,\overline{D}$　m_8	0	0	0	0	W8 1000
$\overline{A}\,\overline{B}\,\overline{C}\,D$　m_1	0	0	0	0	W1 0001	$A\,\overline{B}\,\overline{C}\,D$　m_9	1	0	0	0	W9 1001
$\overline{A}\,\overline{B}\,C\,\overline{D}$　m_2	1	0	0	1	W2 0010	$A\,\overline{B}\,C\,\overline{D}$　m_{10}	0	0	1	0	W10 1010
$\overline{A}\,\overline{B}\,C\,D$　m_3	0	0	0	1	W3 0011	$A\,\overline{B}\,C\,D$　m_{11}	1	0	0	0	W11 1011
$\overline{A}\,B\,\overline{C}\,\overline{D}$　m_4	0	0	0	0	W4 0100	$A\,B\,\overline{C}\,\overline{D}$　m_{12}	0	0	0	0	W12 1100
$\overline{A}\,B\,\overline{C}\,D$　m_5	0	1	0	0	W5 0101	$A\,B\,\overline{C}\,D$　m_{13}	1	0	0	0	W13 1101
$\overline{A}\,B\,C\,\overline{D}$　m_6	0	1	1	1	W6 0110	$A\,B\,C\,\overline{D}$　m_{14}	0	1	1	0	W14 1110
$\overline{A}\,B\,C\,D$　m_7	0	1	1	1	W7 0111	$A\,B\,C\,D$　m_{15}	1	0	0	0	W15 1111
	D_3	D_2	D_1	D_0	地址 / 数据	D_3	D_2	D_1	D_0	地址 / 数据

[**例 8.5.2**]　试用 2716EPROM 设计一个驱动共阴极八段字符显示器的显示译码器。

[**解**]　根据题目要求可知，该显示译码器是一个输入变量为 4，输出变量为 8 的组合逻辑电路。2716EPROM 是 2K×8 位的 EPROM 芯片，共有 11 根地址线（即 $A_{10}\sim A_0$）、8 根数据线（即 $D_7\sim D_0$）。

显示译码器的 BCD 码输入 D、C、B、A 分别接 2716EPROM 的 A_3、A_2、A_1、A_0，译码输出 a、b、c、d、e、f、g、h 分别接 2716EPROM 的 D_0、D_1、D_2、D_3、D_4、D_5、D_6、D_7，2716EPROM 的多余高位地址线 $A_{10}\sim A_4$ 都接低电平，即在前 16 个地址上储存显示译码数据，而其他地址单元的数据可任意。用 2716EPROM 构成八段显示译码器电路如图 8.5.1 所示，2716EPROM 存储数据表见表 8.5.2。

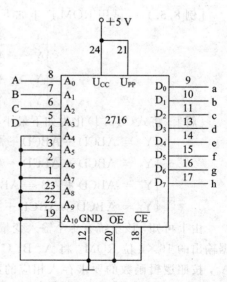

图 8.5.1　例 8.5.2 图

表 8.5.2　例 8.5.2 BCD 码显示译码真值表与 ROM 数据表

输入				输出									字形
D	C	B	A	h	g	f	e	d	c	b	a		
0	0	0	0	1	0	1	1	1	1	1	1	000H	0.
0	0	0	1	1	0	0	0	0	1	1	0	001H	1.
0	0	1	0	1	1	0	1	1	0	1	1	002H	2.
0	0	1	1	1	1	0	0	1	1	1	1	003H	3.
0	1	0	0	1	1	1	0	0	1	1	0	004H	4.
0	1	0	1	1	1	1	0	1	1	0	1	005H	5.
0	1	1	0	1	1	1	1	1	1	0	1	006H	6.
0	1	1	1	1	0	0	0	0	1	1	1	007H	7.
1	0	0	0	1	1	1	1	1	1	1	1	008H	8.
1	0	0	1	1	1	1	0	1	1	1	1	009H	9.
1	0	1	0	0	1	1	1	0	1	1	1	00AH	R
1	0	1	1	0	1	1	1	1	1	0	0	00BH	b
1	1	0	0	0	1	0	1	1	0	0	0	00CH	c
1	1	0	1	0	1	0	1	1	1	1	0	00DH	d
1	1	1	0	0	1	1	1	1	0	0	1	00EH	E
1	1	1	1	0	1	1	1	0	0	0	1	00FH	F
				×	×	×	×	×	×	×	×	010H	
				⋮								⋮	
				×	×	×	×	×	×	×	×	FFFH	
				D_7	D_6	D_5	D_4	D_3	D_2	D_1	D_0	ROM 地址／ROM 数据	

　　利用相应的编程器按表 8.5.2 中所示 ROM 数据写入 2716EPROM 中，按图 8.5.1 进行连接，即构成一个八段显示译码器。

课堂活动

一、课堂提问和讨论

1. 用 ROM 电路的阵列逻辑图实现余 3 码转换成 2421BCD 码的码制转换电路。

2. 用 ROM 电路的阵列逻辑图实现全加法器。

二、学生演讲和演板

1. 用 ROM 设计一个组合逻辑电路，用来产生逻辑函数 $Y = \overline{A}B\overline{C}D + AB\overline{C}D$。

2. 画出逻辑函数 $Y = \overline{A}B\overline{C}D + AB\overline{C}D$ 矩阵的点阵图。

三、课堂练习

1. 已知 $y = 6x^2 + 3$，其中 x 为小于 4 的正整数。试画出该函数的 ROM 阵列图。

2. 用可编程逻辑阵列实现如图 8.5.2 所示的 1 位二进制全加器。

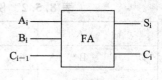

图 8.5.2

本章小结

1. 半导体存储器是一种能存储大量数据或信号的半导体器件。存储器的应用领域极为广阔，凡是需要记录数据或各种信号的场合都离不开它。尤其在电子计算机中，存储器是必不可少的一个重要组成部分。

2. 可以用存储器来设计组合逻辑电路。只要将地址输入作为逻辑变量，将数据输出端作为函数输出端，并根据要产生的逻辑函数写入相应的数据，就能得到所需要的组合逻辑电路了。

3. 在半导体存储器中采用了按地址存放数据的方法，只有那些被输入地址代码指定的存储器单元才能与输入/输出端接通，可以对这些被指定的单元进行读/写操作。而输入/输出端是公用的。为此，存储器的电路结构中必须包含地址译码器、存储矩阵和输入/输出电路(或读/写控制电路)这三个组成部分。

4. 半导体存储器有许多不同的类型。首先从读/写功能上分成只读存储器(ROM)和随机存取存储器(RAM)两大类。其次，根据存储单元电路结构和工作原理的不同，又将ROM 分为掩膜 ROM、PROM、EPROM、E^2PROM、快闪存储器(Flash Memory)等几种类型；将 RAM 分为静态 RAM 和动态 RAM 两大类。掌握各种类型半导体存储器在功能特性上的不同特点，将为我们合理选用器件提供理论依据。

5. 在一片存储器芯片的存储量不够用时，可以将多片存储器芯片组合起来，构成一个更大容量的存储器。当每片存储器的字数够用而每个字的位数不够用时，应采用位扩展的联接方式；当每片的字数不够用而每个字的位数够用时，应采用字扩展的联接方式；当每片的字数和位数都不够用时，则需同时采用位扩展和字扩展的联接方式。

6. 用可编程逻辑阵列实现逻辑函数的基本原理是基于函数的最简与或表达式。用PLA 实现逻辑函数时，首先需将函数化为最简与或式，然后画出可编程逻辑阵列的阵列图。

第 9 章　数字电路课程设计与综合实训

学习要求及知识点

1. 学习要求

（1）通过课程设计与综合实训要进一步熟练掌握基本单元电路的设计、制作与调试技能。

（2）通过课程设计熟悉数字电路设计的一般方法和步骤。

（3）通过课程设计与综合实训熟练掌握采用中、大规模数字集成电路器件进行数字电路系统设计、制作与调试的思路、技巧和方法。

（4）通过课程设计与综合实训熟练掌握使用 Multisim 仿真软件进行数字电路系统设计、调试的方法和技巧。

2. 知识点

- 数字电路设计的一般方法和步骤；
- 使用 Multisim 10 仿真软件进行数字电路系统设计、调试的方法和技巧；
- 采用中、大规模数字集成电路器件进行数字电路系统设计、制作与调试的思路、技巧和方法。

9.1　数字系统设计与制作的一般方法

9.1.1　数字系统设计的一般方法

1. 数字系统的组成

由输入电路、信号处理电路、控制电路、时钟电路、脉冲产生电路、输出电路等数字逻辑单元电路构成，按一定顺序处理和传输数字信号的设备称为数字系统。

输入电路主要作用是将被控制信号加工变换成数字信号，其形式包括各种输入接口电路。在设计输入电路时，应先了解输入信号的性质，接口的条件，来设计合适的输入接口电路。

控制电路的功能是将控制信息加工运算并为系统各部分提供所需的各种控制。信号处理电路接受控制电路的控制，对输入的数据进行数字、逻辑运算等信号处理，并将处理过程中产生的状态信息反馈到控制电路。控制电路和信号处理电路是整个数字系统的核心。

设计控制电路和信号处理电路是整个数字系统设计最重要的内容，应该特别注意不同信号之间的逻辑性与时序性。在数字系统中，各种逻辑时钟电路、脉冲产生电路、电源电路是数字系统正常工作的保证，整个数字系统都在它们的控制之下按一定的规律工作。时钟电路包括主时钟振荡电路及分频后形成各种时钟脉冲的电路。设计时钟电路时，应根据系统的要求首先确定主时钟的频率，并注意与其他控制信号结合产生系统所需的各种时钟信号。脉冲产生电路应按系统设计的要求提供合适的脉冲信号。电源电路应为整个系统的正常工作提供所需的直流电平。在数字电路系统中，TTL 电路对电源电压要求比较严格，电压值必须在一定范围内。CMOS 电路对电源电压的要求相对比较宽松，设计电源时，必须注意电源的负载能力，电压的稳定及波纹系数等。

输出电路是完成系统最后逻辑功能的重要部分。在数字电路系统中存在各种各样的输出接口电路。其功能或是发送一组经系统处理的数据；或是显示一组数字；或是将数字信号进行转换，变成模拟输出信号。所以在设计系统的输出电路时，必须注意在电平、信号极性、拖动能力等方面与负载的匹配。

显然，任何复杂的数字系统都可以逐步划分成不同层次、相对独立的子系统，通过对子系统的逻辑关系、时序等的分析，最后可以选用合适的数字电路器件来实现，将各子系统组合起来，便完成了整个大系统的设计。

2. 数字系统设计的一般方法与步骤

1) 消化课题

必须充分了解系统设计要求，明确系统的全部功能、要求及技术指标。熟悉被处理信号与被控制对象的各种参数与特点。

2) 确定总体设计方案

根据系统逻辑功能画出系统的原理框图，将系统分解。确定连接不同方框间各种信号的逻辑关系与时序关系。方框图应能简洁、清晰地表示设计方案的原理。

3) 用计算机软件搭建单元电路并进行电路仿真

选择合适的数字器件，用计算机软件搭建各逻辑单元电路。然后利用计算机仿真软件对电路进行仿真测试，从而确定电路是否准确无误。

若电路中采用了 TTL、COMS、运放、分立元件等多种器件时，如果采用不同的电源供电，则要注意不同电路之间电平的正确转换，并应绘制出电平转换电路。

4) 分析电路中的数字电路仿真功能

设计的电路可能不存在任何问题，但组合起来后系统可能不能正常工作，因此，充分分析各单元电路，特别是对控制信号要从逻辑关系、正负极性、时序等几个方面进行深入的考虑，确保不存在冲突。在深入分析的基础上通过对原设计电路的不断修改，从而获得最佳设计方案。

5) 完成整体设计

在各单元电路完成的基础上，再用计算机软件对整个电路进行仿真，进行设计验证。

根据设计要求能设计出一个比较理想的数字系统须经常训练，反复实践才能熟练。

9.1.2 数字系统的安装与调试

数字系统电路经过计算机仿真设计后，必须通过实体的安装与调试才能完成。实体的安装与调试可以纠正因设计中考虑不周而出现的错误与不足，可以检测出实际系统正常运行的各项技术指标、参数、工作状态、输出驱动情况及逻辑功能。所以系统的实体安装与调试工作是验证理论设计，进一步修正设计方案的重要实践过程。其具体步骤如下。

1. 制作 PCB

设计、制作 PCB 印制电路板，或使用万能板进行电路装接连线设计。

2. 元器件检测

元器件装接前，要进行检测，这样可以减少因元器件原因造成的电路故障，从而提高工作效率。

3. 电路装接

依 PCB 印制电路板或万能板电路装接连线设计工艺文件，进行电路装接。在安装元器件时，集成电路最好通过插座与电路板连接，这便于在器件损坏时对其进行更换。另外，在焊接过程中，焊点应可靠、美观，注意不要出现挂锡或虚焊现象。

4. 电路调试

电路的调试可分两步进行，首先进行单元电路调试，然后进行总调。调试时应注意以下几点：

（1）充分理解电路的工作原理和电路结构，对电路输入输出之间的逻辑关系，正常情况下的信号的电平、波形、频率等做到心中有数。据此设计出科学的调试方法，包括仪器的选用、调试的步骤以及每一步骤中检测的部位等。

（2）先进行静态测试，确定 IC 的电源、地及控制端的静态电平等直流工作状态是否正常后再进行动态测试。在进行静、动态测试时应尽量保证测试条件与电路的实际工作状态相吻合。

（3）在寻找故障时，可由前往后或由后往前按信号的流程对电路进行逐级测量；也可以根据电路的特点在关键部位测量；或根据通电后系统的工作状态直接从电路的某一部分入手检查。

（4）明确每次测量的意义。对于要了解什么及希望解决什么问题做到心中有数。

（5）在对电路进行检测、试验或调整的过程中，应掌握一些实用的检测方法，如对换法、对比法、对分法、信号注入法信号寻迹法等。

（6）在数字电路中由于不存在大功率、大电流、高电压等工作状态，电路故障一般都是装配过程中出现的挂锡、虚焊、元件插错等原因造成的，除非 IC 插反了方向或电源接错了，否则有源器件损坏的情况很少。

5. 分析总结

当电路能正常工作后，应将测试的数据、波形、计算结果等原始记录归纳保存，以备以后查阅。最后编写总结报告。总结报告应对本设计的特点、所采用的设计技巧、存在的问题、解决的方法、电路的最后形式以及电路达到的技术指标等进行必要的分析和阐述。

9.2 三路竞赛抢答器的设计与制作

竞赛抢答器是各种竞赛活动中不可或缺的电子设备，发展较快，从一开始的仅有抢答锁定功能的单一电路，发展到现在已成为具有倒计时、定时、自动（或手动）复位、报警（即声响提示）、屏幕显示、按键发光等多种功能各异的复合电路，是一个典型的数字系统。竞赛抢答器按设计功能要求不同，可以分为很多种类。下面以一个可以把门电路、组合逻辑电路、时序逻辑电路、触发器、555 多谐振荡器、数码显示器等多个单元电路组合起来的三路竞赛抢答器为例，来介绍数字系统设计与制作的一般过程、思想和方法。

9.2.1 仿真设计

1. 设计要求

（1）制作一个可容纳三组参赛者的竞赛抢答器，每组设置一个抢答按钮供参加竞赛者使用。

（2）电路应具有第一抢答信号的鉴别和锁存功能。在主持人清零、发出抢答指令后，如果某组参赛者在第一时间按动抢答开关抢答成功后，应立即将其输入锁存器自锁，使其他组别的抢答信号无效，并用编码、译码及数码显示电路显示出该组参赛者的组号。

（3）若同时有两组或两组以上抢答，则所有的抢答信号无效，显示器显示 0 字符。

2. 三路竞赛抢答器仿真设计

1）原理框图

由设计要求"若同时有两组或两组以上抢答，则所有的抢答信号无效，显示器显示 0 字符"，涉及时序逻辑，所以抢答信号处理须使用触发器。为此，用一块四 D 触发器 74LS175（上升沿触发）、两个三 3 输入与非门 74LS10N，一个三 3 输入与门 74LS11N、一块 555 定时器电路、一块共阴七段数码显示器和若干按钮开关、电阻器、电容器等器件设计制作一个可容纳[1]、[2]、[3]个组别参加的三路竞赛抢答器(1)（+5 V 电源另配），设计原理框图如图 9.2.1 所示。

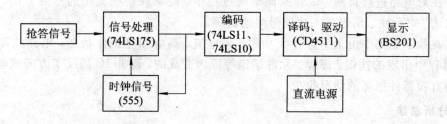

图 9.2.1 三路竞赛抢答器设计原理框图

2）逻辑赋值、原理图

将图 9.2.1 所示原理框图设计细化，有三路竞赛抢答器原理图，如图 9.2.2 所示。图中，[X]为主持人清零信号，低电平有效，清零后，显示器清零。抢答开始信号，高电平有效，单击开关控制键[X]，接入高电平，抢答开始。[1]、[2]、[3]分别为三个参赛组的组别符号，每组有一个抢答按钮，抢答高电平有效。抢答时，第一时间抢答成功者的组别符号被显示器显示。

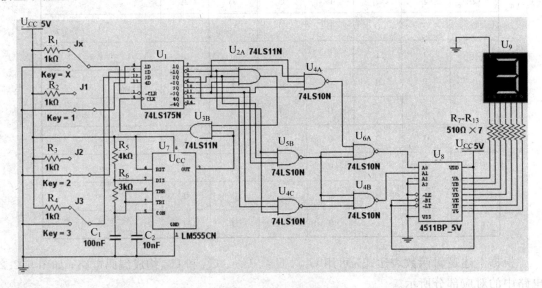

图 9.2.2　三路竞赛抢答器原理图

3）设计说明

当主持人按下清零按钮后，四 D 触发器 U_1 的 $\overline{CLR}=0$，U_1 被清零，$Q_1=Q_2=Q_3=0$、$\overline{Q}_1=\overline{Q}_2=\overline{Q}_3=1$，显示器 U_9 显示 0 字符，所有抢答信号无效。

第一抢答信号的鉴别和锁存功能由四 D 触发器(74LS175)U_1，三 3 输入与门(74LS11)U_{2A}、U_{3B} 和一个用 1 块 555 定时器电路 U_7 构成的多谐振荡器组合完成。

为保证参赛者在按抢答按钮的瞬间，时钟脉冲信号能适时地到达，图中，由 U_7 LM555CN 构成的多谐振荡器的振荡周期 $T\approx0.7(R_5+2R_6)C_1=0.7\times(4+2\times3)\times10^3\times10^{-7}\approx0.7\ ms$，约为 1.4 kHz，远高于参赛选手的抢答频率。

当主持人命令开始抢答后，U_1 的 $\overline{CLR}=1$，抢答开始，其后的抢答信号有效。设第一组参赛者在第一时间按下了抢答器按钮[1]，于是 U_1 的 $\overline{Q}_1=0$，三 3 输入与门 U_{2A} 的输出为 0，U_{3B} 的输出为 0，即 U_1 74LS175 的时钟脉冲信号 CLK(上升沿有效)为 0，被封锁，即第一抢答信号被鉴别和锁存，并使其后的抢答信号无效。

按设计要求，七段数码显示器译码/驱动电路(CD4511)U_8 对应的译码表，如表 9.2.1 所示。

由表 9.2.1 可写出七段数码显示器译码/驱动电路 CD4511 输入端 D、C、B、A 对应的逻辑函数表达式：

$$A=\overline{Q}_3\overline{Q}_2Q_1+Q_3\overline{Q}_2\overline{Q}=\overline{\overline{Q}_3\overline{Q}_2Q_1\cdot\overline{Q_3\overline{Q}_2\overline{Q}_1}}$$

$$B=\overline{Q}_3Q_2\overline{Q}_1+Q_3\overline{Q}_2\overline{Q}=\overline{\overline{Q}_3Q_2\overline{Q}_1\cdot\overline{Q_3\overline{Q}_2\overline{Q}_1}}$$

$$C=D=0$$

表 9.2.1　七段译码显示电路的译码表

四 D 触发器 74LS175 输出			译码/驱动电路 CD4511 输入				七段显示器显示字符
Q₃	Q₂	Q₁	D	C	B	A	
0	0	0	0	0	0	0	0
0	0	1	0	0	0	1	1
0	1	0	0	0	1	0	2
0	1	1	0	0	0	0	0
1	0	0	0	0	1	1	3
1	0	1	0	0	0	0	0
1	1	0	0	0	0	0	0
1	1	1	0	0	0	0	0

根据上述逻辑函数表达式，可用 U_{4A}、U_{4B}、U_{4C}、U_{5B} 和 U_{6A} 构成编码电路，如图 9.2.2 电路中的对应部分所示。

3. 仿真分析

1) 检测时钟信号（555 多谐振荡器）

如图 9.2.3 所示，检测时钟脉冲信号控制电路的振荡频率和控制功能。测得时钟脉冲信号（555 多谐振荡器）的振荡周期 $T \approx 0.714\ 286$ ms，振荡频率约为 $1.399\ 999$ kHz，远高于参赛选手的抢答频率，符合设计要求。测得第一抢答信号的鉴别和锁存功能正常，符合设计要求。

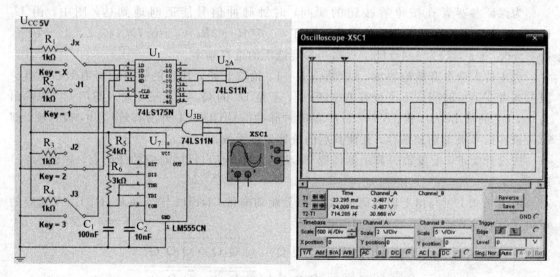

图 9.2.3　检测时钟脉冲信号控制电路

2）检测七段数码显示器译码/驱动电路及编码电路

从输出端往输入端，分别检测七段数码显示器译码/驱动单元电路和编码单元电路。测得功能正常，符合设计要求。

3）系统检测

按设计要求进行系统仿真实验，分析验证设计功能要求。工作时，主持人需先将抢答器的清零按钮[X]接低电平后，再接高电平（发出"开始抢答"的指令），则第一时间抢答成功的参赛者的组别符号被显示器显示，此时，其后的抢答信号应无效；若同时有两组或两组以上抢答，则所有的抢答信号无效，显示器显示 0 字符。测得功能正常，符合设计要求。

9.2.2　实物制作

1. 实物设计与连接

（1）依图 9.2.2 所示设计电路，设计、制作 PCB 印制电路板，或使用万能板进行电路装接连线设计，或使用电子综合实验台进行装接布线设计。

（2）编制元器件清单，准备元器件、电路装接连线、装接材料、工具和仪器仪表，进行元器件检测。

（3）依图 9.2.2 所示设计电路和电路装接工艺文件进行电路装接。

2. 实物检测

对装接制作的三路竞赛抢答器实体，使用仪器仪表，分别进行静态测试和动态测试，验证设计功能要求，并将检测结果填入技术指标检测表格中。

3. 设计报告

在仿真设计、实物制作、技术指标检测的基础上，进行分析、总结，并形成 Word 形式的书面文字设计报告。

9.2.3　设计扩展训练

1. 电路扩展训练（1）

试将图 9.2.2 所示设计电路中，由两个三 3 输入与非门 74LS10N 电路构成的编码电路，改用一个 3 线—8 线译码器 74LS138 和一个三 3 输入与非门 74LS10N 构成。

依 3 线—8 线译码器 74LS138 输出逻辑函数表达式、七段数码显示器译码/驱动电路 CD4511 的逻辑功能表和表 9.2.1，有七段数码显示器译码/驱动电路 CD4511 输入端 D、C、B、A 对应的逻辑表达式

$$A = \overline{Q_3}\overline{Q_2}Q_1 + Q_3\overline{Q_2}\overline{Q} = \overline{\overline{Q_3\overline{Q_2}Q_1} \cdot \overline{Q_3\overline{Q_2}\overline{Q_1}}} = \overline{\overline{m_1} \cdot \overline{m_4}} = \overline{\overline{Y_1} \cdot \overline{Y_4}}$$

$$B = \overline{Q_3}Q_2\overline{Q_1} + Q_3\overline{Q_2}\overline{Q} = \overline{\overline{Q_3Q_2\overline{Q_1}} \cdot \overline{Q_3\overline{Q_2}\overline{Q_1}}} = \overline{\overline{m_2} \cdot \overline{m_4}} = \overline{\overline{Y_2} \cdot \overline{Y_4}}$$

$$C = D = 0$$

则有三路竞赛抢答器原理图（2），如图 9.2.4 所示。

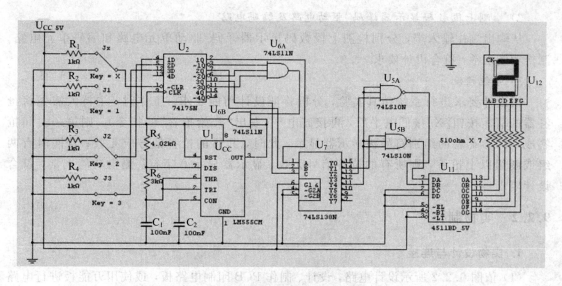

图 9.2.4 三路竞赛抢答器原理图（2）

2. 电路扩展训练（2）

试设计一个在 9.2.1 节设计要求的基础上增加具有限时（和报警）功能的三路竞赛抢答器。即增加倒计时显示、控制（和报警）功能：

（1）在主持人[X]清零、发出抢答指令后，开始 9 s 的倒计时显示，且在有效抢答信号产生时显示抢答的第一时间（并报警）。

（2）在主持人[X]清零、发出抢答指令后，开始 9 s 的倒计时显示，倒计时结束则所有的抢答信号无效，所有显示器显示 0 字符（并报警）。

9.3 交通灯信号控制器的设计与制作

交通灯信号控制器是一个典型、实用的时序逻辑电路设计项目。下面以一个简单的交通灯控制系统的设计、制作为例，讨论时序逻辑数字系统设计与制作的一般过程、思想和方法。

9.3.1 仿真设计

1. 设计任务和要求

（1）设计一个十字路口的交通灯控制电路，要求东西方向车道和南北方向车道两条交叉道路上的车辆交替行驶，每次通行时间均设定为 45 s，且设定时间可修改。

（2）要求黄灯闪亮 5 s 后，绿灯转为红灯，才能变换行驶车道。

（3）黄灯闪亮的频率为 1 Hz。

（4）东西方向、南北方向车道除了有红、黄、绿指示灯外，每一种灯的亮灯时间都有显示器倒计时显示。

（5）+5 V 电源为给定电源。

（6）用 PCB 印制板、万能板或数字电路综合实验台进行实物装接制作。

2. 设计方案

依据设计要求，交通灯控制系统主要由秒脉冲信号发生器、倒计时定时电路、信号灯转换控制器和译码驱动器等单元电路组成，其原理框图如图 9.3.1 所示。秒脉冲信号发生器是倒计时定时电路和黄灯闪烁控制电路的标准时钟信号

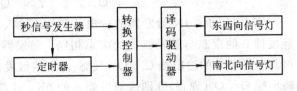

图 9.3.1 交通灯控制系统原理框图

源。倒计时定时器输出两组驱动信号，分别为黄灯闪烁和红绿灯转换的控制信号，这两组信号经信号灯转换控制器控制信号灯工作。倒计时定时电路用以控制信号灯转换控制器的工作。译码驱动器用以驱动东西、南北两向信号灯。

3. 单元电路设计

1）信号灯转换控制器

依据设计要求，交通指示灯有 S_0、S_1、S_2、S_3 四种状态。选定逻辑变量进行逻辑赋值，用 A 表示东西向，用 B 表示南北向，用 G、Y、R 分别表示绿、黄、红色指示灯，逻辑 1 表示灯亮，逻辑 0 表示灯灭，则有信号灯转换控制器控制状态，如表 9.3.1 所示。

表 9.3.1 信号灯转换控制器控制状态表

控制器状态	信号灯状态					
	东西向			南北向		
	G_A	Y_A	R_A	G_B	Y_B	R_B
$S_0(00)$	1	0	0	0	0	1
$S_1(01)$	0	1	0	0	0	1
$S_3(11)$	0	0	1	1	0	0
$S_2(10)$	0	0	1	0	1	0

由于信号灯转换控制器控制状态数 M＝4，由式 $M \leqslant 2^n$ 可知选用的触发器个数 n＝2。设状态编码分别为 $S_0 = 00$、$S_1 = 01$、$S_2 = 11$、$S_3 = 10$，现选用工程上常用的双 JK 触发器 74LS73N 作为逻辑器件，其中的 2 个 JK 触发器 1 和 0 的输出分别为 Q_1 和 Q_0，则其与信号灯状态关系如表 9.3.2 所示。

表 9.3.2 状态编码与信号灯关系表

现 态		次 态		输 出					
Q_1^n	Q_0^n	Q_1^{n+1}	Q_0^{n+1}	G_A	Y_A	R_A	G_B	Y_B	R_B
0	0	0	1	1	0	0	0	0	1
0	1	1	1	0	1	0	0	0	1
1	1	1	0	0	0	1	1	0	0
1	0	0	0	0	0	1	0	1	0

由表 9.3.2 可知信号灯状态的逻辑表达式：

$$G_A = \overline{Q}_1^n \overline{Q}_0^n \qquad Y_A = \overline{Q}_1^n Q_0^n \qquad R_A = Q_1^n$$

$$G_B = Q_1^n Q_0^n \qquad Y_B = Q_1^n \overline{Q}_0^n \qquad R_B = \overline{Q}_1^n$$

当 $J \neq K$ 时，JK 触发器的输出状态与 J 输入端的状态相同，同时分析表 9.3.2，可知触发器 0 的现态与触发器 1 的次态相同、触发器 1 的现态与触发器 0 的次态相反。因此，可将触发器 0 的输出端 Q_0、$\overline{Q}_0$（现态）分别接触发器 1 的 1J、1K 输入端（次态），触发器 1 的输出端 Q_1，$\overline{Q}_1$（现态）分别接触发器 0 的 0K、0J 端（次态）。取触发器 0 为 U_{1A}、触发器 1 为 U_{1B}，触发器的时钟信号用秒脉冲信号代替，有信号灯转换控制器电路，如图 9.3.2 所示。

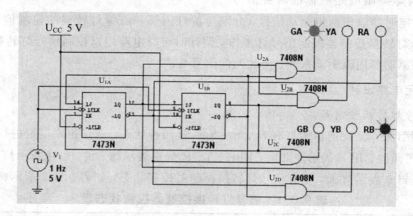

图 9.3.2　由 JK 触发器构成的信号灯转换控制器

2）倒计时定时器

依据设计要求，交通指示灯亮要有倒计时数字显示提示。具体工作方式为：当某方向绿灯亮时，置倒计时数字显示器为某值，然后每秒减 1，直至减为"5"和"0"，交通绿、黄、红指示灯作相应变换，一次工作循环结束，进而进入下一方向的工作循环。在倒计时定时过程中，计数定时器应向信号灯转换控制器分别提供模 5 和模 0 的定时信号 T_5 和 T_0，以控制黄灯的闪烁和绿灯、黄灯、红灯的变换。

倒计时定时显示采用七段数码管作为显示器件。为简化电路，拟采用 8421BCD 码输入的七段数码管，并由计数定时器驱动、显示计数定时器的输出值。

计数定时器选用同步可逆十进制计数器 74LS190N 作为逻辑器件，它具有同步可逆十进制计数和异步并行置数的功能。74LS190 没有专用的清零输入端，但可以借助 $D_D D_C D_B D_A = 0000$ 的数据间接实现清零功能。74LS190 的功能如表 9.3.3 所示。

表 9.3.3　74LS190 的功能表

$\overline{CTEN}$	D/U	CLK	$\overline{LOAD}$	A	B	C	D	Q_A	Q_B	Q_C	Q_D
×	×	×	0	A	B	C	D	A	B	C	D
0	1	↑	1	×	×	×	×	减计数			
0	0	↑	1	×	×	×	×	加计数			
1	×	×	1	×	×	×	×	0	0	0	0

依据设计要求，要实现 45 秒的倒计时定时，需选用两个 74LS190 芯片级联成一个从 99 倒计到 00 的减法计数器，其中作为个位数 74LS190 芯片的 CLK 接秒脉冲信号发生器（频率为 1 Hz），而把个位数 74LS190 芯片的输出端 Q_A、Q_D 通过一个与门接到十位数

74LS190 芯片的 CLK 端。当个位数减到 0 再减 1 时，即为 9，十进制数 0 和 9 对应的二进制数 0000 和 1001 中对应的数位 Q_A、Q_D 会同时由 0 变为 1。因为 Q_A、Q_D 是通过一个**与门**与十位数 74LS190 芯片的 CLK 端连接，即相当于产生了一个时钟脉冲的上升沿。因此会给十位数 74LS190 芯片一个借位信号，即相当于十位数数字减 1。

计数定时器的预置数可用 8 个开关分别与十位数 74LS190 芯片和个位数 74LS190 芯片的预置数输入端 D、C、B、A 相连。预置数的范围为 1～99。根据设计要求，红、绿灯通行时间为 45 s，可按图 9.3.3 所示连接方法，十位数 74LS190 芯片的预置数输入端 D、C、B、A 置为 0100（相当于十进制数 4）、个位数 74LS190 芯片的预置数输入端 D、C、B、A 置为 0101（相当于十进制数 5）。（接电源相当于接 1，悬空相当于接 0。）

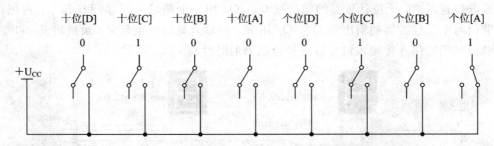

图 9.3.3　74LS190 芯片预置数输入端的连接方法

倒计时计数电路如图 9.3.4 所示。按照 74LS190 的功能表，计数定时控制端 $\overline{CTEN}$ 接低电平，加/减计数定时控制端 $\overline{U}/O$ 接高电平，以实现减计数。预置端 $\overline{LOAD}$ 接低电平，以实现预置数（接高电平时为计数状态）。因此，工作开始时，$\overline{LOAD}$ 为 0，计数定时器预置数，置完数后，$\overline{LOAD}$ 变为 1，计数定时器开始倒计时计数，当倒计时计数减到数 00 时，$\overline{LOAD}$ 又变为 0，计数定时器又预置数，之后又倒计时计数，如此循环下去。这可以借助两片 74LS190 的 8 个输出端来实现，用**或门**将 8 个输出端连起来，再接在预置端 $\overline{LOAD}$ 上。但由于没有 8 输入的**或门**，所以需要改用两个 4 输入的**或非门**连接，然后再用一个**与非门**连接来完成此功能。

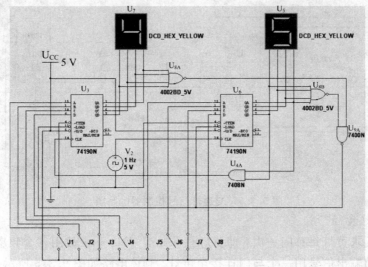

图 9.3.4　倒计时计数器电路

3) 倒计时定时器与信号灯转换控制器的连接

倒计时定时器与信号灯转换控制器连接组成的交通灯信号控制器电路如图 9.3.5 所示。倒计时定时器向信号灯转换控制器提供定时控制信号 T_5 和 T_0，以实现信号灯的转换。T_0 表示倒计时减到数"00"时（即绿灯的预置时间，因为到 00 时，计数定时器重新置数），此时给信号灯转换控制器一个脉冲，使信号灯发生转换，一个方向的绿灯亮，另一个方向的红灯亮。接法为：把个位、十位计数器的输出端 Q_A、Q_B、Q_C、Q_D 分别用一个四输入或非门连起来，再把这两个四输入或非门的输出用一个与门连起来。T_5 表示倒计时减到数"05"时，给信号灯转换器一个脉冲，使信号灯发生转换，绿灯的变为黄灯，红灯的不变。接法为：当减到数为"05"（0000 0101）时，把十位计数器的输出端 Q_A、Q_B、Q_C、Q_D 用一个四输入或非门连起来，个位计数器的输出端 Q_B、Q_D 用一个两输入或非门连起来，再把这两个或非门与个位计数器的输出端 Q_A、Q_C 用一个四输入与门连接起来。最后将 T_5 和 T_0 两个定时信号用或门连接接入信号灯转换控制器的时钟端。

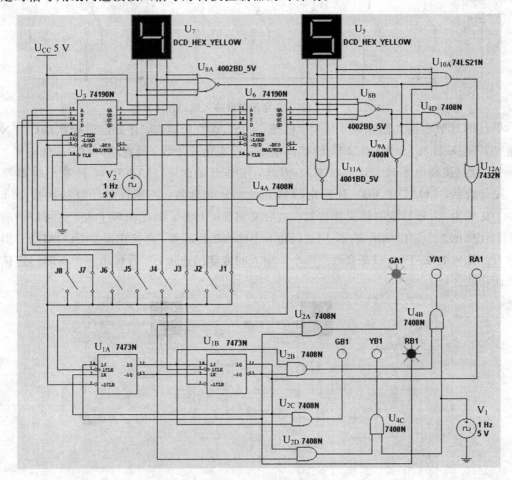

图 9.3.5　交通灯信号控制器电路图

4) 黄灯闪烁控制

依据设计要求黄灯每秒闪一次，即黄灯亮 0.5 s，灭 0.5 s，故用一个频率为 1 Hz 的脉冲与控制黄灯的输出信号用一个与门连接至黄灯。具体电路如图 9.3.5 所示。

5) 秒脉冲信号产生电路

秒脉冲信号产生电路的功能是产生标准秒脉冲信号，主要由振荡器和分频器组成。振荡器是计时器的核心，可用高精准度的石英晶体振荡电路或由 555 定时器组成的多谐振荡器构成，振荡器的稳定度和频率的精准度决定了计时器的准确度。一般来说，振荡器的频率越高，分频的次数越多，计时的精度越高，但耗电量越大，故在设计时，应根据实际需要选择合适的电路。本设计时间精度要求不高，故可采用由 555 构成的多谐振荡器作为秒脉冲信号产生电路。

振荡器产生的时间信号通常频率很高，要使它变成"秒"信号，需要用分频器来完成。其功能主要是产生标准的秒脉冲信号，即每秒产生一个时钟上升沿，频率为 1 Hz。分频器的级数和每级的分频次数要根据振荡频率及时基频率来决定。若选用的时基频率为 1 kHz，可采用三级每级十分频的 74LS160 做为分频器。74LS160 是一个十进制加法计数器，其逻辑功能如表 9.3.4 所示。

表 9.3.4　74LS160 的功能表

$\overline{CLR}$	$\overline{LOAD}$	ENP	ENT	CLK	A	B	C	D	Q_A	Q_B	Q_C	Q_D
0	×	×	×	×	×	×	×	×	0	0	0	0
1	0	×	×	↑	×	×	×	×	A	B	C	D
1	1	1	1	↑	×	×	×	×	计数			

由 555 多谐振荡器和三级 74LS160 分频器构成的秒脉冲信号产生电路，如图 9.3.6 所示。

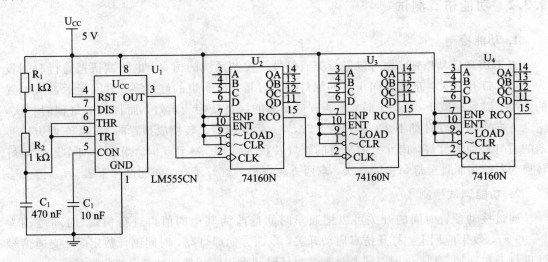

图 9.3.6　秒脉冲信号产生电路

由 U_1（LM555CN）构成的多谐振荡器的振荡周期 $T \approx 0.7(R_1 + 2R_2)C_1 \approx 0.7 \times (1 + 2 \times 1) \times 10^3 \times 470 \times 10^{-9} = 0.987$ ms，$f = 1/T \approx 1.0132$ kHz，取多谐振荡器的振荡频率为 1 kHz。输出的约 1 kHz 矩形脉冲信号，即为第一级计数器的时钟信号。74LS160 十进制计数器工作在计数状态，四个使能端 ENP、ENT、LOAD、CLR 均接高电平。因每计数满 10 产生一个进位信号（逢十进一），所以从进位端 RCO 输出的进位信号即为十分频信

号。故经第一级 74LS160 分频器分频后得到的矩形脉冲信号为 100 Hz。将这个信号接入下一级分频器的时钟信号端 CLK，则可实现继续分频。经两级 74LS160 逐级分频后可得 10 Hz 和 1 Hz 的矩形脉冲信号。第三级 74LS160 分频器输出的进位信号即为 1 Hz 的秒脉冲信号。将此信号作为倒计时定时器的时钟信号，接入电路，取代图 9.4.5 所示电路中的 1 Hz 时钟脉冲信号，即可构成一个完整的交通灯信号控制器。用四通道示波器测试图 9.3.6 所示秒脉冲信号产生电路各级脉冲信号的波形，如图 9.3.7 所示。

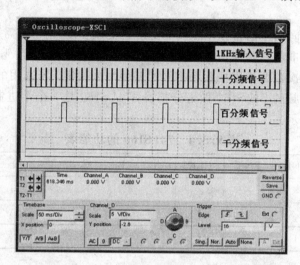

图 9.3.7　千分频秒脉冲信号仿真波形

9.3.2　功能仿真测试

1. 功能检测

点击仿真启动按钮，便可以进行交通信号灯控制系统的仿真，电路默认把通行时间设为 45 s，打开开关，东西方向车道的绿灯亮，南北方向车道的红灯亮。时间显示器从预置的 45 s，以每秒减 1，减到 5 时，东西方向车道的绿灯转换为黄灯，而且黄灯每秒闪一次，南北方向车道的红灯都不变。减到数 0 时，1 s 后显示器又转换成预置的 45 s，东西方向车道的黄灯转换为红灯，南北方向车道的红灯转换为绿灯。减到 5 时，南北方向车道的绿灯转换为黄灯，而且黄灯每秒闪一次，东西方向车道的红灯不变。如此循环下去。

2. 功能调试检测

通过拨动预置时间的开关可以把通车时间修改为其他的值再进行仿真（时间范围为 1～99 s），效果应同上。打开仿真启动开关，东西方向绿灯亮，时间倒计数定时，交通信号灯进行一次转换，到 0 s 时又进行转换，而且时间重置为预置的数值，如此循环。

9.3.3　实物制作与扩展训练

1. 实物制作

按 9.2.2 节所述的方法进行实物制作、功能实体检测。

2. 设计扩展训练

（1）功能扩展。可以考虑增加人行道的指示灯。人行道的红绿灯应该与车道的红绿灯是同步的，因此人行道信号灯的控制信号同样可以来自倒计时定时电路。

（2）电路进一步扩展可以考虑使两条车道不一样，分为主干道和匝道，两条车道允许通行时间不一样，这就需两个倒计时电路来完成，同时需再增加两个数码管来显示通行时间。

9.4 数字电子钟的设计与制作

1. 设计要求

（1）设计一个具有时、分、秒的十进制数字显示的计时器；

（2）具有手动校时、校分的功能；

（3）通过开关能实现小时的十二进制和二十四进制转换；

（4）具有整点报时的功能，应该是每个整点完成相应点数的报时，例如 3 点钟响 3 声。

2. 总体方案设计

数字时钟由振荡器、分频器、计数器、译码显示、报时等电路组成。其中，振荡器和分频器组成标准秒信号发生器，直接决定计时系统的精度。由不同进制的计数器、译码器和显示器组成计时系统。将标准秒信号送入采用六十进制的"秒计数器"，每累计 60 秒就发出一个"分脉冲"信号，该信号将作为"分计数器"的时钟脉冲。"分计数器"也采用六十进制计数器，每累计 60 分钟，发出一个"时脉冲"信号，该信号将被送到"时计数器"。"时计数器"采用二十四或十二进制计时器，可实现对一天 24 小时或 12 小时的累计。译码显示电路将"时"、"分"、"秒"计数器的输出状态通过六位七段译码显示器显示出来。可进行整点报时。计时出现误差时，可以用校时电路校时、校分。数字电子钟原理框图如图 9.4.1 所示。

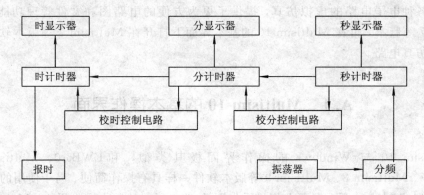

图 9.4.1 数字电子钟原理框图

3. 单元电路设计、调试和实物制作

可参照 9.2 节和 9.3 节中用规模集成电路设计、调试并制作数字电子钟。

附录 A　Multisim 10 电子电路仿真软件简介

随着计算机技术的飞速发展，以计算机辅助设计(Computer Aided Design，CAD)为基础的电子设计自动化(EDA)技术已成为电子学领域的重要学科。

EDA 技术于 20 世纪 70 年代开始发展，其标志是美国加利福尼亚大学柏克莱分校开发并于 1972 年研制成功的 SPICE(Simulation Program with Integrated Circuit Emphasis)软件，并于 1975 年推出了实用化版本。随后，在改进软件功能等方面有了很多进步，使之成为了享有盛誉的电子电路计算机辅助设计工具，1988 年被定为美国国家工业标准。与此同时，各种以 SPICE 为核心的电子仿真软件也应运而生，常用的有：现在隶属于美国国家仪器公司(National Instrument，NI)麾下的加拿大 IIT(Interactive Image Technologies Ltd.)公司开发的 Electronics Workbench EDA(EWB)仿真软件和美国 Micro Sim 公司开发 Cadence 公司推出的 PSPICE 仿真软件。

EWB 是基于 PC 机平台的电子设计软件，提供了一个功能全面的 SPICE A/D 系统，支持模拟和数字混合电路的分析和设计，创造了集成的一体化设计环境，把电路的输入、仿真和分析紧密地结合起来，实现了交互式的设计和仿真。EWB 以其友好的界面、方便的操作、强大的分析功能，一经推出就受到各界的好评，是目前世界上最为流行的 EDA 软件之一，已被广泛应用于国内外的教育界和电子技术界。

Multisim 10 是早期 EWB5.0、Multisim 2001、Multisim 7 等版本的升级换代产品。Multisim 10 提供了功能更强大的电子仿真设计界面，能进行包括射频、PSPICE、VHDL 等方面的各种电子电路的虚拟仿真，提供了更为方便的电路图和文件管理功能，且兼容 Multisim 7 等版本，可在 Multisim 10 的基本界面下打开在 Multisim 7 等版本软件下创建和保存的仿真电路。

A. 1　Multisim 10 的基本操作界面

Multisim 10 与 Windows 的操作界面极其类似，和 EWB5.0、Multisim 2001、Multisim 7、Multisim 8、Multisim 9 等版本软件一样具有操作简便、易于使用的特点。

打开 Multisim 10 后，屏幕上将显示如图 A.1.1 所示的基本操作界面。Multisim 10 的基本操作界面就相当于一个虚拟的电子实验平台，主要包括：电路实验窗口、主菜单栏、工具栏、元器件栏、仪表工具栏、项目栏、表格视窗等。

1. 主菜单栏

Multisim 10 的主菜单栏提供了文件操作、文本编辑、放置元器件等选项，其中一些选项与 Windows 一致，如 File、Edit、View、Window、Help 等，其中：

（1）File 菜单。提供了文件操作命令，如新建、打开、关闭、保存和打印等。

（2）Edit 菜单。提供了图形编辑命令，如剪贴、删除和旋转等。

（3）View 菜单。提供了对视图进行设置的命令，如是否打开工具条，是否显示网格、边界，以及放大、缩小等。

（4）Place 菜单。提供了放置命令，如在绘制仿真电路中提供元器件、节点、导线，各种连接接口，以及文本框，标题栏等文字内容。

（5）Simulate 菜单。提供了仿真命令，如执行、暂停或结束仿真，取用仪表，启动各种分析功能，设置仿真环境以及 PSPICE、VHDL 等仿真操作。

（6）Transfer 菜单。提供了仿真电路的各种数据与 Ultiboard 10 和其他 PCB 软件的数据相互传送的功能。

（7）Tools 菜单。提供了各种常用的电路，如放大电路、滤波器、555 时基电路的快速创建向导。也可以通过 Tools 选项快速创建自己想要的电路。另外各种电路元器件都可以通过 Tools 选项修改其外部形状。

（8）Report 菜单。提供了生成各种报表的命令，如材料清单、元器件详细报告以及元器件交叉参照表等。

（9）Options 菜单。提供了设置环境的命令，如设置电路功能、存放模式以及工作界面等。

（10）Window 菜单。提供了对窗口进行管理的命令，如层叠、平铺、重排等。

（11）Help 菜单。提供了帮助命令，如 Multisim 在线帮助、Multisim 参考资料等。

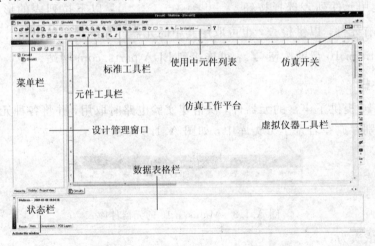

图 A.1.1　Multisim 10 的基本操作界面

2. 工具栏

工具栏可分为两部分，左边部分为系统工具栏，右边部分为设计工具栏。

系统工具栏包括新建、打开、保存、打印、打印预览、剪切、复制、粘贴、撤消最近的操作、重做、满屏、放大、缩小、显示全部、按 100% 比例显示等按钮等，其操作均与 Windows 中的一致。

设计工具栏如图 A.1.2 所示。与使用菜单命令选项相比，使用设计工具栏中的按钮，将使电路设计的过程变得更方便、快捷。

图 A.1.2　Multisim 10 的设计工具栏

从左至右各个按钮依次为：

（1）分层项目栏按钮 ：打开或关闭项目栏。

（2）分层电子数据按钮 ：打开或关闭当前电路的电子数据表。

（3）数据库管理按钮 ：对数据库进行管理。

（4）元件编辑按钮 ：创建新的元件。

（5）仿真按钮 ：运行/停止仿真操作。

（6）显示图形按钮 ：显示分析结果的图形。

（7）分析按钮 ：选择分析功能。

（8）电器规则检查按钮 。

（9）前注按钮 ：前注到 Ultiboard。

（10）反注按钮 ：从 Ultiboard 反注。

（11）已使用元件列表选择按钮 — In Use List — ：以下拉列表的形式列出了电路中已使用的所有元件，以供检查，也可取用其中的元器件来继续搭建电路。

（12）Multisim 10 帮助按钮 ：可连接到 EDA parts.com 网站。

3. 元器件栏

Multisim 10 提供了丰富的元器件，供搭建实验电路时取用，并将各种元器件的模型按不同的种类分别存放在若干个分类库中，如图 A.1.3 所示。

图 A.1.3　Multisim 10 的元器件库

从左到右依次为：

（1）电源库 ：有各种电源和信号源系列。

（2）基本元件库 ：有各种现实的电阻器、电容器、电感器、电位器、变压器、继电器、接插件、开关、插座等系列，以及基本虚拟元件、3D 虚拟元件等。

（3）二极管库 ：有各种现实的普通二极管、稳压二极管、发光二极管、二极管桥式整流器、晶闸管等系列，以及虚拟二极管、虚拟稳压管等。

（4）三极管库 ：有各种现实的双极型三极管、达林顿三极管、MOS 场效应管、结型场效应管等系列，以及虚拟双极型三极管、MOS 场效应管、结型场效应管等。

（5）模拟器件库 ⊕：有各种现实的运算放大器、比较器、宽带放大器，以及虚拟运算放大器等。

（6）TTL 器件库 ⊕：有各种 74STD 系列和 74LS 系列的芯片，均为现实器件。

（7）CMOS 器件库 ⊞：有各种 5 V、10 V、15 V 的 COMOS 系列和 2 V、4 V、6 V 的 74HC 系列的芯片，均为现实器件。

（8）其他数字器件库 ⊡：有各种 TIL 系列、VHDL 系列和 Verilog - HDL 系列的数字芯片，均为现实器件。

（9）模拟和数字混合器件库 ⊙ᵥ：有各种现实的定时器、模/数和数/模转换器、模拟开关等系列，以及虚拟混合器件等。

（10）指示器件库 ⊠：有各种现实的电压表、电流表、蜂鸣器、指示灯、数码管等系列，以及虚拟的逻辑探头、指示灯、十六进制显示器、柱状图标等。

（11）电力器件库 ⊡：有各种电力器件。

（12）杂项器件库 ᴹᴵˢᶜ：有各种现实的传感器、石英晶体、真空管、熔断器、集成稳压器系列以及虚拟器件。

（13）外围设备库 ■：有各种外围设备。

（14）射频器件库 Ƴ：有各种现实的射频电容器、射频电感器、射频双极型三极管、射频 MOS 场效应管、隧道二极管等系列。

（15）机电类器件库 ⊕：有各种现实的灵敏开关、瞬时开关、辅助开关、定时触点、线圈继电器、线性变压器、保护器件、电动机等系列、

（16）微控制器件库 ⊡：有各种单片机控制器件。

（17）层次化模块 ⊡：有已保存的实验电路。

（18）总线 ⌐：可放置总线。

4. 仪表工具栏

在图 A.1.1 所示 Multisim 10 基本操作界面的右侧是仪表工具栏。Multisim 10 中提供了 21 种在电子电路中常用的仪器仪表，从上到下分别是：

（1）数字万用表；

（2）失真分析仪；

（3）函数信号发生器；

（4）瓦特表；

（5）双通道示波器；

（6）频率计；

（7）Agilent 函数信号发生器；

（8）四通道示波器；

（9）波特图仪；

（10）IV 分析仪；

（11）字信号发生器；

（12）逻辑转换仪；

（13）逻辑分析仪；

（14）Agilent 示波器；

（15）Agilent 万用表；

（16）频谱分析仪；

（17）网络分析仪；

（18）Tektronix 示波器；

（19）电流探针；

（20）LabVIEW 仪；

（21）动态测量探针。

为排版书写方便，现把纵向从上到下排列的仪表工具栏图标逆时针旋转 90°成水平从左到右排列，如图 A.1.4 所示。

图 A.1.4　Multisim 10 的仪表工具栏

5. 项目栏

在图 A.1.1 所示 Multisim 10 基本操作界面的左侧是项目栏，选项用以完成设计项目的管理。

6. 表格视窗

在图 A.1.1 所示 Multisim 10 基本操作界面的下方是表格视窗，用以显示当前电路中的元件信息。

7. 活动电路标签

单击"活动电路标签"按钮，可以交替显示已打开的电路。

8. 电路实验窗口

在图 A.1.1 所示 Multisim 10 基本操作界面中的主要窗口是电路实验窗口，可在其中搭建实验电路，完成电路的仿真运行、分析和测试。

9. 快捷菜单

在基本界面窗口空白处，单击右键将出现快捷菜单。

A.2　Multisim 10 的分析功能

如图 A.2.1 所示，Multisim 10 提供了 19 种不同的分析功能，点击设计工具栏中的分析按钮，即可拉出分析功能选项菜单，从上往下依次为：

（1）直流工作点分析：分析电路的静态工作点，给出电路中指定节点的直流电压值。

（2）交流分析：分析电路的频率响应，测量显示电路的幅频特性和相频特性。

（3）瞬态分析：分析电路响应与时间的关系，测量并显示给定时间范围内电路中指定节点的波形。

（4）傅立叶分析：对信号进行傅立叶变换，分析其中的各次谐波成分。

（5）噪声分析：在指定的噪声源和频率范围内，分析电路中在指定节点产生的噪声。

（6）噪声系数分析：分析电路中指定节点的信噪比。

（7）失真分析：分析电路的小信号谐波失真和互调失真。

（8）直流扫描分析：分析电路中指定节点的参数随着一个或两个直流源变化的关系曲线。

图 A.2.1 Multisim 10 的分析菜单

（9）灵敏度分析：分析电路的直流灵敏度和交流灵敏度。

（10）参数扫描分析：分析电路中某些参数变化对电路性能的影响。

（11）温度扫描分析：分析温度变化对电路性能的影响。

（12）零极点分析：分析电路交流小信号传递函数的极点和零点。

（13）传递函数分析：分析电路的交流小信号传递函数，以及电路的输入电阻和输出电阻。

（14）最坏情况分析：属于一种统计分析，用以分析电路元件参数按允差范围变化时，电路性能的最坏情况。

（15）蒙特卡罗分析：是一种常用的统计分析方法，用以分析电路元件参数为某种误差分布类型（均匀分布或高斯分布）时，电路批量生产的成品率。

（16）布线宽度分析：用以确定在设计印制电路板时所能允许的最小导线宽度。

（17）批处理分析：将各种分析方法按需要组合起来，依次进行。

（18）用户自定义分析：由用户自行使用和编辑 spice 命令定义某种分析。

（19）停止分析。

A.3 Multisim 10 的基本操作方法

Multisim 10 功能强大，要熟练使用需不断学习和摸索，限于篇幅，这里只简单介绍初步的操作方法。

（1）取用元器件。用鼠标点击元器件栏中的按钮，打开相应的元器件库，从中选取所需的元器件，放置到电路实验窗口中。

（2）调整元器件的位置和方向。将鼠标指向元器件，按住左键，可将元器件拖曳到所需的位置。将鼠标指向元器件，单击右键，在弹出的对话框中，选择适应的命令，可使选中的元器件的方向左右翻转、上下翻转、顺时针转90°或逆时针转90°等。

（3）连接电路。为了将两个元器件的引脚连接起来，可将鼠标指向其中一个引脚，该引脚处将出现一个小黑圆点，单击左键后，该小黑圆点将随着鼠标移动，当移动到另一引脚时再单击左键，两个元器件的引脚就连接在一起了。

（4）分析仿真。实验电路搭建完成后，即可进行分析仿真，可选用仪器仪表进行检测分析仿真，也可选择相应的分析功能进行分析仿真。

A.4 应 用 举 例

［例 A.4.1］ 试在 Multisim 10 中用3线—8线译码器74LS138D设计一个路灯控制逻辑电路，要求在 A、B、C 三个不同的地方都能独立地控制路灯的开和关。

［解］ 根据设计要求，设输入变量 A、B、C 为三个不同地方的开关信号，接通为1，断开为0；路灯 F 为输出变量，开亮为1，关灭为0；初始状态为，$A = B = C = 0$、$F = 0$，在此基础上，只要有一个开关改变状态，路灯的开关状态就会改变。3线—8线译码器74138有3个代码输入端 A_2、A_1、A_0，3个使能控制输入端，只有当 $G_1 = 1$，G'_{2A}（即 $\overline{G}_{2A}$）$= G'_{2B}$（$\overline{G}_{2B}$）$= 0$ 时，译码器才处于工作状态。由此，根据设计要求进行逻辑赋值，即 $A_2 = A$、$A_1 = B$、$A_0 = C$。

在 Multisim 10 中，调出逻辑转换仪。双击逻辑转换仪图标，在打开的逻辑转换仪面板顶部选择3个输入端（A、B、C），此逻辑转换仪真值表区就会自动出现对应3个输入逻辑变量的所有组合，而右边输出（输出变量 F）所列的初始值全部为零。依据设计要求对其进行赋值（1或0），即可得到符合设计要求的真值表，如图 A.4.1 中所示。如图 A.4.1 所示，按下"由真值表转换为最简表达式"的按钮，即可在逻辑转换仪底部逻辑函数表达式栏中得到化简后路灯信号（输出变量 F）的最简逻辑函数表达式

$$F = \overline{A}\,\overline{B}C + \overline{A}B\overline{C} + A\overline{B}\,\overline{C} + ABC = \overline{m}_1 + \overline{m}_2 + \overline{m}_4 + \overline{m}_7 \tag{A.4.1}$$

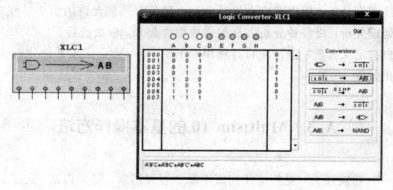

图 A.4.1 三地控制路灯电路真值表与逻辑函数表达式

由 3 线—8 线译码器 74138 工作状态时(输出低电平有效)的逻辑函数表达式

$$Y_0 = \overline{\overline{A_2}\,\overline{A_1}\,\overline{A_0}} = \overline{m_0} \quad Y_1 = \overline{\overline{A_2}\,\overline{A_1}\,A_0} = \overline{m_1}$$

$$Y_2 = \overline{\overline{A_2}\,A_1\,\overline{A_0}} = \overline{m_2} \quad Y_3 = \overline{\overline{A_2}\,A_1\,A_0} = \overline{m_3}$$

$$Y_4 = \overline{A_2\,\overline{A_1}\,\overline{A_0}} = \overline{m_4} \quad Y_5 = \overline{A_2\,\overline{A_1}\,A_0} = \overline{m_5}$$

$$Y_6 = \overline{A_2\,A_1\,\overline{A_0}} = \overline{m_6} \quad Y_7 = \overline{A_2\,A_1\,A_0} = \overline{m_7}$$

及逻辑转换仪的仿真结果式(A. 4. 1),可知要设计的路灯信号(输出变量 F)为

$$F = F = \overline{\overline{Y_1 + Y_2 + Y_4 + Y_7}}$$

$$= \overline{\overline{Y_1}\,\overline{Y_2}\,\overline{Y_4}\,\overline{Y_7}} = \overline{\overline{Y_1}\,\overline{Y_2}} + \overline{\overline{Y_4}\,\overline{Y_7}} \tag{A. 4. 2}$$

　　按下快捷键 Ctrl+W,调出放置元件对话框并在弹出的对话框中的 Group 栏中选择 TTL,Family 栏中选取 74LS 系列,并在 Component 栏目中选中所需的 3 线—8 线译码器 74LS138D,如图 A. 4. 2 所示。点击 OK 按钮,将 74LS138D 放置在仿真工作区中,集成块引脚上的数字即是引脚的标号。若需了解 74LS148D 的引脚功能,可双击 74LS148D 图标,在弹出的属性对话框中点击右下角的 Info(帮助信息)按钮,可调出 74LS138D 的全功能表,如图 A. 4. 3 所示。

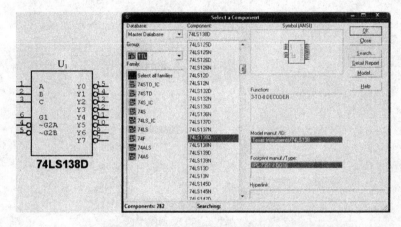

图 A. 4. 2　放置 74LS138D 对话框

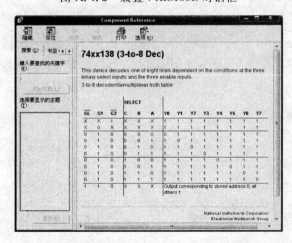

图 A. 4. 3　74LS138D 功能表帮助信息

在仿真工作区，按式(A.4.2)搭建实验电路，如图 A.4.4 所示。
启动仿真按钮，进行仿真实验，可知实验电路符合设计要求。

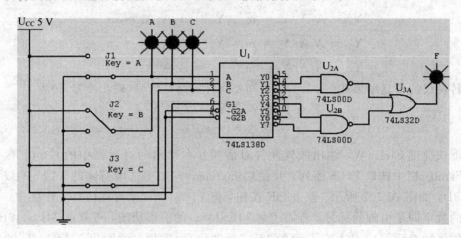

图 A.4.4　三地控制路灯仿真试验电路

附录 B　逻辑符号简介

B.1　二进制逻辑符号简介

二进制逻辑元件图形符号(GB/T 4728.12－1996)由一个框(或几个框的组合)、标注的符号(一个或多个)及输入和输出线组成。具有公共控制框的逻辑符号及其等效电路、公共输出单元框的逻辑符号及其等效电路、单元框邻接组合的逻辑符号、单元框镶嵌组合的逻辑符号,分别如图 B.1.1、图 B.1.2、图 B.1.3 和图 B.1.4 所示。

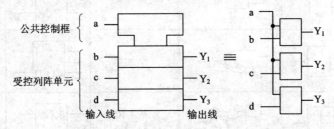

图 B.1.1　具有公共控制框的逻辑符号及其等效电路

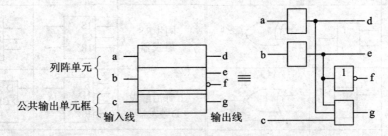

图 B.1.2　公共输出单元框的逻辑符号及其等效电路

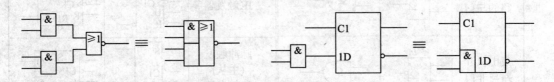

图 B.1.3　单元框邻接组合的逻辑符　　　　　图 B.1.4　单元框镶嵌组合的逻辑符

B.2　常用逻辑符号对照简介

常用逻辑符号对照表如表 B.2.1 所示。

表 B.2.1　常用逻辑符号对照表

名称	国标符号	国外常用符号	名称	国标符号	国外常用符号
与门			三态输出 与非门		
或门			传输门		
非门			双向模拟 开关		
与非门			半加器		
或非门			全加器		
与或非门			基本RS 触发器		
异或门			同步RS 触发器		
同或门			上升沿触发 D触发器		
集电极开路的与门			下降沿触发 JK触发器		
集电极开路与非门			脉冲触发 (主从) JK触发器		
三态输出 的非门			带施密特 触发特性 的与门		

附录 C　部分常用芯片引脚图

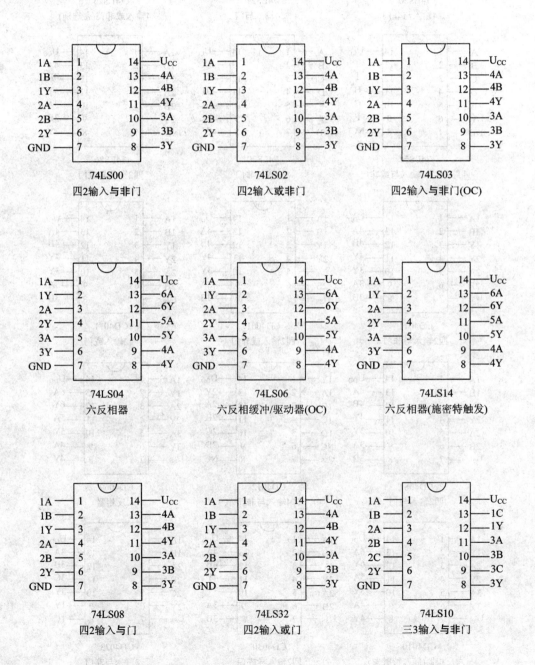

74LS00
四2输入与非门

74LS02
四2输入或非门

74LS03
四2输入与非门(OC)

74LS04
六反相器

74LS06
六反相缓冲/驱动器(OC)

74LS14
六反相器(施密特触发)

74LS08
四2输入与门

74LS32
四2输入或门

74LS10
三3输入与非门

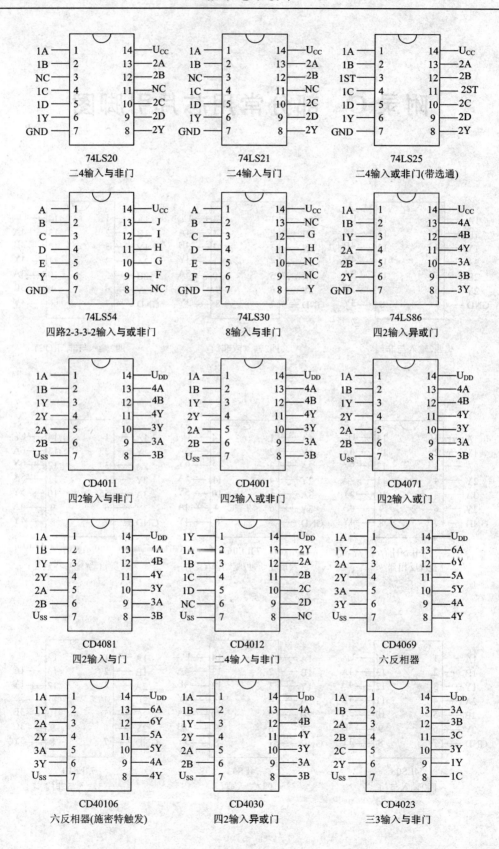

74LS20
二4输入与非门

74LS21
二4输入与门

74LS25
二4输入或非门(带选通)

74LS54
四路2-3-3-2输入与或非门

74LS30
8输入与非门

74LS86
四2输入异或门

CD4011
四2输入与非门

CD4001
四2输入或非门

CD4071
四2输入或门

CD4081
四2输入与门

CD4012
二4输入与非门

CD4069
六反相器

CD40106
六反相器(施密特触发)

CD4030
四2输入异或门

CD4023
三3输入与非门

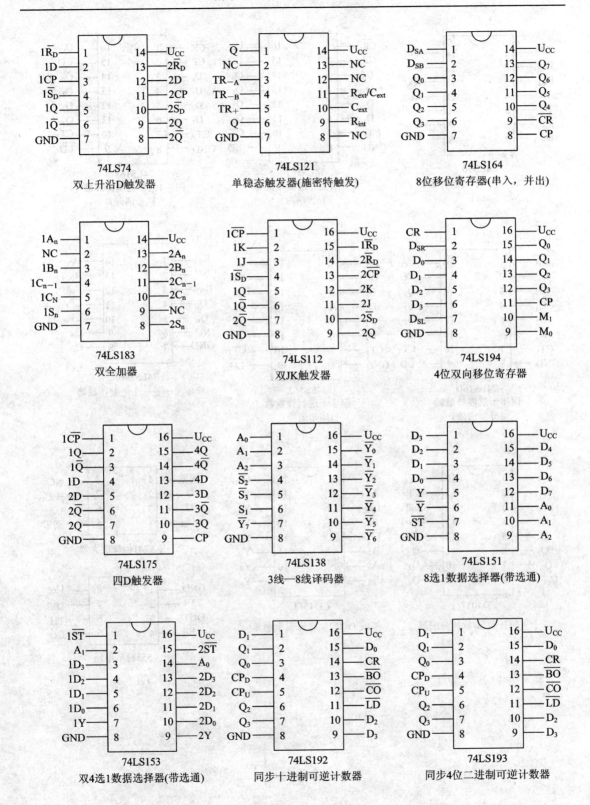

74LS74
双上升沿D触发器

74LS121
单稳态触发器(施密特触发)

74LS164
8位移位寄存器(串入，并出)

74LS183
双全加器

74LS112
双JK触发器

74LS194
4位双向移位寄存器

74LS175
四D触发器

74LS138
3线—8线译码器

74LS151
8选1数据选择器(带选通)

74LS153
双4选1数据选择器(带选通)

74LS192
同步十进制可逆计数器

74LS193
同步4位二进制可逆计数器

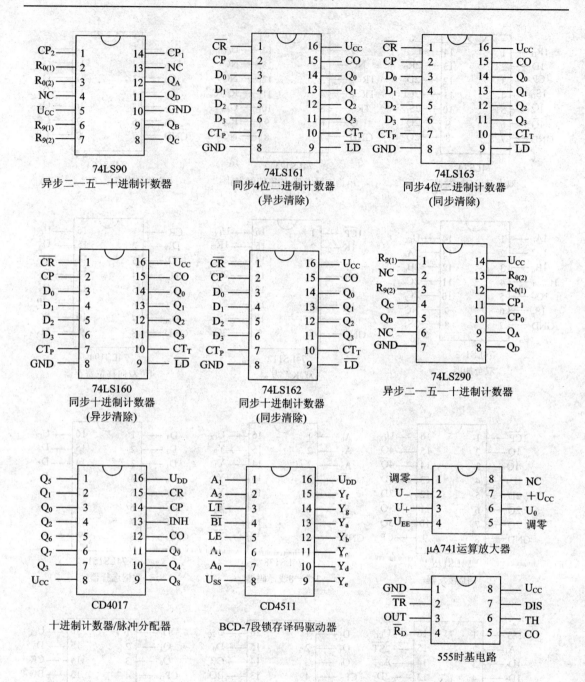

74LS90
异步二—五—十进制计数器

74LS161
同步4位二进制计数器
(异步清除)

74LS163
同步4位二进制计数器
(同步清除)

74LS160
同步十进制计数器
(异步清除)

74LS162
同步十进制计数器
(同步清除)

74LS290
异步二—五—十进制计数器

CD4017
十进制计数器/脉冲分配器

CD4511
BCD-7段锁存译码驱动器

μA741运算放大器

555时基电路

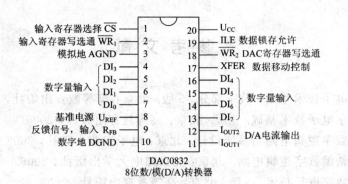

DAC0832
8位数/模(D/A)转换器

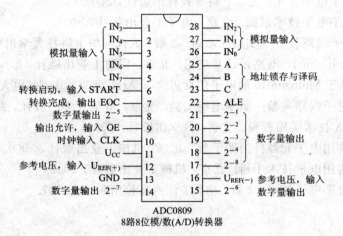

ADC0809
8路8位模/数(A/D)转换器

参 考 文 献

[1]　康华光. 电子技术基础，数字部分. 5 版. 北京：高等教育出版社，2006.

[2]　阎石. 数字电子技术基础. 5 版. 北京：高等教育出版社，2006.

[3]　蒋立平. 数字逻辑电路与系统设计. 北京：电子工业出版社，2008.

[4]　江国强. 新编数字逻辑电路. 北京：北京邮电大学出版社，2006.

[5]　杨志忠. 数字电子技术. 3 版. 北京：高等教育出版社，2008.

[6]　林春方. 数字电子技术. 北京：高等教育出版社，2007.

[7]　张申科. 数字电子技术基础. 北京：电子工业出版社，2005.

[8]　谢自美. 电子线路设计·实验·测试. 2 版. 武汉：华中科技大学出版社，2000.

[9]　王冠华. Multisim 10 电路设计及应用. 北京：国防工业出版社，2008.

[10]　王连英. 基于 Multisim 10 的电子仿真实验与设计. 北京：北京邮电大学出版社，2009.

[11]　沈小丰. 电子线路实验—数字电路实验. 北京：清华大学出版社，2007.

[12]　潘松. EDA 技术实用教程. 北京：科学出版社，2002.

[13]　沈任元. 常用电子元器件简明手册. 北京：机械工业出版社，2000.

[14]　吴立新. 实用电子技术手册. 北京：机械工业出版社，2002.

[15]　王连英. 数字电子技术. 2 版. 南昌：江西高校出版社，2007.